"博学而笃志,切问而近思。"
(《论语》)

博晓古今,可立一家之说;
学贯中西,或成经国之才。

复旦博学·复旦博学·复旦博学·复旦博学·复旦博学·复旦博学

作者简介

陈光梦，男，1950年生。1966年因"文化大革命"辍学，进入工厂。1977年恢复高考后考入复旦大学，毕业后留校至今。

留校以后一直从事电路与系统的教学与科研工作。长期从事电子线路基础教学，曾参加过国家教育部组织的中华学习机系列的研制工作，参加过上海多家工厂的工业自动化改造项目，在自动控制技术、可编程逻辑器件应用技术、声音与图像的处理与应用技术等领域开展过不少工作。编著有《可编程逻辑器件的原理与应用》、《模拟电子学基础》、《高频电路基础》、《模拟电子学基础与数字逻辑基础学习指南》、《数字逻辑基础学习指导与教学参考》等书。

普通高等教育"十一五"国家级规划教材

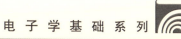
电子学基础系列
ELECTRONICS

数字逻辑基础
（第三版）

陈光梦 编著

复旦大学出版社

内 容 提 要

本书是电子学基础课程中关于数字逻辑部分的教材，在内容安排上注重各种逻辑功能的设计思想、实现方法和设计过程，着重培养学生对于数字逻辑的基本分析与设计能力，具体电路的分析为基本原理和基本分析方法服务。

本书除了最基本的逻辑代数理论外，还详细讨论了组合逻辑和时序逻辑的原理、分析和设计过程。在组合逻辑中除了常用逻辑模块外，还介绍了各种运算电路。在时序逻辑中不仅对同步时序电路展开了讨论，还详细讨论了异步时序电路。最后，本书还介绍了数字系统的EDA设计过程，力图使读者能够对整个数字逻辑系统有一个比较全面的了解。

本书可以作为高等学校电子科学与技术类专业学生的教科书，也可以作为大学理科学生以及相关工程技术人员的参考书。

再 版 前 言

本教材自 2004 年出版以来,一直作为复旦大学信息科学与工程学院《数字逻辑》课程的教材使用,同时也是复旦大学理科平台课程的教材之一. 针对这几年教学实践中发现的一些问题,本次再版时对 2007 年的第二版教材做了一些改动:

第一,当初确定本教材的整体构想是以数字逻辑为主,对于数字集成电路的内部结构基本不加涉及,这样可以在尚未学习模拟电路课程时就开始学习本课程. 但是考虑到有些内容,例如延时、冒险、竞争等与电路内部结构具有一定联系,书中加入关于晶体管开关作用的一节. 这次再版时,为了更好地阐述数字集成电路的特性,将它改成了数字集成电路的电气特性,而将原来的晶体管开关作用以及门电路的结构等内容作了一些补充与改动后放在附录中.

第二,在《触发器》一章中增加了用触发器构成延时单元,进而解决数字信号处理一类问题的设计方法. 这部分内容构成了关于同步时序逻辑的设计中有限状态机方法的一种补充,使得一些比较简单的同步时序问题不必沿用有限状态机设计这样一个固定的套路. 相应地对原来同步时序设计中的部分内容也作了修改.

第三,考虑到现在数字电路的时钟速率越来越高,在设计同步时序电路的时候对于时钟信号的限制越来越重要,因此在教材中增加了一节关于时钟信号限制的内容.

另外,本次再版时对原书中的一些错误做了修正,增加了部分习题.

在本书修改过程中,得到了我的同事任至镐、王勇、尹建君等老师的许多帮助,也得到本书责任编辑梁玲博士的大力支持,在此一并表示衷心感谢.

陈光梦

2009 年 6 月于复旦大学

前　言

"数字逻辑基础"是大学电子科学与技术类专业学生的一门基础课.本书在复旦大学开始实行全面学分制改革以后,根据电子学基础课程中关于数字逻辑部分的教学大纲要求编写而成.

20世纪90年代以后,电子科学和技术取得了飞速发展,其标志就是电子计算机的普及和大规模集成电路的广泛应用.在这种情况下,传统的关于数字电路的内容也随之起了很大的变化,在数字电路领域EDA工具已经相当成熟,无论是电路内部结构设计还是电路系统设计,以前的手工设计都被计算机辅助设计或自动设计所取代.正是在这样的形势下,本书在编写的时候,确定其整体思想以数字逻辑分析和设计为主,对于电路的内容只是简单涉及,只要求学生掌握最基本的数字集成电路的输入输出特性即可.在内容安排上注重各种逻辑功能的设计思想、实现方法和设计过程,着重培养学生对于数字逻辑的基本分析与设计能力,具体电路的分析为基本原理和基本分析方法服务.在课程设计上,安排了与本课程配套的EDA实验课程,学生可以将本课程的内容与EDA实验课程结合,直接体会现代数字逻辑设计的无穷魅力.

基于上述设想,本书不仅包含了最基本的逻辑代数理论,更主要的是详细讨论了组合逻辑和时序逻辑的原理、分析和设计过程,并介绍了数字系统的设计过程,力图使读者能够对数字逻辑系统有一个比较全面的了解.全书共分6章:

第1章逻辑代数基础,介绍了逻辑代数及其基本定理、逻辑函数以及逻辑函数的化简、相互转换等内容.

第2章组合逻辑电路,介绍了组合逻辑的分析与设计、常用组合逻辑模块、集成数字电路的输入输出特性以及组合电路中的竞争-冒险现象.考虑到在现代数字系统设计中的需要,在组合逻辑模块中还介绍了各种基本运算模块.

第3章触发器及其基本应用电路,介绍了触发器的基本结构以及运用触发器构成的基本应用电路.

第4章同步时序电路,阐述了时序电路的逻辑模型及其转换,详细讨论了同步时序逻辑电路的分析和设计过程,介绍了典型的同步时序电路模块等内容.为了配合第6章数字系统设计的需要,还对算法状态机等设计方法进行说明.

第5章异步时序电路,对于两种类型的异步时序电路——基本型异步时序逻辑电路和脉冲型异步时序逻辑电路,分别展开了详细的分析和设计方法的讨论.

第 6 章可编程逻辑器件与数字系统设计初步,介绍了可编程逻辑器件的原理和大致结构,并初步介绍了数字系统的设计方法和实现过程,以及对 VHDL 的入门知识作出简单介绍.

课程的总体要求是:学生通过学习以后,能以逻辑代数为工具,熟练掌握对各类组合电路、同步时序电路、异步时序电路的基本逻辑单元进行逻辑分析和设计,并在基本掌握电子设计自动化的基础上,了解数字系统的设计过程.

在课时安排上,课堂教学主要围绕第 1 到第 5 章展开,总课时大致在 64 课时到 72 课时.第 6 章的内容安排在实验课内介绍.习题安排也是如此.其中一些难度较大的习题,可以作为学有余力的学生的课余实习题目,有利于发挥这部分学生的主动性,也可以开拓他们的思路.

本书从 2001 年开始编写,2002 年作为讲义开始试用,目前的版本是在两届学生试用的基础上定稿的.在教材的编写和试用过程中,得到了学校和院系领导的大力支持,我的同事任至镐老师、易婷老师详细审阅了全部书稿并提出了许多宝贵的修改意见,易婷老师还参与了两届学生的教材试用过程.另外,王勇老师、张敬海老师也参与了教材的试用并给予我很大的帮助.在此一并致以衷心的感谢.囿于编者的水平与经验,书中的错误和不妥之处在所难免,希望广大读者给予批评指正.

陈光梦

2003 年 6 月于复旦大学

目 录

第1章 逻辑代数基础 1
§1.1 逻辑代数概述 1
1.1.1 逻辑变量和逻辑函数 1
1.1.2 基本逻辑运算 3
1.1.3 常用的复合逻辑运算 4
1.1.4 逻辑图 5
§1.2 逻辑代数的基本定理 6
1.2.1 基本公式 6
1.2.2 其他常用逻辑恒等式 7
1.2.3 基本逻辑定理 8
§1.3 逻辑函数的标准表达式和卡诺图 10
1.3.1 逻辑函数的两种标准表达形式 10
1.3.2 两种逻辑函数标准表达式之间的相互关系 13
1.3.3 将逻辑函数按照标准形式展开 14
1.3.4 逻辑函数的卡诺图表示 15
§1.4 逻辑函数的化简 17
1.4.1 代数法化简 17
1.4.2 卡诺图化简法 20
1.4.3 利用卡诺图运算来进行逻辑化简 23
1.4.4 不完全确定的逻辑函数的化简 26
1.4.5 使用异或函数的卡诺图化简 27
1.4.6 多输出逻辑函数的化简 29
1.4.7 影射变量卡诺图 32
1.4.8 逻辑函数的计算机化简 35
本章概要 36
思考题和习题 37

第2章 组合逻辑电路 …… 40
§2.1 组合逻辑电路分析 …… 40
- 2.1.1 组合逻辑电路分析的一般过程 …… 40
- 2.1.2 常用的组合逻辑电路模块分析 …… 43

§2.2 组合逻辑电路设计 …… 50
- 2.2.1 组合逻辑电路设计的一般过程 …… 50
- 2.2.2 应用组合逻辑电路模块构成组合电路 …… 58
- 2.2.3 数字运算电路设计 …… 62

§2.3 数字集成电路的电气特性 …… 77
- 2.3.1 门电路的电压传输特性 …… 78
- 2.3.2 数字集成电路的静态特性 …… 79
- 2.3.3 数字集成电路的动态特性 …… 82
- 2.3.4 三态输出电路和开路输出电路 …… 83

§2.4 组合逻辑电路中的竞争-冒险 …… 86
- 2.4.1 竞争-冒险现象及其成因 …… 86
- 2.4.2 检查竞争-冒险现象的方法 …… 87
- 2.4.3 消除竞争-冒险现象的方法 …… 89

本章概要 …… 91
思考题和习题 …… 91

第3章 触发器及其基本应用电路 …… 96
§3.1 触发器的基本逻辑类型及其状态的描写 …… 96
- 3.1.1 RS 触发器 …… 96
- 3.1.2 JK 触发器 …… 100
- 3.1.3 D 触发器 …… 101
- 3.1.4 T 触发器 …… 101
- 3.1.5 4 种触发器的相互转换 …… 102

§3.2 触发器的电路结构与工作原理 …… 103
- 3.2.1 D 锁存器 …… 103
- 3.2.2 主从触发器 …… 105
- 3.2.3 边沿触发器 …… 107
- 3.2.4 边沿触发器的动态特性 …… 115

§3.3 触发器的基本应用 …… 118

3.3.1　简单计数器 …………………………………………… 118
　　　3.3.2　寄存器 ………………………………………………… 124
　本章概要……………………………………………………………… 131
　思考题和习题………………………………………………………… 132

第4章　同步时序电路 ……………………………………………… 135
　§4.1　时序电路的描述 ……………………………………………… 135
　　　4.1.1　两种基本模型 ………………………………………… 135
　　　4.1.2　状态转换图和状态转换表 …………………………… 137
　　　4.1.3　两种基本模型的相互转换 …………………………… 142
　§4.2　同步时序电路的分析 ………………………………………… 145
　　　4.2.1　同步时序电路分析的一般过程 ……………………… 145
　　　4.2.2　常用同步时序电路分析 ……………………………… 152
　§4.3　同步时序电路的设计 ………………………………………… 163
　　　4.3.1　同步时序电路设计的一般过程 ……………………… 163
　　　4.3.2　带有冗余状态的同步时序电路设计 ………………… 172
　　　4.3.3　用算法状态机方法设计同步时序电路 ……………… 176
　　　4.3.4　同步时序电路设计中的状态分配问题 ……………… 180
　§4.4　时序电路的状态化简 ………………………………………… 185
　　　4.4.1　完全描述状态表的等价与化简 ……………………… 185
　　　4.4.2　不完全描述状态表的化简 …………………………… 190
　§4.5　同步时序电路系统中的一些实际问题 ……………………… 195
　　　4.5.1　电路延时的影响 ……………………………………… 195
　　　4.5.2　时钟信号的驱动问题 ………………………………… 198
　本章概要……………………………………………………………… 198
　思考题和习题………………………………………………………… 199

第5章　异步时序电路 ……………………………………………… 203
　§5.1　基本型异步时序电路的分析 ………………………………… 203
　　　5.1.1　基本型异步时序电路的结构及其描述 ……………… 203
　　　5.1.2　基本型异步时序电路的一般分析过程 ……………… 207
　§5.2　基本型异步时序电路中的竞争与冒险 ……………………… 213
　　　5.2.1　临界竞争与非临界竞争 ……………………………… 213

5.2.2 临界竞争的判别 ………………………………………………… 216
　　5.2.3 临界竞争的消除 ………………………………………………… 219
　　5.2.4 基本型异步时序电路中的冒险 ………………………………… 224
§5.3 基本型异步时序电路设计 …………………………………………… 225
§5.4 脉冲型异步时序电路的分析与设计 ………………………………… 234
　　5.4.1 脉冲型异步时序电路的分析 …………………………………… 235
　　5.4.2 脉冲型异步时序电路的设计 …………………………………… 240
本章概要 …………………………………………………………………… 248
思考题和习题 ……………………………………………………………… 249

第 6 章　可编程逻辑器件与数字系统设计初步 ……………………… 252
§6.1 可编程逻辑器件的基本结构 ………………………………………… 252
　　6.1.1 基于乘积项的可编程逻辑器件 ………………………………… 252
　　6.1.2 基于查找表的可编程逻辑器件 ………………………………… 257
　　6.1.3 可编程逻辑器件中的"熔丝" …………………………………… 261
　　6.1.4 可编程逻辑器件的编程过程 …………………………………… 264
§6.2 数字系统设计初步 …………………………………………………… 265
　　6.2.1 数字系统 ………………………………………………………… 265
　　6.2.2 数字系统设计的一般过程 ……………………………………… 266
　　6.2.3 用可编程逻辑器件进行数字系统设计 ………………………… 268
本章概要 …………………………………………………………………… 299
思考题和习题 ……………………………………………………………… 300

附录 ……………………………………………………………………… 302
附录 1　数制与代码 ……………………………………………………… 302
附录 2　《电器图用图形符号——二进制逻辑单元》(GB4728.12-85)
　　　　简介 ……………………………………………………………… 308
附录 3　二极管、晶体管与场效应管的开关特性 ………………………… 318
附录 4　集成逻辑门电路的内部结构简介 ……………………………… 322
附录 5　VHDL 的对象、运算符和关键字 ……………………………… 331

参考文献 ………………………………………………………………… 334

第1章 逻辑代数基础

在我们的生活中,常常会遇到许多逻辑关系问题.在研究逻辑关系问题的各种方法中,最基本的数学理论是爱尔兰数学家乔治·布尔(George Boole,1815—1864)创立于1849年的布尔代数(Boolean Algebra).这一理论后来得到亨廷顿(Huntington)、香农(Claude Shannon)等人的发展和应用,形成一个完整的理论体系.随着电子技术和计算机技术的发展,布尔代数在数字逻辑电路的分析和设计中得到了广泛的应用,所以布尔代数常被称为逻辑代数(Logic Algebra).

§1.1 逻辑代数概述

逻辑代数是借助符号、利用数学方法来研究逻辑推理和逻辑计算的一个数学分支.对于任何一个逻辑问题,都是从一定的逻辑条件出发,通过推理或计算得到一定的逻辑结论.其中很重要的一类逻辑关系,其条件和结论只能取两种对立的情形,例如是和非、对和错、真和假等等.由于这类逻辑关系中的逻辑变量只能取对立的两个值,所以称其为二值逻辑.在本书中,除非有特别说明,所有的逻辑均指二值逻辑.

1.1.1 逻辑变量和逻辑函数

在逻辑代数中,逻辑条件被称为输入逻辑变量,简称输入变量;逻辑结论被称为输出逻辑变量,简称输出变量.每个逻辑变量的取值只有"真"和"假"两种可能.为了书写便利,通常用"1"代表"真",用"0"代表"假".

值得注意的是,由于"1"和"0"代表两个对立的逻辑状态,它们通常被称为逻辑值,但是它们不具有数值上的大小意义.在形式上逻辑变量的逻辑值和二进制数相同,并且在数字电路中也用逻辑值来代表二进制数,但这是两个完全不同的概念,它们的定义和运算规则等完全不同,一定不可混淆.

在一个逻辑关系问题里,一定的逻辑结论必然由一定的逻辑条件引起,也就是说输出变量的取值依赖于输入变量的取值,这样就形成了一个逻辑函数(Logic Function).逻辑函数也称开关函数(Switching Function).例如用 A 表示是否有空闲时间,B 表示是否有电影票,Y 表示是否去看电影,则逻辑函数 $Y = f(A, B)$,表达了是否有空闲时间、是否有电影票(两个逻辑条件)以及是否去看电影(逻辑结论)这三者的逻辑关系.在这里,逻辑条件 A、B 是输入变量,逻辑结论 Y 是输出变量.

很明显,在这个逻辑函数中,只有当 A 和 B 都为"真"的时候,Y 才是"真",而其余情况下 Y 都是"假".若将这个逻辑关系用表格的形式表达出来,则如表 1-1 所示.

表 1-1 看电影问题的逻辑真值表

A	B	Y
0	0	0
0	1	0
1	0	0
1	1	1

由于这个逻辑函数具有两个输入变量 A、B,每个输入变量均有两种取值可能,所以这个表格具有 $2\times 2=4$ 行,包括了输入变量所有可能的组合.通常对于有 n 个输入变量的逻辑函数,应该有 2^n 种可能的输入组合,所以列出含 n 个输入变量的逻辑函数逻辑值的表格应有 2^n 行.这样逐一列出逻辑函数逻辑值的表格,称为该逻辑函数的真值表(Truth Table).一般而言,一个逻辑函数总可以用一个真值表来表示.

同在普通代数中的情况类似,对于两个逻辑函数,我们可以通过比较这两个逻辑函数的值来确定它们之间的关系.

如果两个逻辑函数 $F(x_1,x_2,\cdots,x_n)$ 和 $G(x_1,x_2,\cdots,x_n)$,对于输入变量 $x_1,x_2,\cdots,x_n$ 的任意取值,其输出逻辑值都相等,换言之,它们的真值表相同,则这两个逻辑函数相等.否则它们不相等.

由于逻辑函数的值仅有 0 和 1 两种可能,所以两个不相等的逻辑函数之间可能发生下列情形:两个逻辑函数 $F(x_1,x_2,\cdots,x_n)$ 和 $G(x_1,x_2,\cdots,x_n)$,对于输入变量 $x_1,x_2,\cdots,x_n$ 的任意取值,其输出逻辑值都相反.或者说在它们的真值表中,相同输入变量组合所对应的输出逻辑状态都相反.这样的两个逻辑函数互为反函数.例如对于上述看电影问题,表 1-2 表示的逻辑函数即为其反函数.

表 1-2 看电影问题的反函数的逻辑真值表

A	B	Y
0	0	1
0	1	1
1	0	1
1	1	0

1.1.2 基本逻辑运算

在逻辑代数中,逻辑变量之间的运算称为逻辑运算.基本的逻辑运算有3种:逻辑与(AND)、逻辑或(OR)、逻辑非(NOT).

逻辑与、逻辑或运算都是对两个输入变量进行的运算.逻辑与的运算符号为"·",逻辑或的运算符号为"+".例如两个逻辑变量 A、B 的逻辑与运算记为 $A \cdot B$,它们的逻辑或运算记为 $A+B$.同普通代数中的乘法记号一样,在不引起误解的情况下,$A \cdot B$ 可简记为 AB.

逻辑与的定义是:只有参与运算的所有输入变量都为"真",运算结果才为"真";反之,只要任一参与运算的输入变量为"假",运算结果即为"假".

逻辑或的定义是:只要任一参与运算的输入变量为"真",运算结果即为"真";反之,只有参与运算的所有输入变量都为"假",运算结果才为"假".

根据上述定义,不难列出这两种逻辑运算的真值表如表1-3所示.

表1-3 "与"和"或"运算的逻辑真值表

A	B	$A \cdot B$	$A+B$
0	0	0	0
0	1	0	1
1	0	0	1
1	1	1	1

逻辑非运算也称为取反运算,是对单个逻辑变量进行的运算,其逻辑符号为"—".例如对逻辑变量 A 进行逻辑非运算记为 $\overline{A}$.

逻辑非的定义是:运算结果是输入变量的相反值,即逻辑否定.

根据逻辑非的定义,可列出其真值表如表1-4所示.

在这3种基本运算中,逻辑非的优先级最高,逻辑与的优先级其次,逻辑或的优先级最低.可以用加括号的方法来改变运算顺序.当一个"与"或者"或"运算在整个"非"符号以下时,在不引起误解的情况下可省略括号.例如 $Y = \overline{A+B}$ 表示先进行 A、B 的"或"运算,再将结果进行"非"运算.

表1-4 "非"运算的逻辑真值表

A	$\overline{A}$
0	1
1	0

由于逻辑与运算和逻辑或运算的书写符号和乘号、加号相同,习惯上也常常把逻辑与运算称为逻辑乘,运算结果称为逻辑积;把逻辑或运算称为逻辑加,运算结果称为逻辑和.但必须注意,它们代表的是逻辑代数中的逻辑运算,与普通代数运

算是完全不同的. 这一点千万不能混淆.

1.1.3 常用的复合逻辑运算

除了以上 3 种基本运算外,还有一些常用的复合运算. 它们是:

(1) 与非(NAND)运算　$Y = \overline{AB}$

与非运算是两个变量先进行"与"运算,运算结果再进行"非"运算. 需注意其表达式同 $Y = \overline{A}\,\overline{B}$ 的区别,后者表示先对变量进行"非"运算,再进行"与"运算.

(2) 或非(NOR)运算　$Y = \overline{A + B}$

或非运算是两个变量先进行"或"运算,运算结果再进行"非"运算.

(3) 异或(XOR)运算　$Y = A \oplus B$

异或运算的定义是:当两个输入变量相同(都为"真"或都为"假")时,输出变量为"假";而两个输入变量相异时,输出变量为"真".

(4) 同或(XNOR)运算　$Y = A \odot B$

将"异或"的结果进行"非"运算,可以得到另一个复合运算:$Y = \overline{A \oplus B}$,称为"异或非"运算."异或非"运算有时也称"同或"运算,记为 $Y = A \odot B$.

同或运算的定义是:当两个输入变量相同(都为"真"或都为"假")时,输出变量为"真";而两个输入变量相异时,输出变量为"假".

"异或"、"异或非"运算也可以用"与"、"或"、"非"这 3 种基本运算的组合来表达. 例如:

$$Y = A \oplus B = \overline{A}B + A\overline{B}; \quad Y = A \odot B = \overline{\overline{A}B + A\overline{B}}$$

要证明上述逻辑表达式的正确性,可以采用穷举法,即将逻辑变量的所有取值组合代入上述逻辑表达式来进行. 例如,将 $A = 1$,$B = 1$ 代入上述异或运算的表达式,则有

$$\overline{A}B = \overline{1} \cdot 1 = 0 \cdot 1 = 0, \quad A\overline{B} = 1 \cdot \overline{1} = 1 \cdot 0 = 0, \quad \therefore Y = 0 + 0 = 0$$

再将 $A = 0$,$B = 0$;$A = 1$,$B = 0$ 以及 $A = 0$,$B = 1$ 分别代入,可以证明上述表达式符合异或运算的定义. 同或运算的表达式也可用穷举法得到证明.

这些常用的复合运算的运算结果如表 1-5 所示.

任何一个逻辑问题,总可以用上述 3 种基本运算或它们的复合运算相组合的表达式来描述,称为该逻辑问题的逻辑表达式,简称为逻辑式. 例如,前面 1.1.1 节中所说的看电影问题,根据它的真值表,可以知道它的逻辑表达式为 $Y = AB$.

第1章 逻辑代数基础

表 1-5 复合运算的逻辑真值表

A	B	$\overline{AB}$	$\overline{A+B}$	$A \oplus B$	$A \odot B$
0	0	1	1	0	1
0	1	1	0	1	0
1	0	1	0	1	0
1	1	0	0	0	1

1.1.4 逻辑图

前面已经讨论了逻辑函数的两种表示形式:逻辑式和真值表.其实,逻辑函数还有另外两种表示方式,它们是逻辑图和卡诺图.关于卡诺图,将在稍后讨论,本节先介绍逻辑图.

逻辑图是用图形方式来描述逻辑关系.对于上面介绍的 3 种基本逻辑运算和 4 种复合逻辑运算,可用相应的逻辑符号表示,它们的逻辑符号如图 1-1 所示.

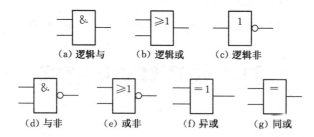

图 1-1 基本逻辑函数和常用复合逻辑函数的逻辑符号

按照国家标准 GB4728.12-85 规定,所有逻辑符号均由方框(或方框的组合)和标注在方框内的总限定符号组成.一般情况下,输入信号画在方框的左侧或上面,输出信号画在方框的右侧或下面.总限定符号表示了该逻辑符号的输出同输入之间的逻辑关系.例如,逻辑与的总限定符号为"&",表示当输入信号全部为"1"时输出信号为"1";逻辑或的总限定符号为"≥1",表示有一个或一个以上的输入信号为"1"时输出信号为"1".同样,我们可以理解其他几个总限定符号的意义:逻辑异或的总限定符号"=1",表示在两个输入信号中有一个为"1"时,输出为"1";逻辑同或的总限定符号"=",表示两个输入信号相等时,输出为"1".

逻辑"非"以一个小圈表示,可以加在输入端,也可以加在输出端.注意逻辑符号中的总限定符号只对逻辑符号方框内部的逻辑信号有效,所以,逻辑"非"信号加圈表示逻辑符号方框内部和方框外部的逻辑状态相反.根据这一点就不难理解"与非"和"或非"的逻辑符号了.

如需对国家标准 GB4728.12-85 进一步了解,可以参阅附录 2.

将一个逻辑函数中各变量之间的运算关系用相应的逻辑符号表示出来,就构成这个逻辑函数的逻辑图. 图 1-2 就是一个逻辑图的例子.

若将逻辑图中的逻辑符号更换成相应的逻辑电路器件,并将它们的输入端、输出端按图连接,即可得到实际的电路装置图. 因此逻辑图也常被称为电路图.

上述几种逻辑函数的表示方式,可以相互转换. 逻辑式到逻辑图、逻辑式到真值表的转换已在前面讲过. 逻辑图到逻辑式的转换,只要按逻辑图逐项写出逻辑关系也不难得到. 至于从真值表到逻辑式的转换,将在后面讲述.

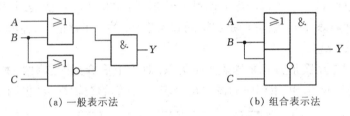

(a) 一般表示法　　　　　　　(b) 组合表示法

图 1-2　逻辑函数 $Y = (A+B)\overline{(B+C)}$ 的逻辑图

§1.2　逻辑代数的基本定理

1.2.1　基本公式

与普通代数一样,逻辑代数也从一些最基本的原理开始演绎. 下面给出逻辑代数的基本公式,即布尔恒等式.

(1) 0-1 律	$A \cdot 1 = A,$	$A + 0 = A$	(1.1)
	$A \cdot 0 = 0,$	$A + 1 = 1$	(1.2)
(2) 等幂律	$A \cdot A = A,$	$A + A = A$	(1.3)
(3) 互补律	$A \cdot \overline{A} = 0,$	$A + \overline{A} = 1$	(1.4)
(4) 自反律	$\overline{\overline{A}} = A$		(1.5)
(5) 交换律	$AB = BA,$	$A + B = B + A$	(1.6)
(6) 结合律	$A(BC) = (AB)C,$	$A + (B + C) = (A + B) + C$	(1.7)
(7) 分配律	$A(B+C) = AB + AC,$	$A + BC = (A+B)(A+C)$	(1.8)
(8) 反演律	$\overline{AB} = \overline{A} + \overline{B},$	$\overline{A+B} = \overline{A} \cdot \overline{B}$	(1.9)

这些基本逻辑公式可以根据集合理论加以证明,也可以采用穷举法进行验证:分别令逻辑式中的逻辑变量为 1 和 0,然后根据逻辑运算的定义,验证在所有输入组合的情况下,等式两边始终相等.

值得注意的是,这些定律都成对出现.其中交换律、结合律和分配律同普通代数中的类似定律很相像,但也有明显区别.如在分配律中右边的形式就是普通代数所没有的.

上述定律中最著名的是反演律.反演律由与布尔同时代的英国科学家德·摩根(De Morgan)发现,所以又称德·摩根定理.以下是对反演律的证明.

令 $F = AB$, $G = \overline{A} + \overline{B}$, 由分配律有

$$F + G = AB + (\overline{A} + \overline{B}) = (A + \overline{A} + \overline{B})(B + \overline{A} + \overline{B}) = 1$$
$$FG = AB(\overline{A} + \overline{B}) = AB\overline{A} + AB\overline{B} = 0$$

由互补律,有 $\overline{F} = G$, 即 $\overline{AB} = \overline{A} + \overline{B}$.

在逻辑函数的变换中经常要用到反演律.利用反演律,可以用"与"运算替代"或"运算,反之亦然.这在具体构成电路时往往很有用.图 1-3 用逻辑图描述了反演律.

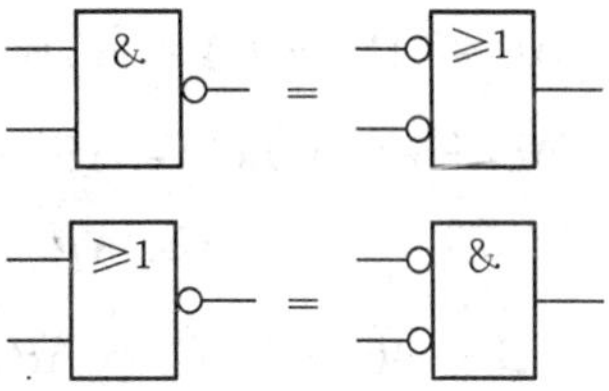

可以用以上定律证明,只要用一种形式的电路("与非"或者"或非"),就可以完成所有的逻辑功能.例如:

利用等幂律,将"与非"电路的两个输入并联,可以构成"非"电路.

图 1-3 反演律的逻辑图描述

利用自反律,将"与非"电路的输出用"非"电路取反,可以构成"与"电路.

将反演律改写成 $A + B = \overline{\overline{A} \cdot \overline{B}}$, 可以用"与非"电路构成"或"电路:将"与非"电路的两个输入取反,再进行与非操作就得到了"或"电路.

这样,由单一的"与非"电路可以构成"与"、"或"、"非"3 种基本逻辑运算,可以构成一个完备操作集.

同样可以证明用单一的"或非"电路也可以构成一个完备操作集.

用单一的电路构成完备操作集在具体的电路设计上很有意义,因为这意味着可以用较少的电路种类完成所有的逻辑功能.

1.2.2 其他常用逻辑恒等式

除了上述的逻辑公式外,还有一些常用的逻辑恒等式如下:

(1) 吸收律 $A+AB = A,\qquad A(A+B) = A$ (1.10)

$\qquad A+\overline{A}B = A+B,\ A(\overline{A}+B) = AB$ (1.11)

$\qquad A\cdot\overline{AB} = A\overline{B},\qquad A+\overline{A+B} = A+\overline{B}$ (1.12)

$\qquad AB+\overline{A}B = B,\qquad (A+B)(\overline{A}+B) = B$ (1.13)

(2) 冗余律 $AB+\overline{A}C+BC = AB+\overline{A}C$

$\qquad (A+B)(\overline{A}+C)(B+C) = (A+B)(\overline{A}+C)$ (1.14)

$\qquad AB+\overline{A}C+BCD = AB+\overline{A}C$

$\qquad (A+B)(\overline{A}+C)(B+C+D) = (A+B)(\overline{A}+C)$ (1.15)

下面给出这些恒等式的简要证明.

$A+AB = A\cdot 1+AB = A(1+B) = A$

$A+\overline{A}B = (A+AB)+\overline{A}B+A\cdot\overline{A} = A\cdot A+A\cdot B+A\cdot\overline{A}+\overline{A}\cdot B$

$\qquad = (A+\overline{A})(A+B) = 1\cdot(A+B) = A+B$

$A\cdot\overline{AB} = A(\overline{A}+\overline{B}) = A\overline{B}$

$AB+\overline{A}B = (A+\overline{A})B = B$

$AB+\overline{A}C+BC = AB+\overline{A}C+(A+\overline{A})BC = AB+ABC+\overline{A}C+\overline{A}BC$

$\qquad = AB(1+C)+\overline{A}C(1+B) = AB+\overline{A}C$

$AB+\overline{A}C+BCD = AB+\overline{A}C+(A+\overline{A})BCD = AB+ABCD+\overline{A}C+\overline{A}BCD$

$\qquad = AB(1+CD)+\overline{A}C(1+BD) = AB+\overline{A}C$

以上我们证明了(1.10)~(1.15)式的左半部分,这些公式的右半部分的证明将在下一节讨论了对偶定理后自然得证.

通过以上证明,可知以上恒等式可以从基本公式推得.由于这些恒等式可以减少逻辑函数中的某些项,所以直接利用以上恒等式,将有助于简化逻辑公式的推演过程.因此这些恒等式在逻辑函数的化简过程中就显得非常重要.

1.2.3 基本逻辑定理

上述基本公式,我们都只对有限个输入变量进行,所以可以利用穷举法进行证明.当将这些公式推广到任意多个输入变量时,必须证明它们的正确性.所以,逻辑代数中还有一些重要的定理,利用这些定理可以将上述基本的逻辑公式推广到任意一个逻辑函数.

一、代入定理

在任何一个逻辑等式中,若将其中一个逻辑变量全部用一个逻辑函数代替,等式仍然成立.

因为一个逻辑变量的取值只有 0 和 1 两种状态,这两个值代入等式时,等式都将成立.而一个逻辑函数的取值也只有 0 和 1 两种状态,所以用它取代等式中的逻辑变量时,等式当然也成立.

利用代入定理能够将上一小节的基本逻辑公式推广到多逻辑变量的形式.

例 1-1 将**分配律**推广到 4 变量情况.

已知分配律可以写为

$$A(C+D) = AC + AD, \quad A + CD = (A+C)(A+D)$$

在第一式中令 $A = (A+B)$,则

$$(A+B)(C+D) = (A+B)C + (A+B)D = AC + AD + BC + BD \tag{1.16}$$

在第二式中令 $A = AB$,则

$$AB + CD = (AB+C)(AB+D) = (A+C)(B+C)(A+D)(B+D) \tag{1.17}$$

例 1-2 将**反演律**推广到 3 变量情况.

已知反演律为

$$\overline{AB} = \overline{A} + \overline{B}, \quad \overline{A+B} = \overline{A} \cdot \overline{B}$$

令第一式中的 $B = (BC)$,第二式中的 $B = (B+C)$,则

$$\overline{ABC} = \overline{A(BC)} = \overline{A} + \overline{BC} = \overline{A} + \overline{B} + \overline{C} \tag{1.18}$$

$$\overline{A+B+C} = \overline{A+(B+C)} = \overline{A} \cdot \overline{B+C} = \overline{A} \cdot \overline{B} \cdot \overline{C} \tag{1.19}$$

二、反演定理

对于任何一个逻辑函数式,将其中的所有逻辑符号"+"、"·"交换,所有逻辑常量"1"、"0"交换,所有逻辑变量取反,这样得到的逻辑函数是原来逻辑函数的反函数.

反演定理实际上就是反演律的推广.在例 1-2 中我们将把反演律推广到 3 变量情况,运用数学归纳法,我们可以将反演律推广到任意多个变量.如果我们将逻

辑常量也归纳进去,就是上述反演定理.

利用反演定理可以方便地从一个已知逻辑函数求取它的反函数.

例 1-3 已知 $F = A\overline{B}\overline{D} + CD(\overline{E}F + E\overline{F})$，求 $\overline{F}$.

利用反演定理,可以直接写出

$$\overline{F} = (\overline{A} + B + D)[\overline{C} + \overline{D} + (E + \overline{F})(\overline{E} + F)]$$

三、对偶定理

观察上一小节给出的逻辑代数的基本公式,可见这些公式成对出现,每对逻辑式的关系是:所有逻辑符号"+"、"·"交换,所有逻辑常量"1"、"0"交换. 在逻辑代数中,我们将这样的情况称为对偶. 逻辑"与"和逻辑"或"互为对偶关系,逻辑"真"和逻辑"假"互为对偶关系.

若一对逻辑式中所有的逻辑运算互为对偶,逻辑常量互为对偶,则称这一对逻辑式互为对偶式. 对偶定理即是:

若两个逻辑函数相等,则由它们的对偶式形成的两个逻辑函数也相等.

对偶定理可以通过反演定理和代入定理加以证明:设有两个逻辑函数 F、G,它们的对偶式分别为 F^*、G^*. 若 $F = G$,则根据反函数的定义有 $\overline{F} = \overline{G}$. 根据反演定理,$\overline{F}$ 和 F 的关系是逻辑符号"+"、"·"交换,逻辑常量"1"、"0"交换、逻辑变量取反. $\overline{G}$ 和 G 也有同样的关系. 现在将 $\overline{F}$ 和 $\overline{G}$ 中的逻辑变量全部用相应的反变量代替,根据代入定理,等式仍然成立. 由于 $\overline{F}$、$\overline{G}$ 中的逻辑变量全部用相应的反变量代替后就是 F^*、G^*,所以 $F^* = G^*$,定理得证.

利用对偶定理,可以帮助我们记忆逻辑公式. 另外,在证明某些复杂的逻辑等式时,有时通过证明它们的对偶式来完成可能更方便.

在运用上述定理时,要特别注意反演定理和对偶定理的区别. 前者描述的是原函数和反函数的关系,后者描述的是原函数和对偶函数的关系. 在一般情况下,一个逻辑函数的反函数和对偶函数是不同的.

§1.3 逻辑函数的标准表达式和卡诺图

1.3.1 逻辑函数的两种标准表达形式

以上介绍了逻辑代数的基本性质和基本定理,下面来分析一个具体的逻辑问

第1章 逻辑代数基础

题:3 人表决问题.

我们知道,3 人表决只要两票或两票以上同意就算通过.设 3 个人为 A、B、C,表决结果为 Y,用逻辑值"1"表示同意,"0"表示反对,则 3 人表决问题的真值表如表 1-6 所示.

表 1-6 3 人表决问题的真值表

编号	A	B	C	Y	编号	A	B	C	Y
0	0	0	0	0	4	1	0	0	0
1	0	0	1	0	5	1	0	1	1
2	0	1	0	0	6	1	1	0	1
3	0	1	1	1	7	1	1	1	1

由该真值表可知,能使输出 $Y=1$ 的输入组合有 4 种,即真值表的第 3、5、6、7 行.对于其中每一个组合可以写出一个逻辑表达式,如第 3 行的输入为 $A=0$、$B=1$、$C=1$,即:

$$Y = \overline{A}BC$$

这样的逻辑式有 4 个,分别是:$\overline{A}BC$,$A\overline{B}C$,$AB\overline{C}$,ABC.

对于 $Y=1$ 的输出,只要上述 4 个输入条件中的任意一个成立即可,也就是这 4 个条件的"或".因此,可以写出 Y 的最终逻辑表达式:

$$Y = \overline{A}BC + A\overline{B}C + AB\overline{C} + ABC$$

显然,上面分析实现了 3 人表决问题从真值表到逻辑式的转换.其实这个过程对于一般的逻辑函数来说是一个普遍适用的方法,下面将对此作进一步的阐述.

为了说明逻辑函数的一般表达式,先介绍最小项概念.

在 n 个逻辑变量的逻辑函数中,若 m 为包含 n 个因子的乘积项(逻辑与),且其中每个逻辑变量都以原变量或反变量的形式出现一次并仅仅出现一次,则称 m 为这 n 个变量的最小项(Miniterm).

例如 A、B、C 3 个逻辑变量的最小项就有 8 个,分别为

$$\overline{A}\,\overline{B}\,\overline{C},\ \overline{A}\,\overline{B}C,\ \overline{A}B\overline{C},\ \overline{A}BC,\ A\overline{B}\,\overline{C},\ A\overline{B}C,\ AB\overline{C},\ ABC$$

对于 n 个输入变量的情况,最小项有 2^n 个.这 2^n 个最小项实际上包含了输入变量的所有可能的组合.为了书写方便,有时把能够使得最小项的逻辑值等于 1 的逻辑变量取值看成一个二进制数 i,而将这个最小项记为 m_i.例如,使得最小项 $\overline{A}BC = 1$ 的逻辑变量 ABC 的取值为 011,所以将这个最小项 $\overline{A}BC$ 记为 m_3.

对于任意一个具有 n 个变量的逻辑函数,2^n 个最小项包含了输入变量的所有

可能的组合,所以我们可以将该逻辑函数表示为

$$f(x_1, x_2, \cdots, x_n) = \sum \alpha_i m_i, \ i = 0, 1, \cdots, 2^n - 1 \tag{1.20}$$

这里 $\sum$ 表示连续的"逻辑或"运算,α_i 可以为 0 或者 1. 当 $\alpha_i = 1$ 时,对应的最小项 m_i 出现在逻辑函数表达式中,反之,$\alpha_i = 0$ 对应的最小项不出现在逻辑函数表达式中. 这样的表示法,称为该逻辑函数的最小项之和形式,简称为逻辑函数的积之和形式(Sum of Products,SOP),是逻辑函数的两种标准表示形式之一.

下面我们从另一个方面再次考虑 3 人表决问题.

由表 1-6 可见,能使输出 $Y = 0$ 的输入条件也有 4 种,即真值表中的 0、1、2、4 行. 对于每一行亦可写出一个逻辑值为 0 的逻辑表达式. 如第 1 行的输入是 $A = 0$、$B = 0$、$C = 1$,即 $A + B + \overline{C} = 0$,等等. 对于 $Y = 0$ 的输出结果来说,在 $(A+B+C)$、$(A+B+\overline{C})$、$(A+\overline{B}+C)$ 和 $(\overline{A}+B+C)$ 4 个条件中,只要一个逻辑值为 0,输出 Y 即为 0. 我们知道逻辑"与"的运算正是符合上述情况:只要一个输入为 0,输出就为 0. 所以可以写出 Y 的另一种逻辑表达式

$$Y = (A+B+C)(A+B+\overline{C})(A+\overline{B}+C)(\overline{A}+B+C)$$

上式正是 3 人表决问题的另一种标准表示形式:最大项之积形式,简称为和之积形式(Products of Sum,POS).

上面提到逻辑函数的最大项,最大项概念如下.

在 n 个逻辑变量的逻辑函数中,若 M 为包含 n 个因子的和项(逻辑或),且其中每个逻辑变量都以原变量或反变量的形式出现一次并仅仅出现一次,则称 M 为这 n 个变量的最大项(Maxiterm).

同最小项的情形一样,n 个变量的最大项有 2^n 个. 为了书写的方便,我们同样将使最大项的逻辑值等于 0 的逻辑变量的取值看成一个二进制数 i,而将对应的这个最大项记为 M_i. 例如,能够使最大项 $A + \overline{B} + C$ 的逻辑值为 0 的逻辑变量取值为 010,所以该最大项记为 M_2.

同样,对于任意一个具有 n 个变量的逻辑函数,可表示为

$$f(x_1, x_2, \cdots, x_n) = \prod (\alpha_i + M_i), \ i = 0, 1, \cdots, 2^n - 1 \tag{1.21}$$

这里 $\prod$ 表示连续的"逻辑与"运算,α_i 可以为 0 或者 1. 当 $\alpha_i = 0$ 时,对应的最大项 M_i 出现在逻辑函数表达式中. 反之,$\alpha_i = 1$ 对应的最大项不出现在逻辑函数表达式中. 这样的表示法称为该逻辑函数的最大项之积形式.

为了书写方便,有时也简略地只记录最大项或最小项的求积或求和记号,以及

在表达式中出现的最大项或最小项的编号. 这样, 3 人表决问题的标准表达式为

$$Y(ABC) = \sum m(3,5,6,7) \quad \text{或} \quad Y(ABC) = \prod M(0,1,2,4)$$

1.3.2 两种逻辑函数标准表达式之间的相互关系

很明显, 上述 3 人表决问题的两种标准表达式应该是等效的, 因为它们表述的是同一个逻辑问题. 那么, 对于任何一个逻辑问题, 两种逻辑表达式之间的相互关系究竟如何呢？为了研究这一问题, 先介绍最小项和最大项的一些性质.

对于一个具有 n 个变量的逻辑问题, 在输入变量的任意一种取值情况下, 总有：

(1) 必有且仅有一个最小项的逻辑值为 1；必有且仅有一个最大项的逻辑值为 0.

(2) 任意两个不同的最小项之积为 0；任意两个不同的最大项之和为 1. 即：

$$m_i m_j = 0, \ M_i + M_j = 1, \text{其中 } i \neq j \tag{1.22}$$

(3) 全体最小项之和为 1；全体最大项之积为 0. 即：

$$\sum_{i=0}^{2^n-1} m_i = 1, \ \prod_{i=0}^{2^n-1} M_i = 0 \tag{1.23}$$

(4) 下标相同的最大项和最小项互补. 即：

$$\overline{m_i} = M_i \tag{1.24}$$

以上性质, 很容易从最小项和最大项的定义得到证明如下：

因为对于任意一个具有 n 个变量的逻辑函数, 2^n 个最小项包含了输入变量所有可能的组合, 所以对于任何一种输入变量的组合, 一定可以找到对应这种输入变量组合的最小项, 其逻辑值为 1. 又因为这 2^n 个最小项各不相同, 所以其他最小项的逻辑值必定为 0. 同样可以证明最大项与此对偶的性质.

根据第一条性质, 因为只有一个最小项的逻辑值为 1, 其余均为 0, 所以立即可以得到上述第 2 条和第 3 条性质. 同样可以证明最大项与此对偶的性质.

根据最小项和最大项的定义, 将最小项 m_i 中的逻辑与换成逻辑或, 逻辑变量取反, 就成为具有相同下标的最大项 M_i. 而根据反演定理, 这样变换后的两个函数互为反函数, 所以上述第 4 条性质得证.

下面利用上述性质, 研究对于同一个逻辑问题的逻辑表达式之间的相互关系.

性质 1 一个逻辑函数的两种标准逻辑表达式之间, 存在以下关系：

$$\text{若 } F = \sum m_i, \text{则 } \overline{F} = \prod M_j, \text{其中 } j \neq i \tag{1.25}$$

证明 若一个逻辑函数可以写为 $F = \sum m_i$,其中 m_i 一定只取那些使得 $F=1$ 的项. 而根据最小项的性质,全体 m_i 的和为 1. 根据 $F+\overline{F}=1$,可知 $\overline{F}$ 必然等于全部最小项中除了 $\sum m_i$ 之外的那些最小项的和 $\sum m_j$ ($j \neq i$). 所以 $\overline{F} = \sum m_j$.

根据反演定理,可将上式变换为

$$F = \prod \overline{m_j} = \prod M_j, \text{性质 1 得证}.$$

性质 2 一个逻辑函数与其反函数的逻辑表达式之间,存在以下关系:

$$\text{若 } F = \sum m_i, \text{则 } \overline{F} = \prod M_i. \tag{1.26}$$

证明 根据反演定理,有

$$\overline{F} = \prod \overline{m_i} = \prod M_i, \text{性质 2 得证}.$$

可以看到,上述两条性质的证明都用到了反演定理. 实际上,性质 2 就是反演定理在逻辑函数标准表达式中的表现形式. 这两条性质为进行逻辑函数表达形式的变换以及求反函数提供了方便.

例 1-4 已知逻辑函数 $F(ABC) = \sum m(0,1,3,6,7)$,求 F 的和之积形式及其反函数 $\overline{F}$.

原函数为

$$F(ABC) = \sum m(0,1,3,6,7) = \overline{A}\,\overline{B}\,\overline{C} + \overline{A}\,\overline{B}C + \overline{A}BC + AB\overline{C} + ABC$$

根据上述逻辑函数的性质 1,可以得到函数的和之积形式为

$$F(ABC) = \prod M(2,4,5) = (A+\overline{B}+C)(\overline{A}+B+C)(\overline{A}+B+\overline{C})$$

根据上述逻辑函数的性质 2,可以得到函数的反函数为

$$\overline{F}(ABC) = \prod M(0,1,3,6,7)$$
$$= (A+B+C)(A+B+\overline{C})(A+\overline{B}+\overline{C})(\overline{A}+\overline{B}+C)(\overline{A}+\overline{B}+\overline{C})$$

1.3.3 将逻辑函数按照标准形式展开

有时候需要将一个逻辑函数按照标准形式展开,可以通过如下方法进行:

要求按积之和形式展开函数,可以将非最小项的积项乘以形如 $A+\overline{A}$ 的项,其中 A 是那个非最小项的积项中缺少的输入变量,然后展开,最后合并相同的最小项;

要求按和之积形式展开函数,可以将非最大项的和项加上形如 $A\overline{A}$ 的项,其中 A 是那个非最大项的和项中缺少的输入变量,然后展开,最后合并相同的最大项.

可以反复使用上述做法,直到逻辑函数中的所有项都成为最小项或最大项为止.

例 1-5 将逻辑函数 $Y(abc) = a + \overline{b}c + a\overline{c}$ 展开成积之和形式.

$$\begin{aligned} Y(abc) &= a + \overline{b}c + a\overline{c} = a(b+\overline{b})(c+\overline{c}) + \overline{b}c(a+\overline{a}) + a\overline{c}(b+\overline{b}) \\ &= abc + ab\overline{c} + a\overline{b}c + a\overline{b}\,\overline{c} + \overline{b}ca + \overline{b}c\overline{a} + a\overline{c}b + a\overline{c}\,\overline{b} \\ &= \overline{a}\,\overline{b}c + a\overline{b}\,\overline{c} + a\overline{b}c + ab\overline{c} + abc \\ &= \sum m(1, 4, 5, 6, 7) \end{aligned}$$

例 1-6 将逻辑函数 $Y(X_1 X_0) = (X_1 + \overline{X}_0)\overline{X}_1$ 展开成和之积形式.

$$\begin{aligned} Y(X_1 X_0) &= (X_1 + \overline{X}_0)\overline{X}_1 = (X_1 + \overline{X}_0)(\overline{X}_1 + X_0 \overline{X}_0) \\ &= (X_1 + \overline{X}_0)(\overline{X}_1 + X_0)(\overline{X}_1 + \overline{X}_0) = \prod M(1, 2, 3) \end{aligned}$$

从上述例子可以看出,展开一个逻辑函数的原理是上面所说的乘以 $A+\overline{A}$ 形式的项和加上 $A\overline{A}$ 形式的项. 熟练以后,完全可以直接写出它的展开式. 具体做法是:对于具有 n 个变量的逻辑函数,如果其中某项包含的变量数目不到 n 个,则将它展开的方法是在它的后面乘上(或加上)其余变量的所有"积"(或"和")的组合. 如上面例 1-5 中,第 1 项缺 b 和 c,则乘上 b 和 c 的所有"积项"的组合 $\overline{b}\,\overline{c} + b\overline{c} + \overline{b}c + bc$;第 2 项缺 a,则乘上 a 所有"积项"的组合 $a + \overline{a}$;第 3 项则乘上 b 的所有"积项"的组合 $b + \overline{b}$;展开删去重复的项就得到展开的结果. 在例 1-6 中,第 2 项缺 X_0,则加上 X_0 的"和项"的组合 $X_0 \overline{X}_0$,展开删去重复的项就得到展开的结果.

1.3.4 逻辑函数的卡诺图表示

再次考虑 3 人表决问题,观察它的真值表如图 1-4(a)所示.

真值表的次序是按输入变量的二进制码排列的. 每两行之间发生变化的输入变量数量可能只有一个,也可能大于一个. 若只有一个输入变量发生变化,我们称它们是相邻的,否则它们不相邻. 例如,在图 1-4 3 人表决问题的真值表中,第 1 行和第 2 行只有变量 C 发生变化,所以这两项是相邻的;第 2 行和第 3 行有两个变量

B 和 C 发生变化,所以这两项是不相邻的.

A	B	C	Y
0	0	0	0
0	0	1	0
0	1	0	0
0	1	1	1
1	0	0	0
1	0	1	1
1	1	0	1
1	1	1	1

(a) 真值表

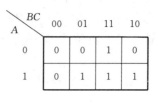

(b) 卡诺图

图 1-4　3 人表决问题的真值表和卡诺图

若我们将真值表重新排成一个矩阵,其规律是使相邻的项在矩阵内的位置上也是相邻的,则此矩阵被称为卡诺图(Karnaugh Map). 例如,3 人表决问题的卡诺图如图 1-4(b)所示. 显然,卡诺图也是逻辑函数的一种表示法.

因为在画卡诺图时,必须满足逻辑上相邻的项在矩阵内的位置也是相邻的这个规律,所以卡诺图中的变量排列必须按照相邻规则进行. 图 1-5 是 2 个变量至 4 个变量的卡诺图画法. 注意在方格中的以斜体标出的数字,它是该方格的编号,实际上是该方格代表的最小项或最大项的编号,表头中的变量以 A 为二进制数的最高位依次递减.

特别要指出的是:卡诺图的上下左右边缘也是相邻的. 例如在 4 变量卡诺图中,编号 0 的方格,不仅同 1 号和 4 号方格相邻,同 2 号、8 号方格也是相邻的.

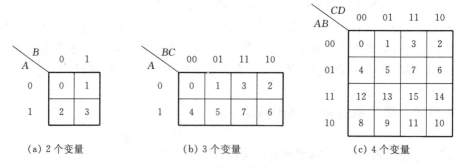

(a) 2 个变量　　　　(b) 3 个变量　　　　(c) 4 个变量

图 1-5　2～4 个变量的卡诺图画法

由于卡诺图中的每个方格代表一个最小项或者最大项,填入该方格的逻辑值 1 或者 0 实际上就是逻辑函数标准表达式中的系数 a_i,所以在填卡诺图时,一般应将逻辑函数展开成标准表达式,然后将标准表达式中的系数 a_i 填入相应的方格.

第1章 逻辑代数基础

对于变量数大于4的情况,一般是作出并列的若干个4变量的卡诺图.例如5变量时作出两个4变量的卡诺图,一个对应 $A=0$,另一个对应 $A=1$. 6变量时作出4个4变量的卡诺图,分别对应于 $AB=00$、$AB=01$、$AB=11$ 和 $AB=10$. 由于变量更多时卡诺图变得十分复杂,故一般的卡诺图不宜超过6个变量.

卡诺图最重要的特性就是它的相邻性.在逻辑函数的化简中,将充分体现它的这个特点所带来的方便.

§1.4 逻辑函数的化简

1.4.1 代数法化简

逻辑函数的化简,同实际的逻辑电路形式具有密切关系.化简目的大多是为了以尽可能简单的电路形式来实现某个逻辑函数.实际的逻辑电路有与、或、与非、或非、与或非等形式,与之相对应,同一个逻辑函数也可以有各种不同的表达形式.以异或函数 $A \oplus B$ 为例,有以下的多种形式:

(1) 与或形式 $\quad \overline{A}B + A\overline{B}$

(2) 或与形式 $\quad (\overline{A}+\overline{B})(A+B)$

(3) 与非-与非形式 $\quad \overline{\overline{A}B \cdot A\overline{B}}$

(4) 或非-或非形式 $\quad \overline{\overline{A+B}+\overline{A}+\overline{B}}$

(5) 与或非形式 $\quad \overline{AB + \overline{A}\,\overline{B}}$

(6) 混合形式 $\quad \overline{AB}(A+B)$

具体要化简成何种形式,应视实际问题而定.化简的目的要达到:逻辑电路的数量最少、逻辑电路的级数最少、输入端的数量最少、电路稳定可靠.有时这几方面不能同时兼顾,则可以根据实际需要,偏重于其中的某几点.

代数法化简是利用上一节所述的基本定理和常用恒等式,对逻辑函数进行化简.根据代入定理,每个恒等式中的变量都可以用一个逻辑式代替.

需要注意的是,所有的化简方法都不是唯一的,可以有多种不同的化简过程,有时甚至连化简结果也不是唯一的,但总可以使得到的逻辑函数形式达到要求.由于上述几种形式都可能在实际问题中出现,它们之间又可以互相转换,所以下面以化简成"与或"形式为主,举例说明逻辑函数的化简过程.

例 1-7 利用吸收律化简的例子一.

$$F = ab + ab\,\overline{d} + abe + ab(\overline{c}+\overline{e}) = ab$$

上例中直接运用逻辑恒等式(1.10)：$A+AB=A$，令 $ab=A$，将 ab 后面的逻辑式吸收.

例 1-8 利用吸收律化简的例子二.

$$F = AC + \overline{A}D + \overline{C}D = AC + (\overline{A}+\overline{C})D$$
$$= AC + \overline{AC}D = AC + D$$

上例中最后一步运用逻辑恒等式(1.11)，将 $\overline{AC}$ 吸收.

例 1-9 利用吸收律化简的例子三.

$$F = A\overline{B}C + AB\overline{C} + A\overline{B}\,\overline{C} + ABC = A(\overline{B}C + B\overline{C}) + A(\overline{B}\,\overline{C}+BC)$$
$$= A(B \oplus C) + A(\overline{B \oplus C}) = A$$

上例中运用逻辑恒等式(1.13)，将 $B \oplus C$ 吸收.

例 1-10 利用冗余律和吸收律化简的例子一.

$$F = ABC + \overline{A}C + BC\,\overline{D} = (AC)B + \overline{A}CC + BC\,\overline{D}$$
$$= (AC)B + \overline{A}CC = (AB+\overline{A})C = BC + \overline{A}C$$

上例第 2 步和第 4 步反复运用逻辑恒等式(1.12)，第 3 步运用逻辑恒等式(1.15)，最后一步运用了逻辑恒等式(1.11)，将 A 吸收.

例 1-11 利用冗余律和吸收律化简的例子二.

$$F = ABC + AB\overline{C} + \overline{A}C + BC$$
$$= AB + \overline{A}C + BC \quad (吸收律)$$
$$= AB + \overline{A}C \quad\quad\quad (冗余律)$$

上例中首先运用逻辑恒等式(1.13)，将 $\overline{C}$ 吸收；然后运用逻辑恒等式(1.14)，将 BC 吸收.

例 1-12 利用冗余律化简的例子.

$$F = ABC\,\overline{D} + \overline{AB}E + \overline{AB}C\,\overline{D}E = (AB)C\,\overline{D} + (\overline{AB})E + (C\overline{D})(E)\overline{AB}$$
$$= ABC\,\overline{D} + \overline{AB}E$$

上例中运用逻辑恒等式(1.15)，将最后一项吸收.

除了直接利用基本逻辑定理和逻辑恒等式进行化简外，代数法化简还可以运用另外一些技巧进行. 大致有以下几种方法：(1) 加上形如 $A\overline{A}=0$ 的项，达到与其他项配合,然后进行化简.(2) 乘上形如 $A+\overline{A}=1$ 的项后,拆开原来的项,再同其他项配合化简.(3) 利用恒等式 $A+A=A$,在原式中重复某些项.(4) 在化简或与函数时,利用对偶定理,先化简其对偶式,有时可能更方便.

例 1-13 利用 $A\overline{A}=0$,在原式中添加一些项,然后进行化简的例子.

$$F = AB\overline{C} + \overline{AB} \cdot \overline{ABC} = AB\overline{C} + AB \cdot \overline{AB} + \overline{AB} \cdot \overline{ABC}$$
$$= AB(\overline{C}+\overline{AB}) + \overline{AB} \cdot \overline{ABC} = AB(\overline{ABC}) + \overline{AB} \cdot \overline{ABC}$$
$$= \overline{ABC}$$

例 1-14 利用 $A+\overline{A}=1$,在原式中添加一些项,然后拆开进行化简的例子.

$$F = AB\overline{C}D + CD + \overline{A}C\overline{D} + A\overline{B}C\overline{D}$$
$$= AB\overline{C}D + (A+\overline{A})CD + \overline{A}C\overline{D} + A\overline{B}C\overline{D}$$
$$= AB\overline{C}D + ACD(B+\overline{B}) + (\overline{A}CD + \overline{A}C\overline{D}) + A\overline{B}C\overline{D}$$
$$= AB\overline{C}D + ABCD + A\overline{B}CD + \overline{A}C + A\overline{B}C\overline{D}$$
$$= ABD + \overline{A}C + A\overline{B}C$$

例 1-15 利用 $A+A=A$,在原式中重复某些项,然后进行化简的例子.

$$F = AB\overline{C} + A\overline{B}C + \overline{A}BC + ABC$$
$$= (AB\overline{C}+ABC) + (A\overline{B}C+ABC) + (\overline{A}BC+ABC)$$
$$= BA + BC + AC$$

在这个例子中可以看到,原式中的某一项可以不断地重复使用.这是化简中的一个常用技巧.

例 1-16 利用对偶定理化简的例子.

$$F = (A+B)(\overline{A}+B)(B+C)(\overline{A}+C)$$

因为 $F^* = AB + \overline{A}B + BC + \overline{A}C = B + BC + \overline{A}C = B + \overline{A}C$

所以 $F = B(\overline{A}+C)$

利用对偶定理,还可以将最简与或式变换为最简或与式.

例 1-17 已知异或函数的最简与或式为 $F=\overline{A}B+A\overline{B}$,求异或函数的最简或与式.

将异或函数的最简与或式取对偶并化简

$$F^* = (\overline{A}+B)(A+\overline{B}) = \overline{A}A + \overline{A}\,\overline{B} + AB + B\overline{B} = AB + \overline{A}\,\overline{B}$$

再取对偶,得到异或函数的最简或与式

$$F = (A+B)(\overline{A}+\overline{B})$$

从上述例子,可以看到,实际的化简过程要灵活运用前面讨论的多种逻辑关系. 逻辑函数越复杂,化简方法的变化也越多. 有时候,单用一种方法不能奏效,就需要多种方法交替使用.

1.4.2 卡诺图化简法

在逻辑函数的表示法中,对卡诺图进行了介绍. 利用卡诺图进行逻辑函数的化简,是卡诺图的一个重要应用.

由于卡诺图中的每个方格代表了逻辑函数中的一个最小项或最大项,而相邻的方格在逻辑上也是相邻的,即它们之间只有一个变量发生变化. 根据(1.13)式,若在两个最小项或最大项中有一个变量互补,则这个变量可以被吸收. 所以,若两个相邻的最小项(或最大项)同时在逻辑函数中出现,则它们之间一定有一个互补的变量可以被消去. 或者说,若在卡诺图中有相邻的两个方格,其中填的都是 1 或者都是 0,则这两个相邻的方格可以合并成一个大方格,这个大方格对应的项(积项或者和项)就是消去了这个变化的变量后的项. 利用这种方法,可以比较直观地进行逻辑函数的化简.

例 1-18 化简 3 人表决问题的逻辑函数 $Y = \overline{A}BC + A\overline{B}C + AB\overline{C} + ABC$.

首先作出上述函数的卡诺图如图 1-6 所示.

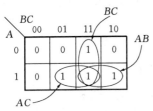

图 1-6 3 人表决问题的卡诺图

根据刚才的讨论,可以将相邻的 1 或 0 合并. 在图中将可合并的方格圈出,称为卡诺圈. 图中共有 3 个卡诺圈. 由于卡诺圈内圈的是最小项,所以分别对应着 3 个积项. 例如图中竖着的卡诺圈包含了 3 号和 7 号方格,它对应的输入变量 A 分别等于 0 和 1,所以 A 是发生变化的变量,根据吸收律可以被消去. 而 B、C 不发生变化,等于 11,所以这个积项的逻辑式是 BC. 同样可以知道其余两个积项分别是 AB 和 AC,这样可写出化简后的逻辑函数为 $Y = AB + BC + AC$.

由此例可以看出,利用卡诺图对一个逻辑函数进行逻辑化简比较直观.

下面进一步讨论卡诺图化简方法.

首先将要化简的逻辑函数展开成标准表达式,然后填入卡诺图.

根据相邻的方格在逻辑上也相邻的原理,只要相邻的方格满足以下条件:①合并后的大方格内的逻辑值相同;②大方格包含的小方格数为 2^n 个,就可以将相邻的方格合并为一个卡诺圈.显然,卡诺圈越大,可以消去的变量越多,最后得到的逻辑函数越简单.若卡诺圈包含的小方格数为 2^n 个,而这个逻辑函数具有 m 个变量,则这个卡诺圈对应的项中包含的变量数目为 $m-n$ 个.

将一个逻辑函数的"与或"表达式中的各项称为该逻辑函数的蕴涵(Implicant).卡诺图中任何单个的最小项以及由此合并成的大方格都是蕴涵.

若某个蕴涵不能再与其他蕴涵合并而作出更大的方格,则该蕴涵称为质蕴涵(Prime Implicant).逻辑函数的最简与或表达式总是由它的一部分质蕴涵构成的.

若某个质蕴涵包含一个或多个唯一的最小项,即该最小项不被其他质蕴涵所包含,则称这个质蕴涵为必要质蕴涵(Essential Prime Implicant).

在例 1-18 中的 3 个卡诺圈都是质蕴涵,并且都是必要质蕴涵,因为它们都包含一个最小项不可能被另外 2 个质蕴涵所包含.

若一些蕴涵包含了逻辑函数中所有最小项,则这些蕴涵称为该函数的一个覆盖(Cover).一个逻辑函数可以有不同的覆盖.

若一个覆盖中,每一个蕴涵都是必不可少的,去掉其中任何一个就不能包含逻辑函数的所有最小项,则称该覆盖为非冗余覆盖(Non-redundant Cover).

若一个逻辑函数的一个非冗余覆盖中包含的蕴涵个数最少,每个蕴涵中包含的最小项又较少,则称这种覆盖为最小覆盖(Minimal Cover).显然,逻辑函数化简的过程就是寻找最小覆盖的过程.

值得指出的是,对于一个逻辑函数,其最小覆盖总是由必要质蕴涵和部分质蕴涵组成,所以它的最小覆盖可能不是唯一的,即它的最简逻辑表达式可能不是唯一的.

例如,在图 1-7 所示的卡诺图中,质蕴涵 $X_1 X_4$ 和 $X_1 X_2 X_3$ 都是必要质蕴涵,它们是唯一的,并且一定是最小覆盖的组成部分.但是,质蕴涵 $\overline{X_1}\,\overline{X_3}\,\overline{X_4}$、$\overline{X_1} X_2 \overline{X_3}$、$X_1 \overline{X_2}\,\overline{X_3}$、$\overline{X_2}\,\overline{X_3}\,\overline{X_4}$ 和 $X_2 \overline{X_3} X_4$ 并不是构成最小覆盖所全部需要的,只要其中的部分即可.本例子的最小覆盖应该是 $F = X_1 X_4 + X_1 X_2 X_3 + \overline{X_1} X_2\,\overline{X_3} + \overline{X_2}\,\overline{X_3}\,\overline{X_4}$.

下面通过一些例子,进一步说明用卡诺图化简逻辑函数的方法.

例 1-19 用与-或形式化简逻辑函数

$$Y(X_1, X_2, X_3, X_4) = \sum m(0, 2, 3, 8, 9, 10, 11, 12, 13, 14, 15)$$

由于题目给出的函数已经是标准形式,可直接作出卡诺图如下(见图 1-8).

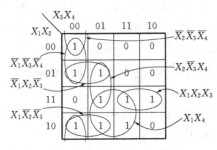

图 1-7 说明最小覆盖的卡诺图

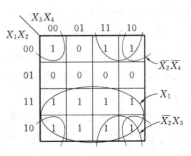

图 1-8 例 1-19 的卡诺图化简

与-或形式就是积之和形式.用卡诺图化简成积之和形式应该圈"1",上图就是圈"1"得到的结果.由于所有卡诺圈都是必要质蕴涵,已经组成了最小覆盖,化简后的逻辑函数为

$$Y = X_1 + \overline{X}_2 X_3 + \overline{X}_2 \overline{X}_4$$

在这个例子中,特别要注意卡诺图的相邻关系.例如卡诺图的 4 个角是相邻的,所以当 4 个角都为 1 时可以合并成一个卡诺圈,如本例的 $\overline{X}_2 \overline{X}_4$.卡诺图的上下也是相邻的,如本例的 $\overline{X}_2 X_3$.只有在充分考虑了这些相邻关系之后,才可能得到最大的卡诺圈,即质蕴涵,从而得到最小覆盖.

例 1-20 将例 1-19 的函数化简成或-与形式的逻辑函数.

重画例 1-19 的卡诺图如图 1-9 所示.

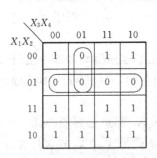

图 1-9 例 1-20 的卡诺图化简

在用卡诺图化简时,若要得到或-与形式(和之积形式)的化简结果,应该在化简时将包含 0 的方格合并,即圈最大项.同样,在圈最大项时也要求尽可能将卡诺圈圈大.

对卡诺图中的 0 进行合并的卡诺圈如图 1-9 所示,由此得到化简后的逻辑函数为

$$Y = (X_1 + \overline{X}_2)(X_1 + X_3 + \overline{X}_4)$$

这里要特别注意:和之积形式的逻辑函数的写法不同于积之和形式.由于卡诺圈所圈的是最大项,所以凡是在卡诺图表头中取 0 的自变量要写成原变量形式,取 1 的要写成反变量形式.

有时根据实际电路的需要,要求用一些特定的逻辑电路来实现一个逻辑函数.例如要求全部用与非电路或者全部用或非电路来实现一个逻辑函数,这时可以在

卡诺图化简的基础上,再用反演定理对化简结果进行变换.

例 1-21 对例 1-19 函数的化简结果进行变换,分别用与非电路、或非电路来实现.

例 1-19 函数的化简结果分别为

$$Y = X_1 + \overline{X}_2 X_3 + \overline{X}_2 \overline{X}_4$$

$$Y = (X_1 + \overline{X}_2)(X_1 + X_3 + \overline{X}_4)$$

对上述结果反复使用反演定理,消去第 1 式中的逻辑或关系,消去第 2 式中的逻辑与关系,可以得到

$$Y = \overline{\overline{X_1} \cdot \overline{\overline{X}_2 \cdot X_3} \cdot \overline{\overline{X}_2 \cdot \overline{X}_4}}$$

$$Y = \overline{\overline{(X_1 + \overline{X}_2)} + \overline{(X_1 + X_3 + \overline{X}_4)}}$$

它们的逻辑图分别如图 1-10 所示.

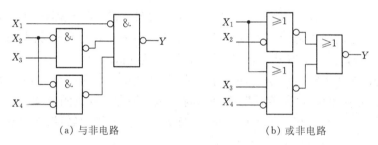

(a) 与非电路　　　　　　　　(b) 或非电路

图 1-10　例 1-21 的逻辑图

1.4.3　利用卡诺图运算来进行逻辑化简

一个卡诺图代表一个逻辑函数,两个卡诺图的运算就是两个逻辑函数的运算.但卡诺图的运算特别简单,只要将对应的方格进行运算即可.巧妙地运用卡诺图的运算,可以使一些逻辑函数得到更为简洁的结果.

例 1-22 化简逻辑函数

$$Y(A, B, C, D) = \sum m(4, 5, 6, 7, 12, 13, 14).$$

此例的卡诺图如图 1-11 所示.若用常规方法化简,可以得到结果 $Y = B\overline{C} + B\overline{D} + \overline{A}B$,显然,由于这个结果含

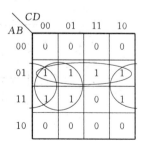

图 1-11　例 1-22 的卡诺图

有公因子 B，还可以进一步化简成 $Y = B(\overline{C}+\overline{D}+\overline{A})$ 或者 $Y = B \cdot \overline{CDA}$。那么，是否可以直接从卡诺图上得到这个化简结果呢？

可以用卡诺图运算来观察 $Y = B \cdot \overline{CDA}$。如图 1-12 所示，可以看到实际上因子 $\overline{CDA}$ 在卡诺图中的作用，是用 0 填补了在因子 B 中为 1 而在 Y 中应该为 0 的格子。

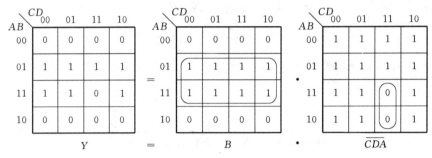

图 1-12　卡诺图运算的示例

这个结果提示我们，在一个逻辑函数的卡诺图中，若某个蕴涵的形状接近于一个目标质蕴涵而其中包含某些"缺陷"时，可以构造一个目标质蕴涵和另一个弥补"缺陷"的蕴涵，将后者取反，然后与前者共同构成逻辑函数。

由于该方法中的后一个蕴涵似乎是在"阻塞"前一个质蕴涵中应该为 0 的位置，故此种方法也称为"阻塞法"，实施"弥补"的蕴涵常被称为阻塞项。上述方法中，目标质蕴涵和阻塞项都可以不止一个，而且为了得到最简的结果，无论是目标质蕴涵还是阻塞项都应该尽可能大。

例 1-23　化简逻辑函数 $Y(A, B, C, D) = \sum m(6, 7, 9, 13)$，使之全部用与非电路实现。

本题的卡诺图如图 1-13。通过观察，可以看到右下角的 4 个 0 恰巧构成一个阻塞项，所以可以根据以上卡诺图的运算进行化简，最后得到 $Y = (AD+BC)\,\overline{AC}$。

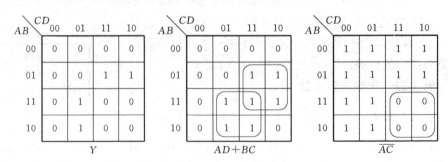

图 1-13　例 1-23 的卡诺图

上述结果可以方便地变换成全部用"与非"电路构成的函数形式：

$$Y = (AD+BC)\overline{AC} = AD\,\overline{AC} + BC\,\overline{AC} = \overline{\overline{AD\,\overline{AC}} \cdot \overline{BC\,\overline{AC}}}$$

利用卡诺图运算来进行逻辑函数的化简,对某些特定目标函数的化简过程特别有效.一般而言,当最终化简目标是要求将逻辑函数化简成全部用"与非"电路或者"或非"电路构成的函数时,尤其是目标函数要求全部用原变量表达时,可以考虑用卡诺图运算化简逻辑函数.

用卡诺图运算按照上述目标函数进行化简时,要掌握如下的一些有关规律：

(1) 在 n 个变量构成的卡诺图中,0 号方格(即全部变量为 0 的方格)称为 0 重心,2^n-1 号方格(即全部变量为 1 的方格)称为 1 重心.

(2) 包含 0 重心但不包含 1 重心的质蕴涵,其表达式一定是用反变量标注的.

(3) 包含 1 重心但不包含 0 重心的质蕴涵,其表达式一定是用原变量标注的.

(4) 既不包含 0 重心也不包含 1 重心的质蕴涵,其逻辑表达式中一定既有原变量又有反变量.

(5) 通常当目标函数是与非形式并要求全部用原变量表达时,在画卡诺圈和阻塞圈时要围绕 1 重心进行.其中卡诺圈圈 1,阻塞圈圈 0.例 1-22 和例 1-23 就是相应的例子.当目标函数是或非形式并要求全部用原变量表达时,要围绕 0 重心进行,其中卡诺圈圈 0,阻塞圈圈 1.按照这样的规则化简得到的函数中将不会出现反变量形式的输入.

例 1-24 化简逻辑函数 $Y(A,B,C,D) = \sum m(0,1,6,7,8,9,10,11,14,15)$ 成为或非形式.

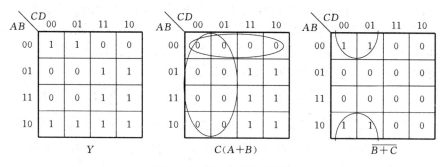

图 1-14　例 1-24 的卡诺图

此例的卡诺图如图 1-14 所示.由于目标函数是或非形式,所以围绕 0 重心画卡诺圈和阻塞圈.从图中可以看到卡诺圈和阻塞圈的画法,化简得到的结果是：

$$Y = C(A+B) + \overline{\overline{B}+C} = (C + \overline{B} + \overline{C})(A + B + \overline{\overline{B}+C})$$
$$= \overline{\overline{C + \overline{B} + \overline{C}} + \overline{A + B + \overline{\overline{B}+C}}}$$

在阻塞过程中,有时会遇到按照上述规则画出的阻塞圈内存在相反变量的情况.例如当目标函数是与非形式并要求全部用原变量表达时,画出的阻塞圈中应该全部是 0,但是围绕 1 重心有若干个方格是"1".在这种情形下,需要进行二次阻塞.本书对此不作讨论,有兴趣的读者请参考有关资料.

1.4.4 不完全确定的逻辑函数的化简

在实际的逻辑问题中,有时候会有一些无效的输入状态出现.例如用两个开关来控制一个电机,开关 A 为"1"表示电机正转,开关 B 为"1"表示电机反转,两个开关均为"0"表示电机停.很显然,不能出现两个开关都是"1"的情况,即 $AB = 11$ 这个输入状态是禁止出现的.又如用 4 个逻辑变量构成的 4 位二进制数来表达 8421 码形式的十进制数,那么大于 1001 的码都是无意义的.

在以上这些例子中,其共同的特点是:在 n 个逻辑变量构成的逻辑函数中,有效的逻辑状态数小于 2^n 个.那些无效的状态或者不可能出现,或者是无意义的.这种逻辑函数称为不完全确定的逻辑函数.

当用卡诺图方法对不完全确定的逻辑函数进行化简时,在卡诺图中对有效逻辑状态所对应的那些方格中填上确定的 1 或 0.而对那些无效状态,因其对应的逻辑输出状态是不确定的,所以其对应的方格既可以填 1,也可以填 0,通常我们填上一个字母,例如 d.这些无效的状态被称为任意项,或称为无关项、约束项、禁止项等等.

由于任意项的值既可为 1 也可为 0,故带有任意项的逻辑函数在化简时具有很大的灵活性.既可以将任意项圈入卡诺圈,也可以不圈入卡诺圈.如果在化简时适当地将一些任意项圈入卡诺圈,可以使化简的结果得到极大的简化.

例 1-25 化简逻辑函数 $F(X_1, X_2, X_3, X_4)$
$$= \sum m(1, 3, 4, 6, 7, 13) + \sum d(5, 8, 9, 11)$$

本例的函数是一个带任意项的逻辑函数,其中 $\sum d(i)$ 表示编号为 i 的最小项为任意项.将上述带任意项的逻辑函数画成卡诺图,在最小项中填 1,在任意项中填 d,得到的卡诺图如图 1-15.

在卡诺图中,考虑将任意项 d_5、d_9 圈入卡诺圈,于是
$$F = \overline{X}_1 X_2 + \overline{X}_3 X_4 + \overline{X}_1 X_4$$

为了比较有无任意项的区别,我们画出不考虑任意项 d_5、d_9 得到的卡诺图,如图 1-16 所示.

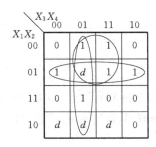

图 1-15　带任意项的卡诺图化简结果

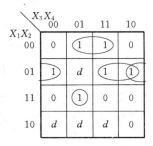

图 1-16　不考虑任意项的卡诺图化简结果

根据上述卡诺圈,化简后的逻辑函数是

$$F = \overline{X}_1\,\overline{X}_2 X_4 + \overline{X}_1 X_2 X_3 + \overline{X}_1 X_2 \overline{X}_4 + X_1 X_2\,\overline{X}_3 X_4$$

明显比考虑任意项的结果复杂.

但在考虑任意项时,也不是将任意项考虑得越多越好.例如在本例中,若考虑任意项 d_8、d_{11},将会出现不必要的蕴涵.所以,在考虑任意项的化简问题时,应以能够将包含最小项的质蕴涵达到最大为限.

在逻辑函数中,任意项的表现形式还有其他多种.除了已经提到的直接用最小项形式表示外,还经常用逻辑表达式表示.例如在本节开始时提到的电机问题中,$A = 1$、$B = 1$ 这种输入状态不可能出现,可记为 $AB = 0$.在卡诺图中就是对应 $AB = 11$ 的最小项为 d.

又如在 3 人表决问题中,若 A 与 B 总是意见相左,则可记为 $A = \overline{B}$,此约束条件相当于 $ABC = 000$、001、110、111 四种状态不可能出现,所以也可记为 $\overline{A}\,\overline{B}\,\overline{C} + \overline{A}\,\overline{B}C + AB\overline{C} + ABC = 0$.同样地,此条件在卡诺图中的表现就是对应于 $ABC = 000$、001、110、111 四个方格内应该填 d.

再如约束条件 $A = AB$,则意味着若 $B = 0$,A 一定为 0,即不存在 $AB = 10$ 这种情况,或者说 $AB = 10$ 的方格为 d.

这些体现任意项的逻辑表达式统称为逻辑问题的约束方程.对于这一类用约束方程给出的逻辑问题,一般要将约束条件改写成用最小项表示的任意项形式,才能用卡诺图进行化简.

1.4.5　使用异或函数的卡诺图化简

逻辑函数中的异或运算,有一些比较特殊的性质.其中主要有:

$$A \oplus B = B \oplus A \tag{1.27}$$

$$(A \oplus B) \oplus C = A \oplus (B \oplus C) = A \oplus B \oplus C \tag{1.28}$$

$$A \oplus 0 = A, \quad A \oplus 1 = \overline{A} \tag{1.29}$$

$$A \oplus A = 0, \quad A \oplus \overline{A} = 1 \tag{1.30}$$

$$\overline{A \oplus B} = A \oplus \overline{B} = \overline{A} \oplus B \tag{1.31}$$

异或运算的这些性质,被广泛运用于逻辑运算和二进制算术运算中.我们将在以后的章节中讨论这些性质的运用,这里先讨论用异或函数来进行逻辑函数的化简.

在卡诺图中异或函数是具有很特殊的"棋盘格"特征的图形,如图 1-17 所示.

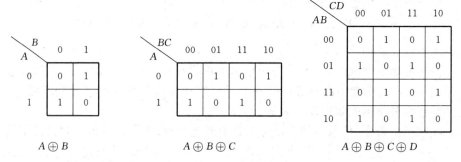

图 1-17 2~4 个变量异或函数的卡诺图

异或函数的棋盘格特征是卡诺图中 0 号方格总是等于 0. 由于同或函数是异或函数的反函数.所以同或函数也具有棋盘格的特征,同或函数卡诺图中 0 号方格总是等于 1.

对一些具备这些特殊图形特征的逻辑函数,用异或函数实现,往往可以变得比较简单.下面举几个用异或函数化简的例子.

例 1-26 化简逻辑函数 $F = \sum m(1, 2, 4, 8, 14)$.

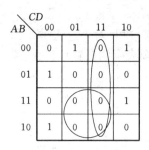

图 1-18 例 1-26 的卡诺图

本例函数的卡诺图见图 1-18.从图中可以看到,此逻辑函数具有前面所说的棋盘格特征,所以应该适合于用异或函数进行化简.但它的棋盘格不完整,所以要用前面介绍的阻塞法,将不完整的地方加以阻塞,如图中所画的阻塞圈所示.这样可以得到以下的化简结果:

$$F = (A \oplus B \oplus C \oplus D)(\overline{AD + CD})$$

除了上述图 1-17 所示的异或函数规律之外,还有一些组合形式的棋盘格特征,是变量合并以后的异或函数. 不同的变量合并有不同的组合形式,但方格 0 的特征不变. 图 1-19 表示了其中几个函数的例子,其余的组合形式读者可以自行绘制.

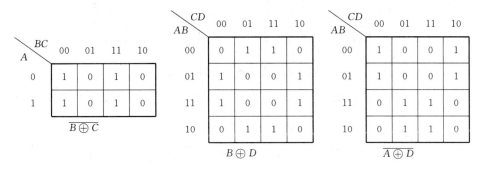

图 1-19 变量合并后异或函数的卡诺图

例 1-27 化简逻辑函数 $F = \sum m(1, 3, 4, 6, 8, 9, 11, 12, 13, 14)$.

此例的卡诺图如图 1-20 所示.

图中函数的形状符合上述变量合并以后的异或函数特征. 与图 1-19 比较可以看到,它的大部分蕴涵同 $B \oplus D$ 的卡诺图相同,多余部分可以用另一个函数 $A\overline{C}$ 补充(如图中卡诺圈所示). 所以得到它的化简结果为 $F = (B \oplus D) + A\overline{C}$.

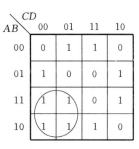

图 1-20 例 1-27 的卡诺图

1.4.6 多输出逻辑函数的化简

多输出逻辑函数是指一组具有相同输入变量的逻辑函数. 这种成组函数的化简方法同单独逻辑函数的化简有所不同. 单独逻辑函数化简只须符合要求的逻辑形式达到最小覆盖即可. 但是多输出函数由于存在各个函数之间的相关性,按照单独函数的化简方法化简有时并不能得到最简化的结果.

例 1-28 化简下列多输出逻辑函数:

$$F_1(abc) = \sum m(2, 3, 7); \quad F_2(abc) = \sum m(1, 5, 7)$$

本例的两个函数的卡诺图如图 1-21 所示.

按照单独逻辑函数的化简,得到的结果如下图的卡诺圈所示,应该是

$$F_1 = \bar{a}b + bc \, ; \, F_2 = \bar{b}c + ac$$

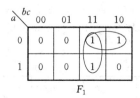
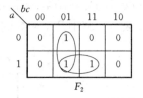

图 1-21 多输出函数的卡诺图

但是如果注意到在两个函数中,具有一个公共因子 abc,则上述函数可以化简成

$$F_1 = \bar{a}b + abc \, ; \, F_2 = \bar{b}c + abc$$

尽管这样化简从每个逻辑函数来看都似乎不太合理,但是将两个函数联合起来看,它们可以共用一个蕴涵 abc,所以比原来的化简结果要合理. 图 1-22 分别给出两种化简结果的逻辑图.

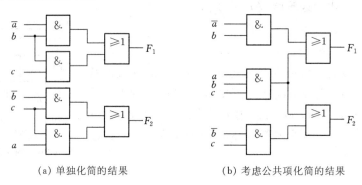

(a) 单独化简的结果　　　　　　(b) 考虑公共项化简的结果

图 1-22 多输出函数的化简结果比较

从上述化简结果来看,多输出逻辑函数化简的一个重要因素就是考虑公共蕴涵的使用. 寻找公共蕴涵的方法有几种,可以用表格法进行,也可以在卡诺图上通过观察直接寻找. 一般来说,简单的函数大部分可以直接通过观察法进行化简. 复杂的多输出逻辑函数需要通过表格法寻找公共蕴涵才比较方便,这项工作更多地由计算机完成.

下面就例 1-28 介绍在卡诺图上寻找公共蕴涵的过程.

首先观察在多个输出函数中的公共最小项. 在上例中,公共最小项是 m_7. 顺便说一下,如果多输出函数比较复杂,这个过程也可以借助表格来进行:将多输出函数中每一个函数的质蕴涵所包含的最小项列成一个表,称之为质蕴涵表,如表 1-7 所示. 在质蕴涵表中可以轻而易举地找到公共最小项.

第 1 章　逻辑代数基础

表 1-7　确定多输出函数公共项的质蕴涵表

质蕴涵		最小项							
		m_0	m_1	m_2	m_3	m_4	m_5	m_6	m_7
F_1	$\bar{a}b$			✓	✓				
	bc				✓				✓
F_2	$\bar{b}c$		✓				✓		
	ac						✓		✓

下一步将相邻的公共最小项合并成公共蕴涵(画公共卡诺圈).由于在本例中只有一个公共最小项,所以公共蕴涵就是这个公共最小项.同时,将在单独化简的卡诺图中包含公共蕴涵的质蕴涵(卡诺圈)划去.在本例中,就是要划去 F_1 中的 bc 项和 F_2 中的 ac 项.

然后在卡诺图中观察是否存在未被圈入的最小项.如果在进行上述两个步骤(增加公共蕴涵卡诺圈和划去包含公共蕴涵的卡诺圈)后,没有任何其他最小项未被圈入(如本例那样),则可以认为化简完成.否则需重新划分卡诺圈,将未被包含的最小项圈入.

在上述化简过程中,要注意以下几点:①公共蕴涵越大越好;②在寻找公共蕴涵的过程中,有时会有多种可能的方案出现,这时要根据实际情况作一定的取舍,这就部分地要依赖于人为的经验.

例 1-29　化简多输出逻辑函数:

$$F_1(abcd) = \sum m(0,1,2,3,5,7); \quad F_2(abcd) = \sum m(5,7,9,11,13,15)$$

首先作出本例的两个卡诺图以及初步的质蕴涵划分如图 1-23 所示.

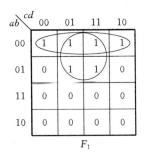 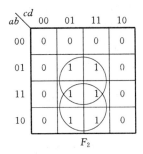

图 1-23　例 1-29 的卡诺图

通过观察,可知这两个函数具有公共最小项 m_5 和 m_7.这两个公共最小项相邻,所以可以构成一个公共蕴涵 $\overline{a}bd$.在上述卡诺图中将此公共蕴涵圈出,并且划去与之相关的两个原来的蕴涵(F_1 中的 $\overline{a}d$ 和 F_2 中的 bd).在完成上述改动后,没有发现未被圈入的最小项,所以本例的最后结果应该是

$$F_1 = \overline{a}\,\overline{b} + \overline{a}bd \,;\, F_2 = ad + \overline{a}bd$$

例 1-30 化简多输出逻辑函数:

$$F_1(abcd) = \sum m(3,7,8,9,10,11,13,14,15)$$

$$F_2(abcd) = \sum m(6,7,8,10,14,15)$$

作出本例的两个卡诺图以及初步的质蕴涵划分(图中实线)如图 1-24 所示.

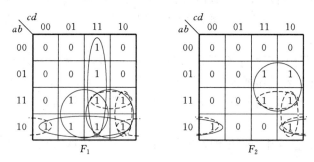

图 1-24 例 1-30 的卡诺图

在本例中,公共最小项有 5 个,分别为 m_7、m_8、m_{10}、m_{14}、m_{15}.如果按照前面的步骤,将包含公共最小项的质蕴涵划去,则可能会有多个最小项在划去公共最小项后未被任何卡诺圈所包含,所以必须将公共最小项加以取舍.

从图中可以看到,公共最小项 m_8、m_{10} 可以构成一个公共蕴涵,公共最小项 m_{10}、m_{14} 也可以构成一个公共蕴涵,另外,公共最小项 m_7、m_{15} 还能构成一个公共蕴涵.若将 m_8、m_{10} 圈出,则剩下的最小项可以按照最大程度合并的原则顺利地组成质蕴涵,而其他两个公共蕴涵已经被其他蕴涵所包含,已经没有必要而可以舍弃不用.最后得到化简结果如下:

$$F_1 = ad + cd + ac + a\overline{b}\,\overline{d} \,;\, F_2 = bc + a\overline{b}\,\overline{d}$$

1.4.7 影射变量卡诺图

上面讨论的卡诺图化简,都以不超过 4 个变量为例.因为超过 4 个变量后,观

第1章 逻辑代数基础

察和化简都不方便。下面介绍一个方法，可以部分地克服这个缺点。

通常卡诺图的维数和变量的数目之间的关系是 $2^n = m$，其中 n 为变量个数，m 为卡诺图的方格数，每一个方格代表一个最小项、最大项或任意项。

根据代入定理，一个逻辑函数中的逻辑变量可以用一个函数代替。如果将卡诺图的一个方格代表一个函数，则可以大大扩展卡诺图包含的变量个数，或者在不改变变量数目的情况下降低卡诺图的维数。影射变量卡诺图采用的正是这样一种方法。

在影射变量卡诺图的每个方格中，不但可以包含 0、1 和任意项，还可以包含变量和函数。下面举例说明如何构造影射变量卡诺图以及如何化简影射变量卡诺图，为了便于比较，变量数目仍然不超过 4 个。

例 1-31 化简函数 $F(X_1 X_2 X_3 X_4) = \sum m(2, 4, 5, 10, 11, 14) + \sum d(7, 8, 9, 12, 13, 15)$.

用影射变量卡诺图化简逻辑函数，第一步是要确定将哪个变量（或函数）作为影射变量，典型做法是在未化简的函数中选择低位变量或出现最少的变量。本例中，选择变量 X_4 作为影射变量。

第 2 步是填卡诺图。为了说明影射变量卡诺图的填法，先作出函数的真值表，如表 1-8 所示。

表 1-8 函数的真值表

最小项编号		输　入　变　量				输出变量
影射变量卡诺图	普通卡诺图	X_1	X_2	X_3	X_4（影射变量）	F
0	0	0	0	0	0	0
	1	0	0	0	1	0
1	2	0	0	1	0	1
	3	0	0	1	1	0
2	4	0	1	0	0	1
	5	0	1	0	1	1
3	6	0	1	1	0	0
	7	0	1	1	1	d
4	8	1	0	0	0	d
	9	1	0	0	1	d
5	10	1	0	1	0	1
	11	1	0	1	1	1
6	12	1	1	0	0	d
	13	1	1	0	1	d
7	14	1	1	1	0	1
	15	1	1	1	1	d

根据上述真值表,填影射变量卡诺图的步骤如下:

(1) 如果被某个影射变量卡诺图最小项覆盖的两个标准最小项的输出都为 0 或都为 1,则在影射变量卡诺图的对应方格中填 0 或 1. 例如在上述真值表中影射变量卡诺图的 0 号方格填 0, 2 号方格和 5 号方格填 1.

(2) 如果被某个影射变量卡诺图最小项覆盖的两个标准最小项的输出都具有与影射变量相同的值,则在影射变量卡诺图的对应方格中填该影射变量. 如果输出都为与影射变量互补的值,则在影射变量卡诺图的对应方格中填该影射变量的"非". 例如在上述真值表中影射变量卡诺图的 1 号方格,应该填 $\overline{X}_4$.

(3) 如果被某个影射变量卡诺图最小项覆盖的两个标准最小项的输出都为任意项,则在影射变量卡诺图的方格中填任意项. 例如在上述真值表中影射变量卡诺图的 4 号和 6 号方格填 d.

(4) 如果被某个影射变量卡诺图最小项覆盖的两个标准最小项的输出,一个是任意项而另一个是确定输出(0 或 1),则在影射变量卡诺图的方格中填该确定输出. 例如在上述真值表中影射变量卡诺图的 3 号方格填 0、7 号方格填 1.

按照上述办法作出本例的影射变量卡诺图如图 1-25 所示,其中未填的值为 0.

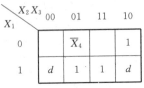

图 1-25　影射变量卡诺图

对影射变量卡诺图进行化简的过程是:

(1) 先不考虑影射变量(将影射变量看成 0),但可以考虑任意项,按照普通卡诺图化简的过程画出所有包含 1 方格的卡诺圈. 该卡诺圈代表的质蕴涵的逻辑表达式与普通卡诺图得到的质蕴涵的逻辑表达式相同.

(2) 将 1 方格看成任意项,同时可以考虑原来的任意项,画出包含所有影射变量的卡诺圈(就是将影射变量当作最小项来化简卡诺图). 但是必须注意:在卡诺圈中包含的影射变量必须是相同的(即在一个卡诺圈中的影射变量都是原变量或者都是反变量). 该卡诺圈所代表的质蕴涵的逻辑表达式是其中的影射变量表达式和普通卡诺图得到的质蕴涵表达式的"与".

(3) 将上面两个步骤得到的所有质蕴涵"或",就是最后结果.

本例化简的卡诺图如图 1-26. 图中(a)是影射变量卡诺图,(b)同时画出了原来的 4 变量的卡诺图.

在上面的影射变量卡诺图中,质蕴涵 X_1、$X_2 \overline{X}_3$ 根据上述化简过程 1 得到,质蕴涵 $\overline{X}_2 X_3 \overline{X}_4$ 根据上述化简过程 2 得到,最后根据过程 3 得到本例的最后化简结果是

$$F = X_1 + \overline{X}_2 X_3 \overline{X}_4 + X_2 \overline{X}_3$$

通过(a)和(b)两个卡诺图的对照,可以看出映射变量卡诺图和普通卡诺图的关系.要注意的是,为了对照方便,(b)的 4 变量卡诺图的表头次序不是按照一般的顺序排列的,而是将 $X_1 X_4$ 放在一起.这样可以更明显地看到 X_4 是怎样作为影射变量出现在 3 变量卡诺图中的.

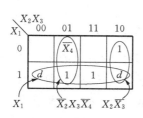
(a) 影射变量卡诺图

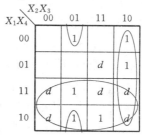
(b) 普通的 4 变量卡诺图

图 1-26　影射变量卡诺图化简和普通卡诺图化简的对照

需要说明的是,上述做法中的影射变量不仅仅局限于单个变量,它可以是一个逻辑表达式.但要注意:当影射变量是一个逻辑表达式时,必须是同样的表达式才能包含在一个卡诺圈中.例如图 1-27 中影射变量卡诺图中包含的影射变量 XY 和 Z,它们都是逻辑变量 a、b、c 的逻辑表达式.

图 1-27 描述的逻辑函数的化简过程是:①不考虑映射变量,由最小项 1 和任意项 d 形成一个质蕴涵 bc.②考虑映射变量,由于 1 号方格和 5 号方格内的映射变量的逻辑表达式相同(都是 XY),所以可以加上相邻的 d 和 1 形成一个质蕴涵 cXY,映射变量 Z 和与之相邻的 1 又可以形成一个质蕴涵 abZ.最后得到的化简结果是 $F = bc + abZ + cXY$.

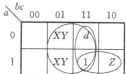
图 1-27　影射变量卡诺图的化简

1.4.8　逻辑函数的计算机化简

上面介绍的逻辑函数多种化简方法都是适合于人工化简的方法,在化简过程中需要一定的经验和技巧.但是当系统复杂、变量增多时,人工化简受到极大的限制.随着计算机技术的不断进步,目前在计算机逻辑化简方面已经得到了极大的发展,许多优秀的计算机辅助设计软件可以支持逻辑表达式、真值表、状态图以及逻辑图等各种输入形式,自动进行逻辑化简以及后续的各种设计步骤,极大地提高了设计人员的工作效率.

多种计算机化简方法基于表格法和代数法。表格法的基本思想是将卡诺图化简方法用表格的形式展开,形成一个机械的化简过程,这样就可以利用计算机的运算来进行化简。其中一种比较典型的方法称为 Q-M 法(Quine-McCluskey Method),它首先将所有最小项列成一个表格,然后找出其中相邻的项进行合并,合并后形成新的表格,再继续进行合并。

实际上可以将 n 个输入变量的逻辑问题看成一个 n 维的立方体,每个最小项是这个立方体的一个顶点。例如 3 变量逻辑问题的立方体如图 1-28 所示:

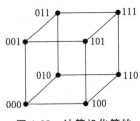

图 1-28　计算机化简的逻辑立方体示意图

由于在 n 维立方体上每条棱、每个面以及每个子立方体都可以是质蕴涵,所以化简过程实际上就是在逻辑函数的 n 维立方体表示中找出所有的棱、面和子立方体,然后在这些质蕴涵中找到一个满足问题要求的最小覆盖。

表格法可以对多输入函数进行化简,也可以对多输出函数进行化简,只要计算机的运算能力足够,对于输入输出的个数可以没有限制。

代数法化简是对原逻辑表达式用逻辑代数进行化简,化简的基本手段是冗余律((1.14)式)和反演律((1.9)式)。

有关计算机化简问题在此不作详细讨论,有兴趣的读者可以阅读有关资料。

本章概要

逻辑代数是借助符号、利用数学方法研究逻辑推理和逻辑计算的一个数学分支。二值逻辑的逻辑变量只包含 0 和 1,它们表示两个对立的逻辑状态。

基本的逻辑运算有"与"、"或"、"非"3 种,由此可以得到各种复合逻辑运算。逻辑代数运算借用了普通代数的某些运算符号,但是运算规律和其中的含义与代数运算迥然不同。为了进行逻辑运算,必须熟练掌握 1.2.1 节的基本公式。另外,掌握 1.2.2 节的辅助公式和 1.2.3 节的基本定理,对于提高逻辑运算的速度和证明逻辑等式是极为有用的。

逻辑函数有真值表、逻辑表达式、逻辑图和卡诺图 4 种表达形式,它们各具特点并且可以相互转换,可以根据使用的需要合理选用。

逻辑函数的化简是本章的重点。有代数法和图形法两种基本化简方法:公式法化简可以适用于任何场合,但是通常没有一定的规律可循,需要敏锐的观察力和一定的技巧。卡诺图化简法可以按照一定的步骤进行,但是只适用于变量数目较少的场合. 在卡诺图化简过程中也有一些技巧性的手段, 比较重要的有卡诺图运算法和影射变量卡诺图化简法.

由于实际的逻辑系统为了获得最好的性能, 可以由各种不同类型的逻辑电路构成, 所以逻辑化简的目标形式可以是多种多样的, 在本章讨论了几种常见的形式. 可以通过一定的方法得到需要的逻辑函数形式, 包括在卡诺图化简后利用反演定理转换以及直接进行卡诺图运算化简等.

随着计算机辅助设计软件的发展, 利用计算机软件进行逻辑化简已经越来越成熟. 计算机化简的基本手段是表格法和代数法.

思考题和习题

1. 运用基本定理证明下列等式.
   (1) $AB + \overline{A}C + \overline{B}C = AB + C$
   (2) $BC + D + \overline{D}(\overline{B} + \overline{C})(DA + B) = B + D$
   (3) $ABC + \overline{A}\,\overline{B}\,\overline{C} = \overline{A\overline{B} + B\overline{C} + C\overline{A}}$
   (4) $AB + BC + CA = (A+B)(B+C)(C+A)$
   (5) $\overline{A}BC + AB + A\overline{C} = BC + A\overline{C}$
   (6) $\overline{A\,\overline{B} + \overline{A}B} = (A+\overline{B})(\overline{A}+B)$
   (7) $\overline{A}\,\overline{B} + AB + BC = \overline{A}\,\overline{B} + AB + \overline{A}C$

2. 用逻辑代数定理化简下列逻辑函数式.
   (1) $AB + \overline{A}B\,\overline{C} + BC$
   (2) $\overline{A}\,\overline{B}\,\overline{C} + A\overline{B}\,\overline{C} + A\overline{B}C$
   (3) $ab(cd + \overline{c}d)$
   (4) $[x\,\overline{(xy)}][y\,\overline{(xy)}]$
   (5) $\overline{(a+b)}\,\overline{(\overline{a}+\overline{b})}$
   (6) $\overline{a}\,\overline{b}\,\overline{c} + \overline{a}\,bc + a\overline{b}\,\overline{c} + abc$

3. 用卡诺图化简下列逻辑函数.
   $P = \overline{a}bc + a\overline{b}\,\overline{c} + abc$
   $Q = \overline{a}\,\overline{b}\,\overline{c}de + \overline{a}b\,\overline{c}de + abcde + a\overline{b}\,\overline{c}de$
   $R = \overline{v}\,\overline{w} + \overline{v}w\,\overline{y} + v\overline{w}z$
   $S = \overline{y}z + \overline{u}x\,\overline{y} + \overline{u}xy + x\,\overline{y}z$
   $T = AB\,\overline{C}D + \overline{A}\,\overline{B}\,\overline{C}\overline{D} + \overline{A}\overline{C}D + A\overline{B}\,\overline{C} + \overline{A}B\,\overline{C} + \overline{C}\overline{D} + \overline{B}C$
   $U = \overline{u}xy + w\overline{z} + xy\,\overline{z}$

4. 用卡诺图化简下列最小项表达式.
   $G = f(a, b, c) = \sum m(1, 3, 5, 6, 7)$

$H = f(w, x, y, z) = \sum m(0, 2, 8, 10)$

$I = f(w, x, y, z) = \sum m(1, 3, 4, 6, 9, 12, 14, 15)$

$J = f(a, b, c) = \sum m(0, 1, 2, 3, 4, 5, 7)$

$K = f(a, b, c, d) = \sum m(3, 4, 5, 7, 9, 13, 14, 15)$

$L = f(a, b, c, d) = \sum m(0, 1, 2, 5, 6, 7, 8, 9, 13, 14)$

5. 用卡诺图化简下列最大项表达式.

$H = f(a, b, c, d) = \prod M(2, 3, 4, 6, 7, 10, 11, 12)$

$F = f(u, v, w, x, y) = \prod M(0, 2, 8, 10, 16, 18, 24, 26)$

6. 化简下列带任意项的逻辑函数.

$V = f(a, b, c, d) = \sum m(2, 3, 4, 5, 13, 15) + \sum d(8, 9, 10, 11)$

$Y = f(u, v, w, x) = \sum m(1, 5, 7, 9, 13, 15) + \sum d(8, 10, 11, 14)$

$P = f(r, s, t, u) = \sum m(0, 2, 4, 8, 10, 14) + \sum d(5, 6, 7, 12)$

$H = f(a, b, c, d, e)$
$= \sum m(5, 7, 9, 12, 13, 14, 17, 19, 20, 22, 25, 27, 28, 30)$
$+ \sum d(8, 10, 24, 26)$

$I = f(d, e, f, g, h)$
$= \prod M(5, 7, 8, 21, 23, 26, 30) \cdot \prod D(10, 14, 24, 28)$

7. 利用异或函数将下列逻辑函数化简.

$P = f(a, b, c, d) = \sum m(0, 5, 10, 15)$

$Q = f(a, b, c, d) = \sum m(0, 1, 2, 4, 7, 9, 12, 15)$

$R = f(a, b, c, d) = \sum m(1, 5, 8, 11, 12, 15)$

$S = f(a, b, c, d) = \sum m(0, 1, 4, 5, 10, 11, 14, 15)$

8. 将下列逻辑函数化简成与非形式最简式.

$U = f(a, b, c, d) = \sum m(3, 4, 6, 11, 12, 14)$

$V = f(a, b, c, d) = \sum m(0, 1, 2, 5, 8, 10, 13)$

$W = f(a, b, c, d) = \sum m(3, 5, 7, 10, 11)$

9. 将下列逻辑函数化简或非形式最简式.

$G = f(a, b, c, d) = \prod M(0, 1, 2, 5, 8, 10, 13)$

$H = f(a, b, c, d) = \prod M(3, 5, 7, 9, 11)$

第 1 章 逻辑代数基础

10. 化简下列多输出函数.

(1) $X = f(a, b, c) = \sum m(1, 3, 7)$

  $Y = f(a, b, c) = \sum m(2, 6, 7)$

(2) $X = f(a, b, c) = \sum m(3, 4, 5, 7)$

  $Y = f(a, b, c) = \sum m(3, 4, 6, 7)$

(3) $X = f(a, b, c) = \sum m(1, 2, 3, 7)$

  $Y = f(a, b, c) = \sum m(1, 2, 3, 6)$

  $Z = f(a, b, c) = \sum m(2, 4, 6)$

第 2 章 组合逻辑电路

数字系统的任务通常是对数字信号进行处理,包括变换、传递和存储等.根据电路对于信号是否具有记忆功能,可以将数字电路分成两大类.其中一类电路没有记忆功能,输出直接由当时的输入确定,这类电路称为组合逻辑电路(Combinational Logic Circuit).另一类电路具有记忆功能,输出不仅取决于当时的输入,还与信号的历史有关,这类电路称为时序逻辑电路(Sequential Logic Circuit).这两类电路无论在它们的逻辑功能还是对它们进行分析和设计方法方面,都具有相当大的差别.本章主要讨论组合逻辑电路.

§2.1 组合逻辑电路分析

组合逻辑电路的分析(Analysis),就是在给定逻辑电路的情况下,通过对电路的输入输出关系的讨论,最后得到描述该电路的逻辑功能的真值表、逻辑表达式或有关电路功能的文字描述,也可以通过分析验证电路的功能以及合理性.

2.1.1 组合逻辑电路分析的一般过程

组合逻辑电路的一般分析过程是:
(1) 确定电路是组合电路.确定的原则是根据组合电路的结构,输出唯一由输入确定,所以组合电路的信号流一定是从输入端流向输出端,即只有信号的单向传输,如图 2-1 所示.

图 2-1 组合电路的结构

(2) 对于简单电路,采用逐级分析的办法,从输入到输出(或从输出到输入)写出每级的逻辑关系,直到写出最终逻辑表达式.若是一个复杂的电路或系统,则可以先将它划分为小一些的模块再进行分析.这种划分甚至可以多次进行.

(3) 分析化简得到的逻辑表达式(必要时可以列出真值表),结合整个电路输入输出信号的描述,得到电路的功能描述.若是复杂系统,则可以先得到划分后的模块的功能描述,然后结合模块间的联系以及系统的输入输出关系,得到整个系统的功能描述.

以下举例来说明上述分析过程.

例 2-1 分析图 2-2 所示的组合逻辑电路.

该电路由两级或非逻辑电路组成,由于只有单向信号流,所以是一个组合电路.采用逐级分析法,可以得到

$Y_1 = \overline{A+B}$, $Y_2 = \overline{\overline{A}+\overline{B}} = AB$

$Y = \overline{Y_1 + Y_2} = \overline{\overline{A+B}+AB} = (A+B)(\overline{A}+\overline{B}) = A\overline{B}+\overline{A}B = A \oplus B$

由上述分析可知,该电路是一个异或逻辑电路.

通常在实际的数字电路中将基本的逻辑电路称为门电路,本例一般称作由 3 个或非门组成的一个异或门.以后的叙述中将经常采用门电路的说法.

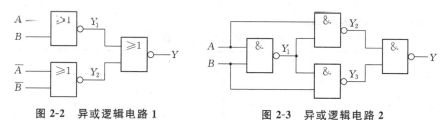

图 2-2 异或逻辑电路 1 　　　图 2-3 异或逻辑电路 2

例 2-2 分析图 2-3 所示的组合逻辑电路.

按照上例的相同做法,定义 3 个中间节点并分别写出它们的逻辑表达式:

$Y_1 = \overline{AB}$, $Y_2 = \overline{AY_1}$, $Y_3 = \overline{Y_1 B}$

$Y = \overline{Y_2 Y_3} = \overline{\overline{AY_1}\ \overline{Y_1 B}} = AY_1 + Y_1 B = A\overline{AB} + \overline{AB}B = A\overline{B} + \overline{A}B = A \oplus B$

由上述分析结果可知,该电路也是一个异或门.与图 2-2 的电路相比,这两个电路的不同点在于:图 2-2 的电路采用 2 级或非门,本例则采用 3 级与非门.一般说来,逻辑门的级数越少,电路延时就越短.所以,图 2-2 的电路可能在速度上略优于本例.但图 2-2 的电路需要反变量输入,而本例只需原变量输入.在有些必须要求原变量输入的场合,就只能采取本例的电路.

其实,异或门除了完成逻辑上的异或运算外,它还可以完成二进制算术运算.为了说明这个问题,用表 2-1 给出异或门的真值表.如果将异或门的输入输出逻辑状态的 1、0 看成是二进制数,那么从真值表中可以知道,异或门的逻辑关系恰恰是两个一位二进制数的加法关系,只是没有进位.所以,异或门是二进制加法器的一个重要组成部分.

表 2-1　异或门的真值表

A	B	Y	A	B	Y
0	0	0	1	0	1
0	1	1	1	1	0

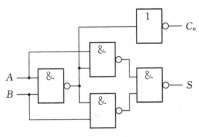

图 2-4　一种半加器电路

例 2-3　分析图 2-4 所示逻辑图的逻辑功能.
本例可以看成是一个异或门(输出 S)和一个与门(输入 A、B,输出 C_o)的合成.将上例中异或门的真值表和与门的真值表写在一起如表 2-2 所示,可以发现,这是一个带进位输出的二进制加法电路,S 是 A、B 两位二进制数的算术和,C_o 是它们的进位.

表 2-2　半加器的真值表

A	B	C_o	S	A	B	C_o	S
0	0	0	0	1	0	0	1
0	1	0	1	1	1	1	0

由于在这个二进制加法电路中,没有考虑从低位来的进位,所以还不够完整,这种不考虑低位进位的二进制加法器称为半加器(Half-adder).

在分析复杂的组合逻辑电路时,除了上述按照逻辑门逐级分析的办法以外,还可以将电路进行模块划分.若熟悉一些重要的基本单元电路,则可以直接从单元电路的划分入手,分析单元电路的输入输出,直至写出最终的逻辑表达式.

例 2-4　分析图 2-5 所示逻辑图的逻辑功能.

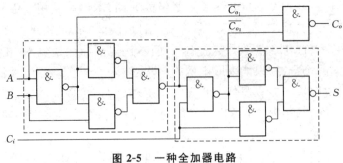

图 2-5　一种全加器电路

显然,此电路可以划分成由例 2-2 和例 2-3 所述的半加器(虚线所框)和一个与非门组成.与前例不同的是,这个半加器的进位输出($\overline{C_{o_1}}$、$\overline{C_{o_2}}$)以反变量形式给出.

图中第1个半加器的输入是A、B,第2个半加器的输入是第1个半加器的算术和输出以及C_i.所以立刻就可以知道输出S就是3个输入的二进制算术和.

两个半加器的进位的"非"经过一个与非门,送到输出C_o.根据反演律,

$$C_o = \overline{\overline{C_{o_1}}\,\overline{C_{o_2}}} = C_{o_1} + C_{o_2}$$

所以立刻可以知道,C_o是两个半加器的进位的"或".而根据加法运算规则,可以知道,只要两个加数相加产生进位或者它们的和同进位相加产生进位,都最后导致进位产生,所以,C_o就是这个加法器的最后进位.

综上所述,可以知道这是一个二进制加法电路:A、B是两个加数,C_i是进位输入;S是本位算术和,C_o是进位输出.这样一个包括低位来的进位输入在内的二进制加法电路,称之为全加器(Full-adder),全加器的真值表见表2-3,全加器和半加器的逻辑符号见图2-6.

表 2-3 全加器的真值表

C_i	A	B	C_o	S	C_i	A	B	C_o	S
0	0	0	0	0	1	0	0	0	1
0	0	1	0	1	1	0	1	1	0
0	1	0	0	1	1	1	0	1	0
0	1	1	1	0	1	1	1	1	1

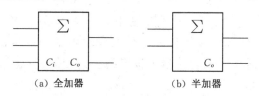

(a) 全加器   (b) 半加器

图 2-6 全加器和半加器的逻辑符号

2.1.2 常用的组合逻辑电路模块分析

由例2-4可以看到,一个全加器电路可以由两个半加器电路构成,在这里半加器是构成全加器的基本逻辑单元.其实,全加器本身也是一个基本逻辑单元,它还可以构成其他更复杂的逻辑电路.一般说来,一个复杂的数字系统总可以分解成若干个子系统,每个子系统又可以再分解成更小的子系统等等.这些子系统可以由基本逻辑门构成,也可以由各种基本逻辑单元构成.

如果在分析一个逻辑电路时,熟悉基本的逻辑单元,可以从基本逻辑单元入手直接得到分析结果.在设计一个电路时,也可以从基本的逻辑单元出发,采用类似搭积木的方法将基本逻辑单元进行适当组合或增加适当的门电路,可以较为方便地得到设计结果.在设计一个大型系统时,熟悉基本逻辑单元也是十分必要的.因为在进行系统模块划分时,如果能兼顾到划分后模块的可实现性,对后续的设计工作将带来极大的便利.实际上在许多 EDA 工具中,都建立了许多基本逻辑单元的库以供使用者直接调用.

这些基本的逻辑单元通常称为逻辑模块(Logic Module).除了在上一节中已经熟悉的全加器和半加器这两个组合逻辑模块外,下面将列举另外一些常用的组合逻辑模块.通过对这些模块的分析,一方面能够使读者掌握这些基本逻辑模块的原理,另一方面可以使读者更好地理解组合电路的分析过程.

一、译码器

译码器(Decoder)包括一大类组合逻辑电路,它的功能是将一组以某种代码表示的输入变量变换成以另一种代码表示的输出变量.其中最常见的一种译码器可以将以二进制码表示的 n 个输入变量变换成 2^n 个输出变量.下面就对一个实用的译码器进行分析.

这个实用的译码器是 3-8 译码器.它将以二进制码表示的 3 个输入变量变换成 8 个输出变量.电路结构如图 2-7(a)所示,图 2-7(b)是模块的逻辑符号(关于这个符号的含义可以参阅附录 2).图中 $A_0 \sim A_2$ 是译码器的输入,$S_1 \sim S_3$ 是 3 个控制输入,$Y_0 \sim Y_7$ 是 8 个译码输出.注意图中 S_2、S_3 和 $Y_0 \sim Y_7$ 都带有逻辑非的记号,表示它们在模块外部的逻辑值是它们在模块内部的逻辑值的"非".这一点在图 2-7(b)的 3-8 译码器的逻辑符号中也得到了充分体现:这几个信号与模块相连处都带有表示"非"的小圈.

根据图 2-7 中的电路可以写出 $Y_0 \sim Y_7$ 的输出逻辑表达式.由于 8 个输出具有对称性,所以只要写出其中一个即可.例如

$$\overline{Y_0} = \overline{\overline{A_2}\ \overline{A_1}\ \overline{A_0} \cdot (S_1 S_2 S_3)} \tag{2.1}$$

首先分析 3 个控制输入 S_1、S_2、S_3 的作用.由(2.1)式可见,3 个控制输入是逻辑与的关系,并且它们对于所有输出的影响一致.当满足外部输入 $S_1 \overline{S_2} \overline{S_3} = 100$ 时,它们的内部输出 $S = S_1 S_2 S_3 = 1$,译码器可以进行正常译码,否则输出 $Y_0 = 0$,译码器无法工作.所以这 3 个输入也称为译码器的"使能"(Enable)输入,这也解释了 3-8 译码器逻辑符号中的"&"和"EN"的含义.

第 2 章 组合逻辑电路

在使能输入有效的条件下,(2.1)式中的 $S_1 S_2 S_3 = 1$,3-8 译码器的输出分别成为 A_2、A_1、A_0 这 3 个变量的相应编号的最小项,例如

$$\overline{Y}_0 = \overline{\overline{A}_2 \, \overline{A}_1 \, \overline{A}_0} = \overline{m}_0 \qquad (2.2)$$

因此也将这种译码器称作最小项译码器.

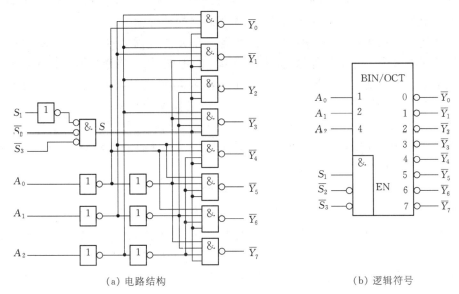

(a) 电路结构   (b) 逻辑符号

图 2-7 3-8 译码器的电路结构及其逻辑符号

根据上述分析,列出 3-8 译码器的真值表如表 2-4 所示,其中 x 表示任意值.

表 2-4 3-8 译码器 (74LS138) 的真值表

输	入				输			出			
S_1	$\overline{S}_2 + \overline{S}_3$	A_2	A_1	A_0	$\overline{Y}_0$	$\overline{Y}_1$	$\overline{Y}_2$	$\overline{Y}_3$	$\overline{Y}_4$	$\overline{Y}_5$	$\overline{Y}_6$	$\overline{Y}_7$
0	x	x	x	x	1	1	1	1	1	1	1	1
x	1	x	x	x	1	1	1	1	1	1	1	1
1	0	0	0	0	0	1	1	1	1	1	1	1
1	0	0	0	1	1	0	1	1	1	1	1	1
1	0	0	1	0	1	1	0	1	1	1	1	1
1	0	0	1	1	1	1	1	0	1	1	1	1
1	0	1	0	0	1	1	1	1	0	1	1	1
1	0	1	0	1	1	1	1	1	1	0	1	1
1	0	1	1	0	1	1	1	1	1	1	0	1
1	0	1	1	1	1	1	1	1	1	1	1	0

可以将 3-8 译码器的输出改写成如下形式：

$$Y_i = m_i \cdot (S_1 S_2 S_3) = m_i \cdot S \tag{2.3}$$

由这个式子可以看到，带控制输入的译码器又可以看成一个数据分配器.令控制端 S 作为数据输入,而将 $A_2 A_1 A_0$ 作为"地址"输入,则 S 的数据将输出到由 $A_2 A_1 A_0$ 指定的输出端.例如当 $A_2 A_1 A_0 = 011$ 时,只有 3 号输出 $Y_3 = S$,其余 7 个输出全部为 0.所以,有时将 $A_2 A_1 A_0$ 称为译码器的地址输入.

在计算机系统中,常常用译码器产生各个单元的选通信号.在这种使用场合,需要预先将各个单元赋予编号,称为这个单元的地址,然后将译码器的相应输出连到每个单元的选通输入端.译码器的地址输入端则由计算机的中央控制单元(CPU)控制.当 CPU 要启动某个单元,就向译码器输出该单元的地址,该单元随即被选通.例如某设备的选通输入端连接到 3-8 译码器的 Y_3 输出,该设备即被赋予 3 号地址.若 CPU 要启动 3 号设备,就可以向 3-8 译码器输出 $A_2 A_1 A_0 = 011$,这样 Y_3 输出有效,3 号设备被选通.

利用控制端可以扩展译码范围.例如有两个 3-8 译码器,将第 1 个的 $\overline{Y}_7$ 输出连到第 2 个的控制端 $\overline{S}_2$ 或 $\overline{S}_3$,则两个译码器共有 15 个输出(第 1 个 7 个输出、第 2 个 8 个输出).当第 1 个译码器的 $A_2 A_1 A_0$ 在 0 到 6 范围内时,输出 Y_0 到 Y_6, $\overline{Y}_7 = 1$,第 2 个译码器不被选通.当第 1 个译码器的地址 $A_2 A_1 A_0 = 111$ 时, $\overline{Y}_7 = 0$,此时第 2 个译码器被选通,通过第 2 个译码器的地址输入可以选择第 2 个译码器 8 个输出中的一个.同理,采用 2 级 3-8 译码器串联可以完成 6-64 译码.

二、数据选择器

数据选择器(Data Selector)是一种从多个输入逻辑信号中选出一个逻辑信号送到输出端的器件,也称为多路器(Multiplexer).一个数据选择器连接 m 个输入,由 n 个选择变量决定这 m 个输入中的哪一个被送到输出端,这里 $m = 2^n$.

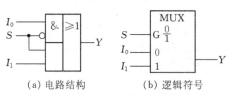

图 2-8 2 选 1 数据选择器的电路结构及其逻辑符号

最简单的数据选择器是 2 选 1 电路.2 选 1 电路是由一个选择端(S)、两个输入端(I_0、I_1)和一个输出端(Y)构成.它的电路结构和符号见图 2-8.

由图 2-8 可以直接写出 2 选 1 电路的输出函数为

$$Y = \overline{S} I_0 + S I_1 \tag{2.4}$$

所以 2 选 1 电路的功能描述为:当 $S=0$ 时,输出 $Y=I_0$;当 $S=1$ 时,输出 $Y=I_1$. 在许多应用电路中,2 选 1 电路都是一个基本单元. 另外在以后要介绍的可编程逻辑器件中,它更是一个不可或缺的重要组成部分.

比较复杂一些的数据选择器有 4 选 1 电路、8 选 1 电路等. 下面介绍一个典型的 8 选 1 数据选择器,它的电路结构和逻辑符号见图 2-9. 图 2-9 中,I_0 到 I_7 是数据输入端,S_0 到 S_2 是数据选择端,Y 和 $\overline{Y}$ 是数据输出端. $\overline{EN}$ 是选通端.

从图 2-9 可以看到,整个数据选择器的输出逻辑函数就是一个与-或表达式. 如果用 $m_0 \sim m_7$ 表示 $S_2 \sim S_0$ 这 3 个数据选择端所构成的 8 个最小项,则可以写出 8 选 1 数据选择器的输出逻辑表达式:

$$Y = \sum_{i=0}^{7} EN \cdot m_i \cdot I_i \tag{2.5}$$

由上式可知,当 $EN=0$ 时,$Y=0$;当 $EN=1$ 时,$Y=\sum m_i I_i$. 当选通有效(即 $EN=1$ 或者外部输入 $\overline{EN}=0$)时,选择哪个输入送到输出,完全取决于 m_i,即数据选择端的输入情况. 而选通输入 EN 起到控制整个模块的作用.

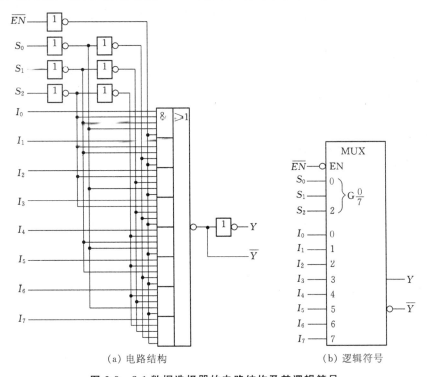

(a) 电路结构   (b) 逻辑符号

图 2-9   8-1 数据选择器的电路结构及其逻辑符号

如果将多个数据选择器串联,例如将一个 8 选 1 数据选择器的输出连到第 2 个 8 选 1 数据选择器的输入端 I_0,则两个数据选择器共有 15 个输入端(第 1 个数据选择器 8 个和第 2 个数据选择器 7 个). 当第 2 个数据选择器选中 0 号输入时, 实际的输出还要根据第 1 个数据选择器的选择情况来确定, 这样可以完成 15 选 1 的功能. 按照同样的办法, 采用 2 级 8 选 1 数据选择器串联, 可以将数据选择器的输入端扩展至 64 个.

三、优先编码器

编码器(Encoder)可以看成是译码器的逆向功能器件. 最常见的编码器是将 m 个输入状态变换成一个 n 位二进制码, 其中 m、n 满足 $2^n \geqslant m$, 称之为 m-n 编码器. 例如 $m = 8$、$n = 3$, 就称为 8-3 编码器.

在普通的编码器中, 存在一个输入端的竞争问题. 例如 8-3 编码器, 当 1 号输入有效时输出应该是 001, 2 号输入有效时输出为 010. 但是如果 1 号输入和 2 号输入同时有效, 此时输出应该是什么呢? 能够解决这个矛盾的编码器称为优先编码器(Priority Encoder), 它对不同的输入安排一个不同的优先级, 当同时发生多个输入的情况时, 优先级高的输入得到输出, 优先级低的输入被忽略.

一个实用的 8-3 优先编码器的电路结构和逻辑符号见图 2-10. 其中输入端共有 8 个, 分别为 $I_0 \sim I_7$, 输出端为 $Y_0 \sim Y_2$ 共 3 个. 同 3-8 译码器的情况一样, 所有的外部逻辑都是内部逻辑的非. 另外, 还有 3 个控制端: 选通输入端 $\overline{S}$、选通输出端 $\overline{Y}_S$ 和扩展输出端 $\overline{E}_X$.

图 2-10 的电路稍稍复杂一些, 但基本上还是以一组与-或逻辑为主. 对每个输出采用逐级分析的方法, 可以写出输出端和扩展端的逻辑表达式如下:

$$\overline{Y}_2 = \overline{(I_4 + I_5 + I_6 + I_7) \cdot S}$$

$$\overline{Y}_1 = \overline{(I_2\,\overline{I}_4\,\overline{I}_5 + I_3\,\overline{I}_4\,\overline{I}_5 + I_6 + I_7) \cdot S}$$

$$\overline{Y}_0 = \overline{(I_1\,\overline{I}_2\,\overline{I}_4\,\overline{I}_6 + I_3\,\overline{I}_4\,\overline{I}_6 + I_5\,\overline{I}_6 + I_7) \cdot S}$$

$$\overline{E}_X = \overline{\overline{I}_0\,\overline{I}_1\,\overline{I}_2\,\overline{I}_3\,\overline{I}_4\,\overline{I}_5\,\overline{I}_6\,\overline{I}_7 S}$$

$$\overline{Y}_S = \overline{\overline{I}_0\,\overline{I}_1\,\overline{I}_2\,\overline{I}_3\,\overline{I}_4\,\overline{I}_5\,\overline{I}_6\,\overline{I}_7 S \cdot S}$$

根据上述逻辑表达式可以知道, 只有 $S = 1$ 时 $Y_0 \sim Y_2$ 才可能输出编码信息, 所以 S 是编码器的选通输入. 至于所有的输出, 要写出它的真值表才能进一步进行分析. 编码器的真值表如表 2-5 所示, 其中 x 表示任意值.

第2章 组合逻辑电路

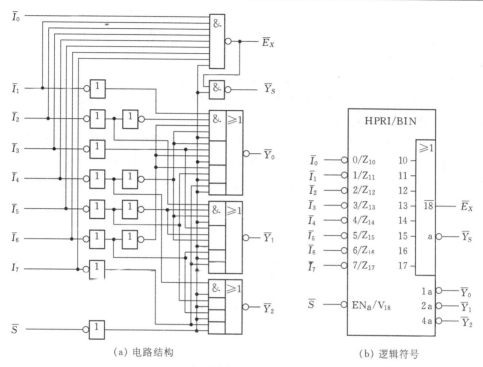

(a) 电路结构　　　　　　　　　　(b) 逻辑符号

图 2-10　8-3 优先编码器的电路结构及其逻辑符号

表 2-5　8-3 优先编码器的真值表

	输			入					输		出	
$\overline{S}$	$\overline{I_0}$	$\overline{I_1}$	$\overline{I_2}$	$\overline{I_3}$	$\overline{I_4}$	$\overline{I_5}$	$\overline{I_6}$	$\overline{I_7}$	$\overline{Y_2}$	$\overline{Y_1}$	$\overline{Y_0}$	$\overline{E_X}$	$\overline{Y_S}$
1	x	x	x	x	x	x	x	x	1	1	1	1	1
0	1	1	1	1	1	1	1	1	1	1	1	0	1
0	x	x	x	x	x	x	x	0	0	0	0	1	0
0	x	x	x	x	x	x	0	1	0	0	1	1	0
0	x	x	x	x	x	0	1	1	0	1	0	1	0
0	x	x	x	x	0	1	1	1	0	1	1	1	0
0	x	x	x	0	1	1	1	1	1	0	0	1	0
0	x	x	0	1	1	1	1	1	1	0	1	1	0
0	x	0	1	1	1	1	1	1	1	1	0	1	0
0	0	1	1	1	1	1	1	1	1	1	1	1	0

从这张真值表可以得到编码器的输出功能：编码输出 $Y_0 \sim Y_2$ 就是输入端的二进制码，Y_2 是最高位（要注意真值表中填的是模块外部的逻辑值，它们是内部逻

辑值的非!).

我们还可以对输入端的优先级别进行分析:在电路处于选通状态($\overline{S} = 0$,即 $S = 1$)的情况下,当 $\overline{I_7} = 0$(即 $I_7 = 1$)时,无论其他编码输入是什么状态,输出将是 $\overline{Y_2}\,\overline{Y_1}\,\overline{Y_0} = 000$,即 $Y_2 Y_1 Y_0 = 111$. 与此相反,要输出 $Y_2 Y_1 Y_0 = 000$,除了要求 $\overline{I_0} = 0$ 外,还要求其他编码输入端均为1. 所以,在这个编码器中7号输入的优先级最高,0号输入的优先级最低.

以下再由上面的真值表分析选通输出和扩展输出的功能. 只要任意一个编码输入端为低电平,并且选通输入端 $\overline{S} = 0$(表示电路选通)时,选通输出 $\overline{Y_S} = 0$. 所以,这个 $\overline{Y_S} = 0$ 信号是告诉系统,电路已经选通并且有某个输入发生,优先级编码已经给出. 只有当所有的编码输入端都是高电平(表示没有输入),并且选通输入端 $\overline{S} = 0$(表示电路选通)时,选通输出端 $\overline{E_x} = 0$. 所以,$\overline{E_x} = 0$ 表示电路已经选通,但是没有输入.

同大部分标准逻辑模块一样,优先编码器也可以通过控制端来扩展编码范围:当两个或两个以上的 8-3 编码电路连成一个更大的编码网络时,前一级的选通输出端 $\overline{E_x}$ 应该连到后一级的选通输入端 $\overline{S}$. 只有前一级电路的所有输入都为高电平时,$\overline{E_x} = 0$,下一级电路才被选通. 所以,第 1 级电路具有最高的优先级,后续电路的优先级依次降低.

§2.2 组合逻辑电路设计

从本节开始涉及数字逻辑的设计. 数字逻辑的设计(Design)在某些场合也被称为逻辑综合(Synthesis),一般将手工进行的工作称为设计,而由计算机进行的自动设计称为综合.

设计或综合的过程,总是从某个问题或某种要求开始,直至最后通过逻辑电路解决该问题或实现该要求. 按照问题的复杂程度不同,逻辑设计的过程也有所不同. 对于一个比较简单的逻辑组件或逻辑部件,可能直接从问题或要求出发就可以得到最终结果. 而对于一个复杂的数字逻辑系统,则要通过层层解析,将复杂的系统分解成多个逻辑组件或部件,才可能进行最后的逻辑设计或综合. 这种层层解析的方法称为自顶向下(Top-down)的设计过程,是一种针对系统设计的有效方法,在以后的章节中将进一步讨论. 本章主要讨论逻辑组件的设计.

2.2.1 组合逻辑电路设计的一般过程

组合电路的一般设计过程,大致可以分成如下几个步骤:

(1) 对问题或要求进行逻辑抽象,得到输入输出之间的逻辑关系.由于问题(或要求)大多是以自然语言的形式给出,所以在这一步要能够正确分析事件的因果关系,并据此定义输入输出变量.

(2) 确定输入输出变量后,根据输入变量的个数,确定有多少输入的组合,然后,对所有可能的输入组合确定输出逻辑值,并据此列出真值表.在这一步骤,要注意对于在实际问题中可能出现的不确定输入或任意态作出正确的处理.

(3) 依据上一步的结果,运用卡诺图化简或其他化简方法化简输出逻辑,得到需要的输出逻辑函数形式.在这一步骤,要注意化简的结果必须符合原来问题的要求,例如对于输入端是否允许出现反变量、对逻辑门类型的限制等等.对于多输出问题,还要考虑最终系统的合理性.

(4) 根据输出逻辑函数,得到组合逻辑电路.

以下通过一些例子来说明这种设计方法.

例 2-5 设计一个组合逻辑电路,其输入为 4 位二进制数.要求当输入的二进制数为质数时给出指示.

这是一个用自然语言表述的组合逻辑问题.我们用 $ABCD$ 来表示输入的 4 位二进制数,A 为最高有效位.用 $Y = 1$ 表示输入的二进制数为质数.由于 4 位二进制数最大可以到 15,在 15 以内的质数有 2、3、5、7、11、13,根据题意可以直接列出 Y 的逻辑表达式如下:

$$Y = m_2 + m_3 + m_5 + m_7 + m_{11} + m_{13}$$

根据上述逻辑表达式,采用卡诺图化简后的过程如图 2-11.

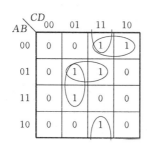 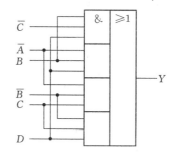

图 2-11 15 以内的质数指示器卡诺图　　图 2-12 15 以内的质数指示器逻辑图

最后得到的逻辑表达式如下:

$$Y = B\overline{C}D + \overline{A}BD + \overline{A}\,\overline{B}C + \overline{B}CD$$

用与或门实现的电路如图 2-12.

例 2-6 设计一个全加器电路,使之具有尽可能小的延时.

本例要求全加器电路有尽可能小的延时,实际是要求从输入到输出的门的级数尽可能少.一般而言,由于一个逻辑函数总可以用积之和或者和之积方式表示,所以总可以用 2 级逻辑门电路得到解决.如果考虑输入端不允许出现反变量形式,则最多也只要 3 级逻辑门电路就可以得到解决.

分析例 2-4 的全加器,可以看到从 A、B 输入到 S 输出,经过 6 级门的延时.所以例 2-4 的全加器不是一个延时最短的全加器电路.例 2-4 电路之所以延时大,是因为它使用了两级半加器的串联.一般而言,采用相同单元串联的设计方法(称为迭代设计)可以简化设计过程,但付出的代价是系统的延时增加.要减小延时,就必须放弃(或部分放弃)迭代设计方案,直接从系统的原始要求入手.

全加器的真值表见表 2-3.由此表可以得到全加器的输出 S 和 C_o 的卡诺图,如图 2-13 所示.

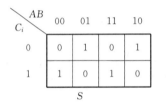
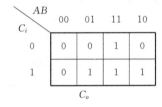

图 2-13 全加器卡诺图

根据图 2-13 的卡诺图,我们可以直接写出 S 和 C_o 的逻辑表达式:

$$S = \overline{A}B\,\overline{C_i} + A\,\overline{B}\,\overline{C_i} + \overline{A}\,\overline{B}C_i + ABC_i$$

$$C_o = AB + AC_i + C_iB \tag{2.6}$$

上述表达式都是积之和结构,所以只有 2 级门电路延时.考虑到 S 的表达式中有反变量存在,如果输入不允许反变量出现,则还要增加一级反相器,所以这个结构的全加器的最大延时是 3 级门电路的延时.同例 2-4 相比,可以看到系统的延时得到了大幅度减少.

由于在本例题中并没有对使用的逻辑门加以限制,所以如果在这个电路的设计中使用异或门,则还可以进一步减少延时.从卡诺图上可以知道,S 是一个典型的异或门结构,可以表示为

$$S = A \oplus B \oplus C_i$$

这样就得到了具有最短延时的全加器电路如图 2-14. 这个电路的最大延时只有 2 级门电路的延时.

例 2-7 设计一个 4 位格雷码和二进制码的相互转换电路.

格雷码(Gray Code)是这样的一种编码:在两个相邻的代码之间,永远只有一位数码发生变化.格雷码的这个特性使得它在数码变化过程中能够避免由于多位数码同时变化可能产生的虚假脉冲信号(一种称为"冒险"的现象,在本章稍后将详细讨论),所以在许多场合得到应用.格雷码如表 2-6 所示.表中以 $B_3 \sim B_0$ 表示二进制码,$G_3 \sim G_0$ 表示格雷码.

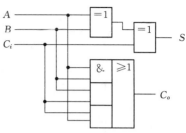

图 2-14 全加器逻辑图

表 2-6 格雷码

十进制数	二 进 制 码				格 雷 码			
	B_3	B_2	B_1	B_0	G_3	G_2	G_1	G_0
0	0	0	0	0	0	0	0	0
1	0	0	0	1	0	0	0	1
2	0	0	1	0	0	0	1	1
3	0	0	1	1	0	0	1	0
4	0	1	0	0	0	1	1	0
5	0	1	0	1	0	1	1	1
6	0	1	1	0	0	1	0	1
7	0	1	1	1	0	1	0	0
8	1	0	0	0	1	1	0	0
9	1	0	0	1	1	1	0	1
10	1	0	1	0	1	1	1	1
11	1	0	1	1	1	1	1	0
12	1	1	0	0	1	0	1	0
13	1	1	0	1	1	0	1	1
14	1	1	1	0	1	0	0	1
15	1	1	1	1	1	0	0	0

本例要求在两种代码之间相互转换.可以先考虑从格雷码向二进制码的转换.将 $G_3 \sim G_0$ 作为自变量,$B_3 \sim B_0$ 作为函数.可以看出,$B_3 = G_3$,所以只要作出 $B_2 \sim$

B_0 3 个卡诺图如图 2-15.

G_1G_0 G_3G_2	00	01	11	10
00				
01	1	1	1	1
11				
10	1	1	1	1

(a) B_2

G_1G_0 G_3G_2	00	01	11	10
00			1	1
01	1	1		
11			1	1
10	1	1		

(b) B_1

G_1G_0 G_3G_2	00	01	11	10
00		1		1
01	1		1	
11		1		1
10	1		1	

(c) B_0

图 2-15 格雷码转换到二进制码的卡诺图

图 2-15 的 3 个卡诺图具有明显的变量组合的异或门特征,所以用异或门作为本例的输出是恰当的. 写出它们的输出逻辑函数:

$$B_2 = G_3 \oplus G_2$$
$$B_1 = G_3 \oplus G_2 \oplus G_1 = B_2 \oplus G_1$$
$$B_0 = G_3 \oplus G_2 \oplus G_1 \oplus G_0 = B_1 \oplus G_0$$

上式中,利用异或函数的性质 $A \oplus B \oplus C = (A \oplus B) \oplus C$,将部分输出作为其他部分的中间输入,以达到简化电路的目的. 这也是多输出逻辑函数化简中的常用手法.

下面再考虑从二进制码向格雷码的转换. 将 $B_3 \sim B_0$ 作为自变量,$G_3 \sim G_0$ 作为函数. 同样只要作出 $G_2 \sim G_0$ 3 个卡诺图如图 2-16. 卡诺图还是显示棋盘格状,所以这也是一组异或门输出.

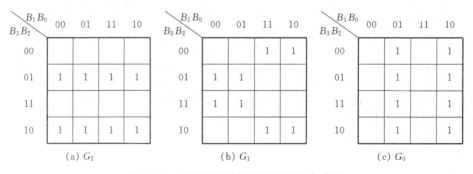

图 2-16 二进制码转换到格雷码的卡诺图

$$G_2 = B_3 \oplus B_2, \ G_1 = B_2 \oplus B_1, \ G_0 = B_1 \oplus B_0$$

比较这两个转换的输出逻辑函数,可以发现它们的形式一致,都是异或门输出,区别仅在于输入的不同.所以,可以设法将两个转换设计成一个逻辑电路,另外增加一个选择输入 S,利用这个输入选择执行何种转换.

假定定义 $S=0$ 时执行格雷码到二进制码的转换,$S=1$ 时执行二进制码到格雷码的转换,整个电路的输入为 $X_3 \sim X_0$,输出是 $Y_3 \sim Y_0$. 显然会有以下的关系:

$S = 0$ 时,$Y_3 = X_3$,$Y_2 = X_3 \oplus X_2$,$Y_1 = Y_2 \oplus X_1$,$Y_0 = Y_1 \oplus X_0$

$S = 1$ 时,$Y_3 = X_3$,$Y_2 = X_3 \oplus X_2$,$Y_1 = X_2 \oplus X_1$,$Y_0 = X_1 \oplus X_0$

所以只要改变 Y_1 和 Y_0 的各一个输入,就可以实现上述要求.可以写出 Y_1、Y_0 和 S 的逻辑关系:

$$Y_1 = (\overline{S}Y_2 + SX_2) \oplus X_1,\ Y_0 = (\overline{S}Y_1 + SX_1) \oplus X_0$$

根据上述分析得到的最后逻辑图如图 2-17. 在图中可以发现,从格雷码到二进制码的转换或者二进制码到格雷码转换的功能变换,实际上是通过一组 2 选 1 电路实现的,功能选择端 S 就是改变输入的选择端. 其实在许多多功能组合电路中,都是采用类似的方法进行功能转换的.

本例若不用异或门实现,则最后的结果可能较繁琐. 原因在于类似棋盘格的函数,无论用与-或还是或-与形式实现,都难以将卡诺圈画大,导致可能会产生许多质蕴涵. 而异或函数恰恰最适合化简这种形式,所以恰当运用异或函数进行设计,有时可以收到事半功倍的效果.

例 2-8 设计一个将 BCD 码转换为 7 段显示码的电路.

在这个例题中涉及到两种编码:BCD 码和 7 段显示码.

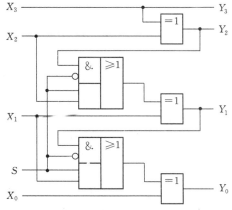

图 2-17 二进制码-格雷码转换电路

BCD 码(Binary Coded Decimal)是一种用二进制编码来代表十进制数字的代码. 由于对每个二进制位的加权方式不同,用二进制编码表示十进制数可以有多种编码方式. 通常 BCD 码是指自然 BCD 码,即 8421 码. 有关 BCD 码的进一步了解,可以参阅本书的附录 1.

在电子系统中广泛使用图 2-18 所示的图案显示数字. 由于这种方式使用 7 段显示笔画,所以使用的编码被称为 7 段显示码,图中每段笔画中标注的字母为该笔显示码的代号.

图 2-18　7 段显示码　　　　　图 2-19　7 段显示的数字

本例题要求将 BCD 码转换成 7 段显示码. 一般 7 段显示的数字如图 2-19 所示. 根据图 2-19,定义显示的笔画为 1,不显示的笔画为 0,将每个数字的显示情况与输入的 BCD 码一一对应,就可以得到这个 7 段显示电路的真值表,如表 2-7 所示.

表 2-7　7 段显示码的真值表

十进制数	输入				输出						
	D_3	D_2	D_1	D_0	a	b	c	d	e	f	g
0	0	0	0	0	1	1	1	1	1	1	0
1	0	0	0	1	0	1	1	0	0	0	0
2	0	0	1	0	1	1	0	1	1	0	1
3	0	0	1	1	1	1	1	1	0	0	1
4	0	1	0	0	0	1	1	0	0	1	1
5	0	1	0	1	1	0	1	1	0	1	1
6	0	1	1	0	1	0	1	1	1	1	1
7	0	1	1	1	1	1	1	0	0	0	0
8	1	0	0	0	1	1	1	1	1	1	1
9	1	0	0	1	1	1	1	1	0	1	1

但是在这个问题中,要注意到 BCD 码输入共有 4 个输入端,可以有 16 种输入组合,而有效的组合只有 10 种,因此还有 6 种输入组合状态无效. 在表 2-2 中没有对这 6 种输入组合予以定义. 对于这 6 种无效状态的处理方法有 2 种:一是认为在输入端不可能出现这 6 种无效输入组合,所以可以将这 6 种输入组合作为任意态,即在这 6 种输入组合下的输出为任意值. 二是认为这 6 种输入组合非法,所以如果出现这 6 种输入组合,一概不予输出,即在这 6 种输入组合情况下,输出全为 0.

显然,对于第 1 种方案,可能得到比较简单的输出(因为存在大量的任意项),但是只有在确切知道不会产生这 6 种非法输入的情况下才是可行的,否则将出现不可接受的显示结果. 第 2 种方案可以确保显示的正确性, 但输出逻辑可能会稍微复杂一些. 以下将根据第 2 种方案进行设计.

根据表 2-7, 加上其余 6 种输入组合 (输出全 0), 可以得到 7 个卡诺图, 每个卡诺图对应一个笔画. 例如, 笔画 a 的卡诺图如图 2-20 所示.

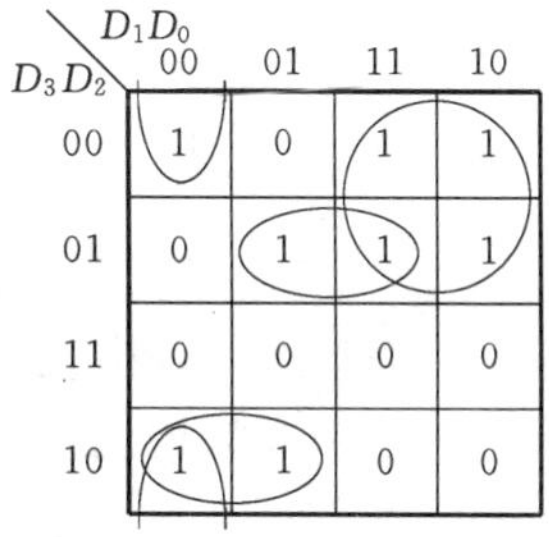

利用卡诺图化简后, 可以得到每段笔画的最简逻辑表达式:

$$a = D_3\, \overline{D_2}\, \overline{D_1} + \overline{D_2}\, \overline{D_1}\, \overline{D_0} + \overline{D_3} D_2 D_0 + \overline{D_3} D_1$$

$$b = \overline{D_3}\, \overline{D_2} + \overline{D_2}\, \overline{D_1} + \overline{D_3} D_1 D_0 + \overline{D_3}\, \overline{D_1}\, \overline{D_0}$$

$$c = \overline{D_3} D_2 + \overline{D_3} D_0 + \overline{D_2}\, \overline{D_1}$$

$$d = D_3\, \overline{D_2}\, \overline{D_1} + \overline{D_2}\, \overline{D_1}\, \overline{D_0} + \overline{D_3} D_1\, \overline{D_0} + \overline{D_3}\, \overline{D_2} D_1 + \overline{D_3} D_2\, \overline{D_1} D_0$$

$$e = \overline{D_2}\, \overline{D_1}\, \overline{D_0} + \overline{D_3} D_1\, \overline{D_0}$$

$$f = D_3\, \overline{D_2}\, \overline{D_1} + \overline{D_2}\, \overline{D_1}\, \overline{D_0} + \overline{D_3} D_2\, \overline{D_1} + \overline{D_3} D_2\, \overline{D_0}$$

$$g = D_3\, \overline{D_2}\, \overline{D_1} + \overline{D_3} D_2\, \overline{D_1} + \overline{D_3}\, \overline{D_2} D_1 + \overline{D_3} D_1\, \overline{D_0}$$

图 2-20 笔画 a 的卡诺图

以上是将每段输出作为单独输出处理的结果, 但实际上这是一个多输出问题. 对于多输出问题, 我们知道单独按照卡诺图求质蕴涵的结果往往不是最合理的结果. 为了得到多输出函数的最优解, 可以有几种方法, 其中一个就是考虑公共蕴涵的利用.

在上述最简逻辑表达式中, 一共有 26 个质蕴涵, 其中的公共质蕴涵有 6 个, 复用次数从 2 次到 4 次不等. 例如公共质蕴涵 $D_3\, \overline{D_2}\, \overline{D_1}$ 复用了 4 次. 除去公共质蕴涵的重复计算后还有 15 个质蕴涵, 对应 15 个与门. 其中 2 输入端与门 5 个, 3 输入端与门 9 个, 4 输入端与门 1 个. 另外还要 2 到 5 输入端的或门 7 个. 总共有 22 个逻辑门、67 个输入端. 由于公共蕴涵的利用率不高, 所以尽管上式是每个笔画的最简解, 但并非是这个问题的最佳解.

为了在多输出函数中考虑公共蕴涵的利用, 按照第 1 章中有关多输出函数的讨论, 在问题比较简单时可以采用观察法进行. 对本例而言, 通过对 7 个卡诺图的观察, 在充分考虑了公共蕴涵后得到每段笔画的最佳逻辑表达式如下:

$$a = D_3\, \overline{D_2}\, \overline{D_1} + \overline{D_2}\, \overline{D_1}\, \overline{D_0} + \overline{D_3} D_2\, \overline{D_1} D_0 + \overline{D_3} D_1 D_0 + \overline{D_3} D_1\, \overline{D_0}$$

$$b = D_3\, \overline{D_2}\, \overline{D_1} + \overline{D_3}\, \overline{D_1}\, \overline{D_0} + \overline{D_3}\, \overline{D_2} + \overline{D_3} D_1 D_0$$

$$c = D_3\, \overline{D_2}\, \overline{D_1} + \overline{D_3} D_0 + \overline{D_3} D_2\, \overline{D_0} + \overline{D_2}\, \overline{D_1}\, \overline{D_0}$$

$$d = D_3\overline{D}_2\overline{D}_1 + \overline{D}_2\overline{D}_1\overline{D}_0 + \overline{D}_3 D_2 \overline{D}_1 D_0 + \overline{D}_3 D_1 \overline{D}_0 + \overline{D}_3 \overline{D}_2 D_1$$

$$e = \overline{D}_2\overline{D}_1\overline{D}_0 + \overline{D}_3 D_1 \overline{D}_0$$

$$f = D_3\overline{D}_2\overline{D}_1 + \overline{D}_3 \overline{D}_1 \overline{D}_0 + \overline{D}_3 D_2 \overline{D}_0 + \overline{D}_3 D_2 \overline{D}_1 D_0$$

$$g = D_3\overline{D}_2\overline{D}_1 + \overline{D}_3 D_2 \overline{D}_0 + \overline{D}_3 \overline{D}_2 D_1 + \overline{D}_3 D_2 \overline{D}_1 D_0$$

在这个结果中，虽然质蕴涵增加为 28 个，但其中的公共质蕴涵增加到 8 个，最多的复用次数增加到 6 次。所以除去公共质蕴涵的重复计算后还有 10 个质蕴涵，对应 10 个与门。其中 2 输入端与门 2 个、3 输入端与门 7 个、4 输入端与门一个。加上 7 个或门，总共有 17 个逻辑门，57 个输入端。与前一个结果相比，得到了较大的改进。

由上述逻辑表达式构成的组合逻辑电路如图 2-21。

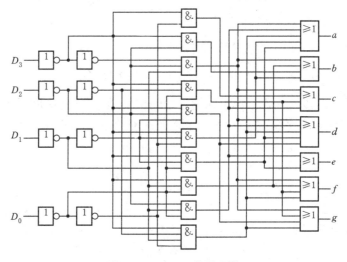

图 2-21 BCD-7 段译码器

2.2.2 应用组合逻辑电路模块构成组合电路

上面讨论了组合电路的一般设计过程。实际上，在设计一个简单的组合电路时，可以如上面讨论的那样从基本的逻辑门出发进行设计，也可以从基本的组合逻辑模块出发进行设计。有时候以基本逻辑模块为基础，适当加以组合或增加适当的门电路，可以较方便地得到设计结果。

第 2 章 组合逻辑电路

一、用数据选择器构成组合电路

数据选择器是一个在组合电路中使用得比较广泛的模块. 除了可以完成数据选择外,还可以构成逻辑函数发生器.

我们知道,一个逻辑函数总可以写成一个积之和形式,即用一个与-或表达式来描述. 而数据选择器的输出函数表达式也是一个与-或函数. 在 2^n 选 1 数据选择器的输出函数中除了选通输入以外(令其永远有效),每个乘积项中包含 n 个选择变量和 1 个输入变量. 所以可以证明: 一个 2^n 选 1 数据选择器总可以实现一个包含 $n+1$ 个输入变量的逻辑函数.

以下通过例子来说明上述结论.

例 2-9 试用一个 4 选 1 数据选择器实现函数

$$f(a, b, c) = \sum m(0, 1, 3, 7)$$

上式包含 3 个输入变量,将它展开成积之和形式,并加以整理后有

$$f(a, b, c) = \overline{a}\,\overline{b}\,\overline{c} + \overline{a}\,\overline{b}c + \overline{a}bc + abc$$
$$= \overline{a}\,\overline{b} + \overline{a}bc + abc$$

4 选 1 数据选择器具有 2 个选择输入 S_1、S_0 和 4 个数据输入 $I_0 \sim I_3$,它的输出函数为

$$f(S_1, S_0, I_i) = \overline{S_1}\,\overline{S_0}I_0 + \overline{S_1}S_0I_1 + S_1\overline{S_0}I_2 + S_1S_0I_3$$

将两个输出函数进行比较,立即可以看出,令 $S_1 = a$、$S_0 = b$、$I_0 = 1$、$I_1 = c$、$I_2 = 0$、$I_3 = c$,可以使两个逻辑表达式完全一致. 所以本题的结果如图 2-22 所示.

例 2-9 是一个用数据选择器实现逻辑函数的简单例子. 但是,并不是所有的逻辑函数都能如此简单地得到实现. 应该注意到数据选择器作为逻辑函数发生器时,它的输出逻辑表达式是不完备的.

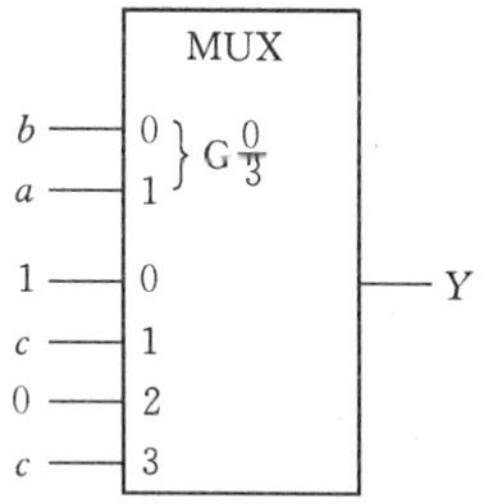

2^n 选 1 数据选择器的输入变量有 $n+1$ 个,但是输出函数只有 2^n 个积项. 其中 n 个选择输入构成 2^n 个最小项,另外一个数据输入(I_i 端)却永远以原变量形式出现在输出函数中. 所以虽然数据选择器能够实现 $n+1$ 个输入变量的逻辑函数,但是它有一个限制条件,就是在数据输入端(I_i 端)输入的变量,最终只能以原变量形式出现在输出函数中. 若在 I_i 端出现某个变量的"非",则意味着需要一个非门. 一般而言,用 2^n 选 1 数据选择器实现 $n+1$ 个输入变量的逻辑函

图 2-22 用 4 选 1 电路实现例 2-9 函数的逻辑图

数需要且仅需要一个非门.

对于某个特定的逻辑函数,如果能在 $n+1$ 个输入变量中找到一个在输出函数中只以原变量形式出现的输入,将这个变量作为数据选择器的数据输入,就可以避免增加非门.

例 2-10 试用一个 8 选 1 数据选择器实现下表所列函数:

C_1	C_2	Z	C_1	C_2	Z
0	0	$A \oplus B$	1	0	$\overline{AB}$
0	1	$\overline{A+B}$	1	1	$\overline{A \oplus B}$

本问题共有 4 个输入变量,以 8 选 1 数据选择器实现应该没有问题. 问题是如何选择变量同数据选择器输入之间的相互对应关系. 首先写出输出的逻辑表达式

$$Z = \overline{C_1}\,\overline{C_2}(A \oplus B) + \overline{C_1}C_2(\overline{A+B}) + C_1\,\overline{C_2}(\overline{AB}) + C_1C_2(\overline{A \oplus B})$$
$$= \overline{C_1}\,\overline{C_2}\,\overline{A}B + \overline{C_1}\,\overline{C_2}A\overline{B} + \overline{C_1}C_2\,\overline{A}\,\overline{B} + C_1\,\overline{C_2}\,\overline{A} + C_1\,\overline{C_2}\,\overline{B} + C_1C_2AB + C_1C_2\,\overline{A}\,\overline{B}$$

由于上式中每个输入都出现了原变量和反变量,所以简单地作一个变量的分配难以避免非门的导入. 例如,选择 C_1、C_2 和 A、B 中的任意一个(例如 B)作为数据选择输入,将上式改写成数据选择器的输出函数形式后有

$$Z = (\overline{C_1}\,\overline{C_2}\,\overline{A}) \cdot B + (\overline{C_1}\,\overline{C_2}A) \cdot \overline{B} + (\overline{C_1}C_2\,\overline{A}) \cdot \overline{B} + (\overline{C_1}C_2A) \cdot 0 +$$
$$(C_1\,\overline{C_2}\,\overline{A}) \cdot 1 + (C_1\,\overline{C_2}A) \cdot \overline{B} + (C_1C_2\,\overline{A}) \cdot \overline{B} + (C_1C_2A) \cdot B$$

显然由于在这个表达式中 B 以原变量和反变量同时出现,所以需要一个非门以获得 B 的"非". 那么,是不是这个问题必须要有一个非门呢? 为了解决这个问题,可以先将输出逻辑表达式化简. 化简后的输出表达式为

$$Z = C_2\,\overline{A}\,\overline{B} + C_1\,\overline{A}\,\overline{B} + \overline{C_2}\,\overline{A}B + C_1C_2AB + \overline{C_2}A\overline{B}$$

通过观察,发现 C_1 只以原变量形式出现,所以将 C_1 作为数据输入端输入将可以避免增加非门. 将上式改写成以 C_1 作为数据输入的数据选择器的表示形式:

$$Z = C_2\,\overline{A}\,\overline{B} + C_2\,\overline{A}\,\overline{B} \cdot C_1 + \overline{C_2}\,\overline{A}B \cdot C_1 + \overline{C_2}\,\overline{A}B + C_2AB \cdot C_1 + \overline{C_2}A\overline{B}$$
$$= \overline{C_2}\,\overline{A}\,\overline{B} \cdot C_1 + \overline{C_2}\,\overline{A}B \cdot 1 + \overline{C_2}A\overline{B} \cdot 1 + \overline{C_2}AB \cdot 0 +$$
$$+ C_2\,\overline{A}\,\overline{B} \cdot 1 + C_2\,\overline{A}B \cdot 0 + C_2A\overline{B} \cdot 0 + C_2AB \cdot C_1$$

最终得到的逻辑图见图 2-23.

实际上,用 2^n 选 1 的数据选择器实现 $n+1$ 个输入变量逻辑函数的问题若用卡诺图化简方法解决,就是第 1 章讨论过的影射变量卡诺图问题.选择哪个变量作为数据输入就是选择哪个变量作为影射变量.由于选择哪个变量作为影射变量没有标准解决方法,所以在很多场合还要依靠观察.

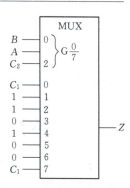

图 2-23 用 8 选 1 电路实现例 2-10 函数的逻辑图

二、用译码器构成组合电路

前面介绍过二进制译码器,也说明了它作为数据分配器及其在计算机系统中的应用.由于二进制译码器可以产生输入变量的所有最小项,所以它也像数据选择器一样,2^n 个输出的译码器同其他逻辑门结合可以产成一个具有 n 个输入的逻辑函数.

例 2-11 试用一个 3-8 译码器实现一个全加器.

采用二进制译码器实现一个函数时,应该写出该函数的标准表达式. 表 2-3 已经给出了全加器的真值表,这里写出全加器的逻辑函数标准表达式:

$$S = \overline{C_i}\,\overline{A}B + \overline{C_i}A\,\overline{B} + C_i\,\overline{A}\,\overline{B} + C_iAB \tag{2.7}$$
$$C_o = \overline{C_i}AB + C_i\,\overline{A}B + C_iA\,\overline{B} + C_iAB$$

如果采用图 2-7 的 3-8 译码器电路来实现上述函数时,将上述表达式中 C_i、A、B 分别对应译码器的地址输入 A_2、A_1、A_0,则对应的全加器的输出逻辑表达式为

$$S = \overline{A_2}\,\overline{A_1}A_0 + \overline{A_2}A_1\,\overline{A_0} + A_2\,\overline{A_1}\,\overline{A_0} + A_2A_1A_0 = m_1 + m_2 + m_4 + m_7$$
$$C_o = \overline{A_2}A_1A_0 + A_2\,\overline{A_1}A_0 + A_2A_1\,\overline{A_0} + A_2A_1A_0 = m_3 + m_5 + m_6 + m_7$$

当图 2-7 的 3-8 译码器电路的控制输入全部有效时,它的输出 Y_i 就是最小项 m_i. 考虑到模块的外部输出端是内部输出的"非",运用反演定理可以得到

$$S = m_1 + m_2 + m_4 + m_7$$
$$= \overline{\overline{Y_1}\cdot\overline{Y_2}\cdot\overline{Y_4}\cdot\overline{Y_7}}$$
$$C_o = m_3 + m_5 + m_6 + m_7$$
$$= \overline{\overline{Y_3}\cdot\overline{Y_5}\cdot\overline{Y_6}\cdot\overline{Y_7}}$$

最后得到的逻辑图如图 2-24 所示.

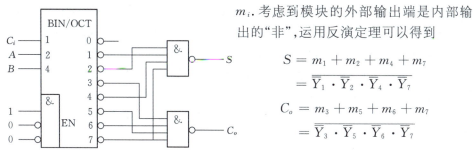

图 2-24 用 3-8 译码器实现全加器的逻辑图

一般说来，具有 2^n 个输出的二进制译码器总可以实现 n 个输入的逻辑函数，但是需要附加与门或者或门。同用数据选择器实现逻辑函数的不同之处在于：一个数据选择器只能产生一个逻辑函数，而用二进制译码器附加与门或者或门后可以产生多输出逻辑函数。

2.2.3 数字运算电路设计

数字逻辑的一个重要应用就是构成数字处理系统。数字处理中最基本的运算包括两大类：算术运算和逻辑运算。本节讨论如何运用数字逻辑器件来实现算术运算。

用数字逻辑器件实现算术运算，一般都采用二进制运算。这是由于采用二值逻辑，可以比较方便地实现二进制运算的缘故。

一、加法器

在本章的开始已经讨论了全加器，它处理的是一位二进制数。我们知道，一个多位的加法器在其每一位的功能上是一样的，换言之，可以将一个多位的加法器看成是多个一位加法器的串联。将 n 个全加器串联可以构成 n 位的加法电路。这样构成的 n 位全加器称为串行进位加法器(Ripple Adder)，如图 2-25 所示。

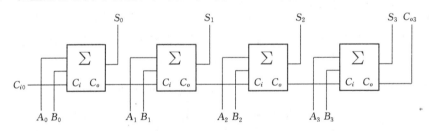

图 2-25 串行进位加法器

上面用 n 个全加器串联构成 n 位加法电路的做法反映了一个重要的数字逻辑设计思想，称为迭代设计(Iterative Design)法。迭代设计法的实质在于：若在一个设计中有许多重复的单元，设法找出它们串联的规律，然后设计其中一个单元，将这些单元按照需要进行串联，就构成了最终结果。在这个可以迭代的单元中，应该有两类输入输出：一类是主输入和主输出，它们负责实现本单元的逻辑功能；另一类是辅助输入和辅助输出，它们负责单元之间的信息传递。迭代电路的基本模型如图 2-26 所示。

采用迭代设计可以取得设计上的某种便利，但是这种便利是以系统速度的降低为代价的.因为按照图 2-26 的模型进行迭代设计时,必然形成系统中某个信号的串联(例如加法器中的进位).由于在串联结构中后级的运算必须等待前级结果形成以后才能进行,而实际的逻辑门不可避免地存在延时,所以串联的级数越多,系统的运算速度就越慢.

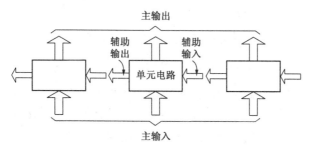

图 2-26 迭代电路基本模型

为了改善多位加法器电路的速度问题,需要仔细研究影响加法器速度的因素.由上述讨论可以得到:全加器的本位算术和不造成延时,系统的延时问题只是由于串行进位的延时造成.如果将进位由图 2-25 的串行处理改成并行处理,即直接由所有的输入确定,加法器的延时问题就可以得到彻底解决.这种解决加法器进位问题的技术称为超前进位(Look-ahead Carry)技术.

从全加器的真值表(表 2-3)可以得到全加器的输出为

$$S_i = A_i \oplus B_i \oplus C_{i-1} \\ C_i = A_iB_i + A_iC_{i-1} + B_iC_{i-1} \qquad(2.8)$$

为了讨论超前进位问题,改写全加器的进位为

$$C_i = A_iB_i + A_iC_{i-1} + B_iC_{i-1} = A_iB_i + (A_i + B_i)C_{i-1} = G_i + P_iC_{i-1} \quad (2.9)$$

其中 $G_i = A_iB_i$,称为进位产生信号;$P_i = A_i + B_i$,称为进位传播信号.

可以看出(2.9)式是一种递归关系.根据这个关系写出每一位的进位并展开,得到

$$\begin{aligned} C_0 &= G_0 + P_0C_{-1} \\ C_1 &= G_1 + P_1C_0 = G_1 + P_1G_0 + P_1P_0C_{-1} \\ C_2 &= G_2 + P_2C_1 = G_2 + P_2G_1 + P_2P_1G_0 + P_2P_1P_0C_{-1} \\ C_3 &= G_3 + P_3C_2 = G_3 + P_3G_2 + P_3P_2G_1 + P_3P_2P_1G_0 + P_3P_2P_1P_0C_{-1} \end{aligned} \qquad(2.10)$$

……

在上面的进位表达式中，每个进位分两级产生，第 1 级由每一位的加法单元产生 G_i 和 P_i，第 2 级直接产生进位 C_i。根据(2.10)式可以得到加法器超前进位电路，它的延时是一个常数，不会随位数增加而增加。一个典型的 4 位超前进位电路如图 2-27 所示。其中还增加了迭代所需的超前进位扩展端 G_4 和 P_4（图 2-27 中按照国家标准将 P 和 G 记为 CP 和 CG），它们的逻辑表达式分别为

$$P_4 = P_3 P_2 P_1 P_0 \tag{2.11}$$
$$G_4 = G_3 + P_3 G_2 + P_3 P_2 G_1 + P_3 P_2 P_1 G_0$$

为了配合加法器超前进位电路，全加器的迭代单元也要做少许改动。由于进位由超前进位电路产生，所以每一位的进位输出由进位产生信号 G 和进位传播信号 P 取而代之。图 2-28 给出了全加器迭代单元的电路。

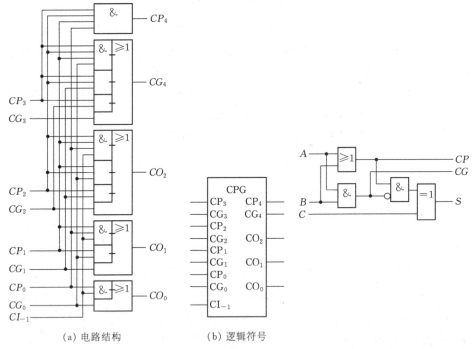

(a) 电路结构　　　　　(b) 逻辑符号

图 2-27　4 位超前进位电路结构及其逻辑符号　　图 2-28　采用超前进位电路的全加器迭代单元

将 n 个全加器迭代单元和一个 n 位的超前进位电路结合，可以形成一个 n 位二进制超前进位加法器。图 2-29 就是一个 4 位二进制超前进位加法器的结构和逻辑符号。

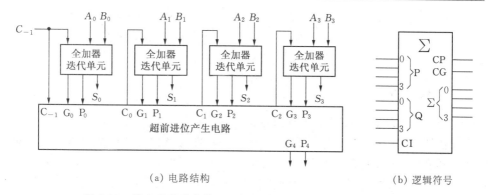

图 2-29 具有超前进位的 4 位加法器的电路结构及其逻辑符号

从 (2.10) 式可以看到,若加法器的位数增加,则进位的表达式会越来越复杂. 如果位数 n 很大,直接按照上述超前进位方法构成的一个 n 位加法器可能会变得极其复杂. 为了在系统的速度与复杂度方面达到某种平衡,实际的加法电路常常采用多级迭代方案. 图 2-30 就是用 4 个 4 位加法器构成的 16 位二进制超前进位加法器的结构,它采用了 2 级超前进位电路进行迭代.

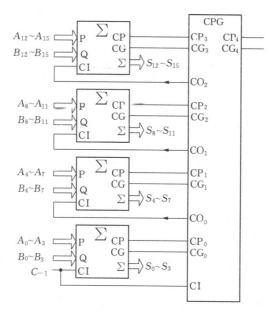

图 2-30 具有超前进位的 16 位加法器的迭代结构

类似上述加法器采用 n 位迭代单元进行迭代设计的方法,是数字逻辑设计中的常用技巧. 由于每个迭代单元的位数不是太多,所以在每个迭代单元的设计中可以采用尽可能合理的结构和尽可能小的延时.而采用这样的迭代单元进行迭代设计时,由于大幅度降低了串联级数,所以系统的速度也不至于降低很多.这样在系统的速度和复杂性方面都可以取得比较理想的效果.

二、减法器

首先来研究二进制减法的实现过程.

我们知道,减去一个数等于加上这个数的负数.在代数运算中,可以在数的前面加负号表示负数,但数字系统中没有负号,所以必须采用另外的办法表示正负号.通常将一个二进制数的最高位作为符号位,0 表示正数,1 表示负数.这样表示的二进制数称为有符号数.

用有符号数表示一个负数时,一般采用补码(Complement Code)形式表示.补码的定义是:对于一个数 N,它的补码为 $r^m - N$,其中 r 为数 N 的基(二进制数 $r = 2$),m 是这个数字系统规定的数的长度(称为字长).对于二进制数来说,求补码可以将原数按位取反(二进制数 0、1 交换)再加 1 得到.例如,对 8 位二进制数 B = 01000110(十进制数 70) 的求补码过程为:原数按位取反得到 10111001,再加 1 得到 10111010(十进制数 -70).

当采用上述补码形式表示负数时,两个数相减可以表示为被减数加上减数的补码.例如十进制数 92(二进制数 01011100)减去十进制数 70(二进制数 01000110),直接相减的过程为

$$
\begin{array}{rr}
A & 01011100 \\
B & -\ 01000110 \\
\hline
& 00010110
\end{array}
$$

结果是二进制数 00010110(十进制数 22).采用被减数加上减数的补码,其结果为

$$
\begin{array}{rr}
A & 01011100 \\
B \text{ 的补码} & +\ 10111010 \\
\hline
& 100010110
\end{array}
$$

抛弃进位(在 8 位二进制字长的系统中会自动抛弃)后,上述结果相同.

由于二进制取反在数字逻辑中就是逻辑运算"非",综合以上结果可以得到构成减法器的过程:将减数按位取"非",同时将最低位的进位置逻辑 1(相当于按位取反再加 1),然后用加法器加上被减数,就实现了二进制减法.

按照上面的分析,可以用加法器和逻辑非门实现两个二进制数的减法.下面考虑如何将加法器和减法器综合在一个系统中.

例 2-12 设计一个 8 位加减器。其中 $A_7 \sim A_0$ 是一个加数或者被减数，$B_7 \sim B_0$ 是另一个加数或者减数，另外用一个信号控制加/减运算。

用加法器实现加法和减法的差别在于减数 B 以及最低位的进位 C_{-1}。加法器要求 B 是原变量，$C_{-1}=0$；减法器要求 B 是反变量，$C_{-1}=1$。用一个信号控制加/减运算可以利用异或门的以下关系

$$A \oplus 0 = A, \quad A \oplus 1 = \overline{A}$$

令减数 B 作为异或门的一个输入，另外一个输入作为加/减运算控制信号和进位 C_{-1}，就可以将加法器和减法器合成在一个模块中。图 2-31 就是按照上述办法实现的用 2 个 4 位加法器合成的 8 位加减器。

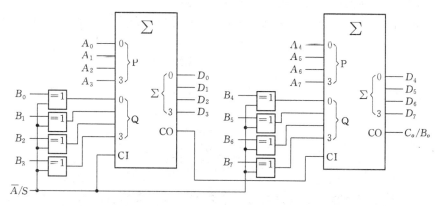

图 2-31 用两个 4 位加法器合成 8 位加法/减法器

图中 $A_7 \sim A_0$ 是第 1 个加数或被减数，$B_7 \sim B_0$ 是第 2 个加数或减数，$D_7 \sim D_0$ 是 $A+B$ 的和或者 $A-B$ 的差。$\overline{A}/S$ 是加/减控制端。当 $\overline{A}/S=0$ 时，最低位的进位 C_{-1} 置 0，$B_7 \sim B_0$ 以原码形式进入加法器，实现的是两个数相加。当 $\overline{A}/S=1$ 时，最低位的进位 C_{-1} 置 1，$B_7 \sim B_0$ 以反码形式进入加法器，实现的是两个数相减。在这个电路中，C_o/B_o 是进位/借位输出。因为本系统规定字长 8 位，所以这个输出没有用到。若系统的字长不止 8 位，这个信号可以连接到更高位的进位输入。

二、乘法器

本节讨论的乘法器(Multiplier)可以完成两个二进制正数的相乘。

如果乘数的位数少，可以直接通过化简得到结果。例如，2×2 位的乘法器有 4 个输入变量，最大的乘数是二进制 11，即十进制的 3。因为最大的乘积是 3×3=9，即二进制的 1001，所以有 4 个输出变量。将所有输入组合列出，可以得到一个 16

行的真值表. 化简后得到输出方程如下. 其中 $P_3 \sim P_0$ 是 4 位积, $A_1 \sim A_0$ 和 $B_1 \sim B_0$ 分别是两个 2 位乘数.

$$P_3 = A_1 A_0 B_1 B_0$$
$$P_2 = A_1 \overline{A_0} B_1 + A_1 B_1 \overline{B_0}$$
$$P_1 = \overline{A_1} A_0 B_1 + A_0 B_1 \overline{B_0} + A_1 \overline{B_1} B_0 + A_1 \overline{A_0} B_0$$
$$P_0 = A_0 B_0$$

根据上述方程,可以很方便地得到逻辑图. 对于多位的乘法器,若仍沿用这个方法,那么随着输入的增多,输出成几何级数增加,将导致设计难度的迅速增加. 所以一般都要采用前面已讨论过的迭代方法进行设计.

来观察两个 4 位二进制数相乘的过程,假定两个乘数分别为 $A = 1011$, $B = 1001$:

$$\begin{array}{r} A \quad\quad 1011 \\ B \times \quad 1001 \\ \hline 1011 \\ 0000 \\ 0000 \\ 1011 \\ \hline P \quad 1100011 \end{array}$$

上述相乘过程是将一个乘数同另一个乘数逐位相乘然后得到部分积. 再将所有的部分积按照各自的位错开后相加得到最后乘积. 为了讨论的方便,用 P_{ij} 表示第 i 位乘数和第 j 位乘数相乘的部分积,例如 $P_{00} = A_0 \times B_0$, $P_{10} = A_1 \times B_0$, 等等,用 P_k 表示第 k 位的最后乘积. 上面的相乘过程可以写成下列形式:

乘数 A					A_3	A_2	A_1	A_0
乘数 B					B_3	B_2	B_1	B_0
部分积					P_{30}	P_{20}	P_{10}	P_{00}
部分积				P_{31}	P_{21}	P_{11}	P_{01}	
部分积			P_{32}	P_{22}	P_{12}	P_{02}		
部分积		P_{33}	P_{23}	P_{13}	P_{03}			
最后积	P_7	P_6	P_5	P_4	P_3	P_2	P_1	P_0

我们知道,两个 1 位二进制数的算术乘积同逻辑与的结果一致,所以部分积的

获得可以通过逻辑与得到,即 $P_{ij} = A_i B_j$. 对于一个 n 位乘 n 位的乘法器,共有 $n \times n$ 个部分积,需要 $n \times n$ 个 2 输入端的与门. 相乘过程中部分积的相加可以用全加器实现(必须注意到在相加过程中要考虑进位). 这样,可以将每一个部分积作为一个迭代单元进行设计,最后得到乘法器的迭代结构,如图 2-32 所示.

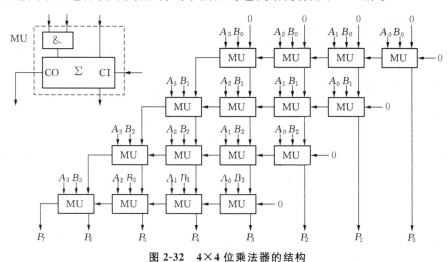

图 2-32 4×4 位乘法器的结构

四、除法器

本节讨论两个二进制正数相除的除法电路. 首先看一个实际的除法例子. 假定被除数 A 为二进制数 01101011,除数 B 为二进制数 0101,除法过程如下,其中 $B' = 16B$,即令 B 左移 4 位与被除数 A 左对齐.

```
                    10101         商
    除数 B  0101 )  01101011      被除数 A
             −    0101
                  ─────
                  0011           够减,商 = 1,余数 R₀ = A − B′
             −    0000
                  ─────
                  0110           不够减,商 = 0,余数 R₁ = R₀
             −    0101
                  ─────
                  0011           够减,商 = 1,余数 R₂ = R₀ − B′/4
             −    0000
                  ─────
                  0111           不够减,商 = 0,余数 R₃ = R₂
             −    0101
                  ─────
                  010            够减,商 = 1,余数 R₄ = R₂ − B′/16
```

上述二进制除法同我们熟悉的十进制除法相仿,都是不断减右移的除数.同十进制的不同之处在于:由于二进制数只有 0 和 1,所以每次由余数减去除数只有够减和不够减两种情况.够减则余数减去右移一位的除数,得到新的余数;不够减则将余数保留到下一位.从上面的例子,可以归纳出得到余数的规律如下:

第 1 步是试商,

$$R_i = R_{i-1} - \frac{1}{2^i}B' \tag{2.12}$$

当 $R_i \geqslant 0$ 时,够减,商等于 1,将此余数保留到下一次.下一个余数为

$$R_{i+1} = R_i - \frac{1}{2^{i+1}}B' \tag{2.13}$$

当 $R_i < 0$ 时,不够减,商等于 0,应该将余数恢复为原来的余数.下一个余数为

$$R_{i+1} = R_{i-1} - \frac{1}{2^{i+1}}B' \tag{2.14}$$

由于 $R_{i-1} = \left(R_i + \frac{1}{2^i}B'\right)$,$\frac{1}{2^i}B' = 2 \times \frac{1}{2^{i+1}}B'$,所以(2.14)式可以改写成

$$R_{i+1} = \left(R_i + \frac{1}{2^i}B'\right) - \frac{1}{2^{i+1}}B' = R_i + \frac{1}{2^{i+1}}B' \tag{2.15}$$

将(2.12)式、(2.13)式和(2.15)式联合,可以得到二进制除法的运算规律:

(1) 第 1 次运算时,先将除数与被除数左对齐,然后从被除数减去除数,得到余数.

(2) 若某次余数为正数(符号位为 0),则对应的商为 1,下一步运算时减去右移一位的除数得到新的余数;若某次余数为负数(符号位为 1),则对应的商为 0,下一步运算时加上右移 1 位的除数得到新的余数.

(3) 重复第 2 步运算,直到余数小于除数为止.在上述所有减法运算中,被除数右侧超出除数的部分不参与运算.

上述算法用逻辑器件实现时,可以考虑用二进制补码运算来做减法.当两个带符号的数相加时,若结果是正数,则符号位为 0,并且产生符号位的进位;若结果是负数,则符号位为 1,并且不产生符号位的进位(进位为 0).所以,符号位的进位就是所求的商.上述算法和结论可以用下例来进行说明.

设被除数 A 为二进制数 01010111,除数 B 为二进制数 0101,则 B 的补码为二进制数 1011.以下运算中带框的数位是符号位和符号位进位,它们由上一步运算得到,但是不参与下一步的运算.

第2章 组合逻辑电路

```
                  10101           商
       0101 ) 01101011
            +    1011            加左对齐的 B 的补码(减法)
            ─────────
               10 0011           符号位 = 0,符号位进位 = 1(商 = 1)
            +   1011             够减,加右移一位的 B 的补码(减法)
            ─────────
               01 1100           符号位 = 1,符号位进位 = 0(商 = 0)
            +    0101            不够减,加再右移一位的 B
            ─────────
               10 0011           符号位 = 0,符号位进位 = 1(商 = 1)
            +    1011            够减,加再右移一位的 B 的补码(减法)
            ─────────
               01 1101           符号位 = 1,符号位进位 = 0(商 = 0)
            +     0101           不够减,加再右移一位的 B
            ─────────
               10 010            符号位 = 0,符号位进位 = 1(商 = 1)
```

按照上面例子的算法,结合例 2-12 介绍的利用异或门控制全加器进行加减法的结构,容易得到上述除法器的迭代单元和它的迭代结构如图 2-33 所示.图中 A 为被除数,B 为除数,Q 为商.某些迭代单元的输出没有画出,表示这些输出被丢弃不用.

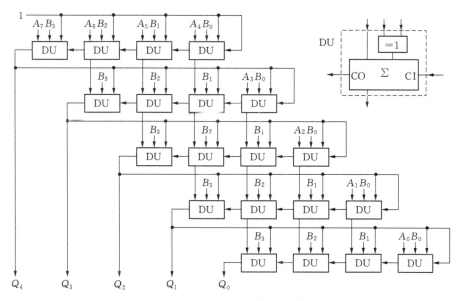

图 2-33　8 位除以 4 位的除法器结构

五、数据比较器

数据比较器(Data Comparator)有两组输入变量,它将输入的两组逻辑变量看

成是两个二进制数 A 与 B,然后对这两个二进制数进行数值比较.比较的结果有 $A>B$、$A<B$ 和 $A=B$ 3 种情况.下面从分析 1 位二进制数的比较开始,讨论数据比较器的构成方法.

表 2-8　1 位二进制数值比较器的真值表

输入		输出			输入		输出		
A	B	$A>B$	$A=B$	$A<B$	A	B	$A>B$	$A=B$	$A<B$
0	0	0	1	0	1	0	1	0	0
0	1	0	0	1	1	1	0	1	0

1 位比较器的真值表见表 2-8.根据这个真值表,可以写出它的输出逻辑函数 (2.16)式,式中方括号内部分表示单个逻辑变量.

$$\begin{aligned}[A>B] &= A\overline{B} \\ [A=B] &= \overline{A \oplus B} \\ [A<B] &= \overline{A}B\end{aligned} \quad (2.16)$$

由(2.16)式可以得到 1 位比较器的逻辑图.但是这个结果只适用于 1 位比较器,对于 2 位比较器或是更多位数的比较器,必须要找出迭代规律.

对于数据比较器,我们可以这样寻找规律:对于两个二进制数的比较来说,可以从比较最高位开始.若最高位不等,则比较结果已经知道,最高位大的数一定大于另一个数.若最高位相等,则两个数的大小取决于最高位以下的数的大小.

将这个结果推演到任意位,可以得到:对于一个多位比较器的中间某一位,若本位的比较结果不等,则此结果就是本级的比较结果;若本位的比较结果相等,则低位的比较结果就是本级的比较结果.所以,在迭代设计的 1 位比较器的设计方案中,每个迭代单元应该加入从低位来的比较结果.为了达到迭代目的,还应该将本级的比较结果送往更高位.

对于比较器来说,迭代电路的模型同图 2-26 所示的基本模型略有不同.由于比较器的最后结果只有一个,即最高位的比较结果,所以每个迭代单元没有主输出,只有辅助输出.综合上述讨论,可以得到比较器的迭代单元的真值表如表 2-9 所示.

表 2-9 比较器的迭代单元的真值表

辅 助 输 入			输入		辅 助 输 出		
$A_{i-1} > B_{i-1}$	$A_{i-1} = B_{i-1}$	$A_{i-1} < B_{i-1}$	A_i	B_i	$A_i > B_i$	$A_i = B_i$	$A_i < B_i$
0	1	0	0	0	0	1	0
1	0	0	0	0	1	0	0
0	0	1	0	0	0	0	1
x	x	x	0	1	0	0	1
x	x	x	1	0	1	0	0
0	1	0	1	1	0	1	0
1	0	0	1	1	1	0	0
0	0	1	1	1	0	0	1

将表 2-9 真值表中未出现的项作为任意项进行化简,可以得到输出的逻辑表达式如下:

$$[A_i > B_i] = A_i \overline{B_i} + (\overline{A_i \oplus B_i}) \cdot [A_{i-1} > B_{i-1}]$$
$$[A_i = B_i] = (\overline{A_i \oplus B_i}) \cdot [A_{i-1} = B_{i-1}] \quad (2.17)$$
$$[A_i < B_i] = \overline{A_i} B_i + (\overline{A_i \oplus B_i}) \cdot [A_{i-1} < B_{i-1}]$$

从上述逻辑表达式可以分析得到数值比较器输出函数的特点:

(1) 每个输出由本位比较结果和低位比较结果的进位两部分组成.

(2) 根据(2.16)式,输出 $[A_i - B_i]$ 的本位比较结果为 $\overline{A \oplus B}$. 因为多位数值相等必须所有位都相等,所以将本位比较的结果"与"低位比较相等的结果后作为输出.

(3) 输出 $[A_i > B_i]$ 的条件有两个:一个条件是本位结果满足 $A_i > B_i$,根据(2.16)式,本位比较结果就是 $A_i \overline{B_i}$;另一个条件是本位的比较结果相等时,低位比较结果 $A_{i-1} > B_{i-1}$,此条件可以写成 $(\overline{A_i \oplus B_i}) \cdot [A_{i-1} > B_{i-1}]$. 这两个条件满足任意一个即可,所以是"或"的关系.

(4) 输出 $[A_i < B_i]$ 的结构与 $[A_i > B_i]$ 相类似.

(2.17)式是 1 位比较器迭代单元的逻辑表达式. 根据前面关于迭代电路的讨论,直接用 1 位迭代单元得到的电路延时较大,所以实际的比较器电路一般采用 4 位比较器迭代单元.

4 位比较器迭代单元具有两组 4 位的数据输入($A_0 \sim A_3$ 和 $B_0 \sim B_3$)、3 个比较结果输出($[A_3 = B_3]$、$[A_3 > B_3]$ 和 $[A_3 < B_3]$)、3 个前级比较结果(辅助输入)

($[A_{-1} = B_{-1}]$、$[A_{-1} > B_{-1}]$ 和 $[A_{-1} < B_{-1}]$)。由于(2.17)式本身就具有迭代特点,所以 4 位比较器的迭代函数可以从(2.17)式出发,将本位的比较结果由 1 位扩大到 4 位即可。

因为两个数相等必须每一位都相等(包括低位来的进位),所以输出 $[A_3 = B_3]$ 是 4 位输入相等和低位相等的"与"。将(2.17)式中的相应表达式进行扩展,得到

$$[A_3 = B_3] = (\overline{A_3 \oplus B_3})(\overline{A_2 \oplus B_2})(\overline{A_1 \oplus B_1})(\overline{A_0 \oplus B_0})[A_{-1} = B_{-1}] \tag{2.18}$$

输出 $[A_3 > B_3]$ 也可以由(2.17)式迭代得到。将(2.17)式中的 $[A_{i-1} > B_{i-1}]$ 反复用 $A_{i-1}\overline{B_{i-1}} + (\overline{A_{i-1} \oplus B_{i-1}}) \cdot [A_{i-2} > B_{i-2}]$ 迭代(i 依次减小),最后可以得到输出 $[A_3 > B_3]$ 的逻辑表达式如下:

$$\begin{aligned}[A_3 > B_3] = & A_3\overline{B_3} + (\overline{A_3 \oplus B_3})A_2\overline{B_2} + (\overline{A_3 \oplus B_3})(\overline{A_2 \oplus B_2})A_1\overline{B_1} \\ & + (\overline{A_3 \oplus B_3})(\overline{A_2 \oplus B_2})(\overline{A_1 \oplus B_1})A_0\overline{B_0} \\ & + (\overline{A_3 \oplus B_3})(\overline{A_2 \oplus B_2})(\overline{A_1 \oplus B_1})(\overline{A_0 \oplus B_0})[A_{-1} > B_{-1}]\end{aligned} \tag{2.19}$$

同样可以得到输出 $[A_3 < B_3]$ 的逻辑表达式如下:

$$\begin{aligned}[A_3 < B_3] = & \overline{A_3}B_3 + (\overline{A_3 \oplus B_3})\overline{A_2}B_2 + (\overline{A_3 \oplus B_3})(\overline{A_2 \oplus B_2})\overline{A_1}B_1 \\ & + (\overline{A_3 \oplus B_3})(\overline{A_2 \oplus B_2})(\overline{A_1 \oplus B_1})\overline{A_0}B_0 \\ & + (\overline{A_3 \oplus B_3})(\overline{A_2 \oplus B_2})(\overline{A_1 \oplus B_1})(\overline{A_0 \oplus B_0})[A_{-1} < B_{-1}]\end{aligned} \tag{2.20}$$

综合(2.18)式、(2.19)式和(2.20)式,并考虑公共蕴涵的利用,可以得到一个实用的 4 位比较器迭代单元的结构见图 2-34(下页所示)。图中 $E_i = \overline{A_i \oplus B_i}$,其他部分请读者自行分析。

六、算术逻辑单元

算术逻辑单元(Arithmetic Logic Unit,简称 ALU)是数字计算机中的一个核心运算部件。通常这个单元的输入被称为操作数,操作数可以是二进制数、十进制数或逻辑变量。进入 ALU 的操作数可以执行算术和逻辑运算。可执行的算术运算有两个操作数的加法(有进位和没有进位)、减法(有借位和没有借位)、单个操作数的加 1、减 1 以及数值比较等等;某些 ALU 还可以执行两个操作数的乘法和除法。可执行的逻辑运算一般均按位进行,有两个操作数的"与"、"或"、"与非"、"或非"、"异或"、"异或非"和单个操作数的"非"等等。

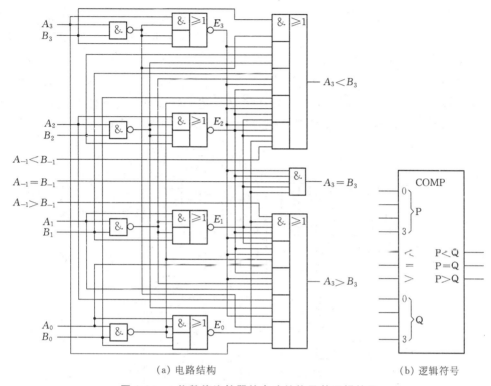

图 2-34 4 位数值比较器的电路结构及其逻辑符号

由于 ALU 要实现多种算术和逻辑操作,所以除了操作数输入外,它还应该有操作选择输入. 假设 ALU 具有 n 个操作选择输入端,那么最多可以完成 2^n 种操作.

同上面乘法器、除法器以及数值比较器的设计类似,若完全依靠真值表来进行 ALU 的逻辑设计,将是一个冗长的设计过程. 利用 ALU 的内部规律,就可以比较容易完成设计工作.

下面来分析 ALU 完成的操作.

最基本的算术操作是加法和减法. 我们已经知道,加法器可以方便地构成减法器,只要将第 2 个操作数求补即可. 所以,以加法器为基础,通过操作选择信号将第 2 个操作数求补(即按位取反,并令进位 = 1)可以完成减法运算操作.

单操作数的加 1 和减 1 运算可以将第 2 个操作数设置为 1 及 1 的补码来完成.

至于数值比较则可以看成减法:若两个操作数不等,根据有无借位输出即可判断两个操作数的大小;若两数相等,则它们的差一定为零.

对于按位进行的逻辑运算,本来就是数字逻辑电路的题中应有之义. 只要切断加法器的进位链,然后利用操作选择输入挑选合适的输出即可.

按照上述的运算规律,可以在一个加法器的结构基础上实现 ALU 功能. 图 2-35 就是一个典型的 4 位 ALU. 它的基本结构是一个带超前进位的 4 位加法器, $A_0 \sim A_3$ 和 $B_0 \sim B_3$ 是加法器的两组输入, $Y_0 \sim Y_3$ 是加法器的输出, $\overline{C_i}$ 和 $\overline{C_o}$ 是加法器的进位输入和进位输出(都是反相的), P 和 Q 是超前进位电路的进位产生信号和进位传播信号. $A=B$ 是数值比较的相等输出,实际上用来判断 Y 是否为 0.

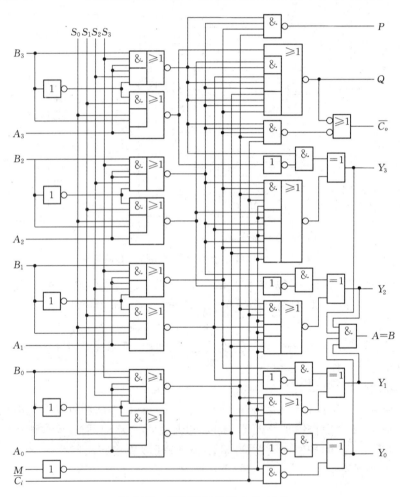

图 2-35 带超前进位的 4 位 ALU

操作选择端共有 5 个: M 为模式选择端, $M=0$ 时执行算术运算, $M=1$ 时执行逻辑运算; $S_0 \sim S_3$ 为运算功能选择端,可以选择 16 种运算功能. 表 2-10 列出了它的一些主要功能.

表 2-10 4 位 ALU 的功能表

功能选择				逻辑运算 $M=1$	算术运算 $M=0$	
S_3	S_2	S_1	S_0		$\overline{C_i}=1$(无进位)	$\overline{C_i}=0$(有进位)
0	0	0	0	$Y=\overline{A}$	$Y=A$	$Y=A$ 加 1
0	0	0	1	$Y=\overline{A+B}$		
0	0	1	1	$Y=0$	$Y=-1$	$Y=0$
0	1	0	0	$Y=\overline{AB}$		
0	1	1	0	$Y=A\oplus B$	$Y=A$ 减 B 减 1	$Y=A$ 减 B
1	0	0	0	$Y=\overline{A\oplus B}$	$Y=A$ 加 B	$Y=A$ 加 B 加 1
1	0	1	1	$Y=AB$		
1	1	0	0	$Y=1$	$Y=A$ 加 A	$Y=A$ 加 A 加 1
1	1	1	0	$Y=A+B$		
1	1	1	1	$Y=A$	$Y=A$ 减 1	$Y=A$

有关图 2-35 的逻辑原理以及在表 2-10 中未列出的功能,请读者自行分析.

§2.3 数字集成电路的电气特性

在前面的章节中,已经系统地讲述了组合逻辑电路的分析方法和设计方法.这些方法的依据是逻辑代数.逻辑代数高度抽象,是研究逻辑关系的一种数学.在实现逻辑运算的电路中,往往存在许多实际的物理问题,如前面已经涉及的速度问题等等.所以研究实际逻辑系统中的逻辑问题时,必须考虑实际逻辑电路的电气特性.

逻辑电路又称数字电路.由于集成电路技术的飞速发展,目前在数字电路领域已经全部集成化.根据制造工艺的不同,数字集成电路可以分成双极型和单极型两大类.双极型数字集成电路主要由晶体管(Transistor)构成,有 TTL 电路(晶体管-晶体管逻辑电路,Transistor-Transistor Logic 的缩写)、ECL 电路(发射极耦合逻辑电路,Emitter Coupled Logic 的缩写)等几种不同的类型.单极型数字集成电路主要由场效应管(Field Effect Transistor)构成,有 CMOS 电路(互补对称式金属-氧化物-半导体电路,Complementary-Symmetry Metal-Oxide-Semiconductor Circuit 的缩写)、NMOS 电路(N 沟道 MOS 电路,N-channel MOS Circuit 的缩写)等几种不同的类型.在每个类型中,还可以分成一些子类型.按照集成的规模,还可以将数字集成电路分成小规模集成电路(Small Scale Integrated Circuit)、中规模集成电路(Middle Scale Integrated Circuit)、大规模集成电路(Large Scale Integrated Circuit)以及超大规模集成电路(Very Large Scale Integrated Circuit)几类.

前面曾经谈到实现基本逻辑关系的逻辑单元一般称为门电路,门电路是数字电路的基本单元.门电路由更基本的二极管、晶体管以及场效应管等半导体元器件构成,关于这些元器件的电气特性以及用它们构成门电路的内部结构在附录中有介绍,这里不加详述.本节主要介绍数字集成电路的外部电气特性.

2.3.1 门电路的电压传输特性

在逻辑代数中用 0 和 1 两个逻辑值代表二值逻辑的两个逻辑状态,在实际的数字电路中则以特定的电压范围来表示逻辑状态,该电压范围称为逻辑电平(Logic Level).

按照逻辑电平的高低不同,数字电路系统有正、负逻辑之分.所谓的正逻辑系统,是指逻辑 1 电平高于逻辑 0 电平,而负逻辑系统正好相反.常用的数字集成电路均采用正逻辑系统.在本书中,若没有特别说明,都采用正逻辑系统.在正逻辑系统中,逻辑 0 电平也常常称为低电平,逻辑 1 电平也常常称为高电平.

不同类型的数字电路的逻辑电平可能是不同的.例如在 TTL 电路中,电压 $0\sim 0.7\mathrm{V}$ 代表逻辑 0,所以低于 $0.7\mathrm{V}$ 的电压称为 TTL 逻辑 0 电平;电压 $2.4\mathrm{V}\sim 5\mathrm{V}$ 代表逻辑 1,所以高于 $2.4\mathrm{V}$ 的电压称为 TTL 逻辑 1 电平.一个非门的逻辑关系是 $Y=\overline{A}$,当 $A=0$ 时,$Y=1$;$A=1$ 时,$Y=0$.在实际的数字电路中,就是当输入电压低于 $0.7\mathrm{V}$ 时,输出电压高于 $2.4\mathrm{V}$;当输入电压高于 $2.4\mathrm{V}$ 时,输出电压低于 $0.7\mathrm{V}$.以输入电压为横坐标,输出电压为纵坐标,将这个 TTL 非门的输入输出的电压关系画出来就是它的电压传输特性,如图 2-36(a)所示.由图中可见,若 TTL 门电路的输入电压在 $0.7\mathrm{V}$ 到 $2.4\mathrm{V}$ 之间,则其输出电压将会有很大的变化.这种情况会造成输出逻辑的不确定,所以是应当避免的.

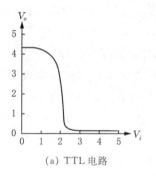
(a) TTL 电路

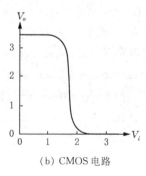
(b) CMOS 电路

图 2-36 逻辑非门的电压传输特性

又如在大部分 CMOS 电路中,将低于三分之一电源电压左右的范围定义为逻辑 0 电平,将三分之二电源电压左右到电源电压的电压范围定义为逻辑 1 电平. 所以若电源电压为 3.3 V,则逻辑低电平大致为 0~1.1 V,而逻辑高电平大致为 2.2 V~3.3 V. 图 2-36(b)画出了 CMOS 非门的电压传输特性. 同样,由于 1.1 V~2.2 V 的中间电平会引起逻辑错误,所以在实际电路中不应该出现这种电平.

表 2-11 列出了常见的数字电路的逻辑电平值.

表 2-11 常见数字电路的逻辑电平

电路类型	电源电压	逻辑 0 电平	逻辑 1 电平
TTL	5 V	0~0.7 V	2.4 V~5 V
CMOS	3.3 V	0~1.1 V	2.2 V~3.3 V
CMOS	5 V	0~1.35 V	3.85 V~5 V
CMOS (4000 系列)	3~18 V	$0\sim 1/3\, V_{DD}$	$2/3\, V_{DD}\sim V_{DD}$
CMOS(TTL 兼容)	5 V	0~0.7 V	2.4 V~5 V

无论从表 2-11 还是从图 2-36,我们都可以看到,每个逻辑电平对应的电压具有一定的范围. 或者说,当输入电压在一定范围内波动时,数字电路仍能正确区分输入的逻辑状态. 所以数字电路具有一定的抗干扰能力.

由表 2-11 也可以看到,不同类型的数字电路的电源电压以及逻辑电平都可能是不同的. 所以在一个数字系统中,一般不希望同时存在两种或两种以上不同类型的数字电路. 如果无法避免这种情况,则在两种类型电路连接的电平问题上会有一个电平转换的问题. 为了解决这个问题,有的生产厂商制造了专用的电平转换电路. 关于这个问题不再展开讨论,有兴趣的读者可以自行参阅其他有关文献.

2.3.2 数字集成电路的静态特性

由于实际的数字电路的输入和输出电压会由于外界因素(电源电压、温度、负载等)的变化而有一定的变化,所以为了保证逻辑信号的正确传输,实际的数字电路在制造时还对输入和输出电压范围在满足逻辑电平的前提下留有一定的余量,具体表现为电路的输入输出电压参数.

一般情况下,逻辑门最小允许输入低电平是 0,最大允许输入高电平是电源电压,所以输入参数只规定了最大允许输入低电平 $V_{IL(\max)}$ 和最小允许输入高电平 $V_{IH(\min)}$. 只要逻辑门输入端的逻辑电平在 $V_{IL(\max)}$ 以下就确认输入的是逻辑 0,在 $V_{IH(\min)}$ 以上就确认输入的是逻辑 1,这两种情况下数字电路就不会发生逻辑错误.

在实际的数字电路系统中,不可避免地会受到各种干扰和产生各种噪声.例如信号通过线路时,由于线路本身具有电阻和电抗成分,会在线路上产生各种直流和交流的电压降,这些电压降将改变实际加到数字电路输入端的电平.又如在数字电路的信号变化频率很高的时候,这些高频信号会产生各种反射和耦合,影响自身的信号波形和对其他电路产生干扰,使得实际的逻辑电平发生变化.因此,为了保证能够正确地传输逻辑电平,实际的数字电路的输出电压范围总是大于允许的输入电压范围.这样即使前级逻辑门输出的逻辑电平信号受到干扰,在后级逻辑门输入端得到的逻辑电平仍然能够满足其电压传输特性的要求.

表 2-12 列出了常见的数字电路的输入输出电压参数.需要指出的是,表 2-12 列出的参数是在一定使用条件下的典型参数.在不同的使用条件下以及不同生产厂商的产品都可能会有不同的参数.所以实际使用的时候,必须按照实际产品的使用说明书确定最后的参数.

表 2-12   常见数字电路的输入输出电压参数

电路类型	电源电压	$V_{IL(\max)}$	$V_{IH(\min)}$	$V_{OL(\max)}$	$V_{OH(\min)}$
TTL	5 V	0.8 V	2.0 V	0.5 V	2.7 V
CMOS	3.3 V	1.1 V	2.2 V	<0.1 V	>3.2 V
CMOS	5 V	1.35 V	3.85 V	<0.1 V	>4.9 V
CMOS(4000 系列)	3~18 V	$1/3\,V_{DD}$	$2/3\,V_{DD}$	<0.1 V	$>(V_{DD}-0.1\text{ V})$
CMOS(TTL 兼容)	5 V	0.8 V	2.0 V	<0.1 V	>4.9 V

从表 2-12 可以看到,同样类型的逻辑门,其最大输出低电平 $V_{OL(\max)}$ 要比最大允许输入低电平 $V_{IL(\max)}$ 低许多,而最小输出高电平 $V_{OH(\min)}$ 要比最小允许输入高电平 $V_{IH(\min)}$ 高许多.这样,即使在信号传输过程中加入噪声,由于这个差值的存在,只要噪声电压没有使信号越过输入信号的允许范围,输入端仍然可以正确地判断输入信号的逻辑值.

我们将这种电路的逻辑电平的差值,称为该类型数字电路的噪声容限(Noise Margin).图 2-37 显示了两个逻辑门前后连接时它们的输出与输入电平的关系.由图可知,输入高电平的噪声容限为 $V_{NH}=V_{OH(\min)}-V_{IH(\min)}$,输入低电平的噪声容限为 $V_{NL}=V_{IL(\max)}-V_{OL(\max)}$.

在一个数字电路系统中,由于噪声容限的存在,可以保证在发生信号畸变后仍然能够正确地传输逻辑信号.不同类型的数字电路具有不同的噪声容限.显然,大的噪声容限可以容许存在更大的干扰和噪声而不致出现逻辑错误.

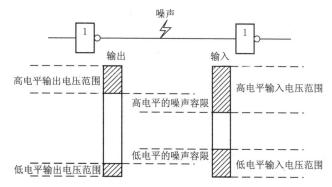

图 2-37　逻辑门的噪声容限示意

数字电路的另一个重要静态特性是它的输出驱动能力. 当一个逻辑门电路的输出接到后级逻辑门电路(或其他负载)时, 在其输出端会有电流流过. 当输出高电平时, 输出电流的方向是由数字电路内部向外流; 输出低电平时, 输出电流的方向是由数字电路外部流向电路内部(见图 2-38).

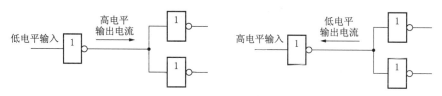

图 2-38　逻辑门的输出电流示意

一般情况下数字电路的驱动能力用最大允许负载电流来表示, 在输出端流过的电流不超过该电流值时, 输出逻辑电平不会超出允许的输出电压范围. 不同类型的数字电路具有不同的驱动能力, 同一类型的数字电路在输出不同逻辑电平时的驱动能力也不同. 表 2-13 列出了一些典型系列的数字电路的最大允许负载电流. 其中 $I_{OH(\max)}$ 是输出高电平时的最大允许输出电流, $I_{OL(\max)}$ 是输出低电平时的最大允许输出电流.

表 2-13　常见数字电路的最大允许输出电流

参　数	TTL 电路					CMOS 电路				
	标准系列	LS系列	S系列	ALS系列	F系列	4000系列	HC系列	HCT系列	AC系列	ACT系列
$I_{OH(\max)}$	0.4 mA	0.4 mA	1 mA	0.4 mA	1 mA	0.51 mA	4 mA	4 mA	24 mA	24 mA
$I_{OL(\max)}$	16 mA	8 mA	20 mA	8 mA	20 mA	0.51 mA	4 mA	4 mA	24 mA	24 mA

需要说明的是,表 2-13 列出的输出电流是在一定使用条件下某种特定逻辑功能电路的典型参数.不同逻辑功能的电路、不同的使用条件以及不同生产厂商的产品,都会有不同的参数.所以实际使用的时候,必须按照实际产品的使用说明书确定最后的参数.

当一个数字逻辑系统由相同类型的逻辑门电路构成时,后级逻辑门的输入电流就是前级的输出电流.当一个逻辑门的输出接了许多逻辑门后,就有可能发生所有后级的输入电流迭加后超过前级逻辑门的负载能力.所以,在组成逻辑系统时就要考虑同系列逻辑门的负载能力问题,这个能力称为逻辑门的扇出(Fan out).一般情况下,标准系列 TTL 电路的扇出系数为 10,其他改进型 TTL 的扇出系数为 20.CMOS 电路的输入电流极小(小于 0.1 μA),所以具有极大的扇出系数.

2.3.3 数字集成电路的动态特性

实际的逻辑电路是由晶体管、场效应管以及其他元件构成的,由于晶体管或场效应管的状态变化需要一定的时间,而且电路中还有各种寄生电容存在,所以把理想的矩形电压信号加到逻辑电路的输入端时,输出电压的波形不仅要比输入信号滞后,而且波形的上升沿和下降沿也将变坏,如图 2-39 所示.

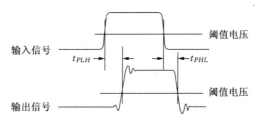

图 2-39 逻辑电路的传输延时

输出电压波形滞后于输入电压波形的时间叫做传输延迟时间.通常将输出电压由低电平跳变为高电平时的传输延迟时间称为 t_{PLH},把输出电压由高电平跳变为低电平时的传输延迟时间称为 t_{PHL}. t_{PLH} 和 t_{PHL} 的定义方法如图 2-39 所示,以输入、输出波形对应边上等于阈值电压的两点之间的时间间隔来定义. TTL 电路的阈值电压定义为 1.5 V,CMOS 电路的阈值电压定义为 V_{DD} 的 50%. 在 t_{PLH} 和 t_{PHL} 相差不大的情况下,有时也用平均传输时间 t_{PD} 来描述一个逻辑门电路的延时特性,$t_{PD} = (t_{PLH} + t_{PHL})/2$.

数字电路的传输延迟时间直接影响到系统的运行速度,所以是一个相当重要的参数.为了得到传输延时小的电路,数字集成电路的设计者和制造商不断对电路的结构和工作原理作出改进,这也是数字集成电路具有多种类型和多种系列的主要原因之一. 表 2-14 给出了几个常见的 TTL 子系列的典型传输时间.

表 2-14 TTL 电路的传输时间

参数	标准系列	LS 系列	S 系列	ALS 系列	F 系列
$t_{PLH(\max)}$	22 ns	15 ns	4.5 ns	11 ns	5 ns
$t_{PHL(\max)}$	15 ns	15 ns	5 ns	8 ns	4.3 ns

对于 CMOS 逻辑电路来说,传输延迟时间与工作电压 V_{DD} 有关,V_{DD} 越高则传输延时越短. 这一点同 TLL 电路有较大的区别. 表 2-15 给出了几个常见系列的 CMOS 电路在电源电压为 5 V 时的典型传输时间.

表 2-15 CMOS 电路的传输时间

参数	4000 系列	HC 系列	HCT 系列	AC 系列	ACT 列
V_{DD}	5 V	5 V	5 V	5 V	5 V
t_{PD}	100 ns	10 ns	10 ns	4 ns	4 ns

实际电路中的延时,导致输入信号状态变化时必须有足够的变化幅度和作用时间才能使输出状态改变. 若输入信号为窄脉冲,而且脉冲宽度接近于门电路传输延迟时间,这种情况下,正常的逻辑电平可能已经无法使输出产生响应. 换言之,在窄脉冲的输入情况下,为使输出状态改变所需要的脉冲幅度要远大于信号为直流时所需要的信号变化幅度. 所以门电路对这类窄脉冲的噪声容限—— 交流噪声容限将高于前面讲过的静态噪声容限.

2.3.4 三态输出电路和开路输出电路

由于数字电路系统的需要,有时要将 2 个或 2 个以上的逻辑电路的输出连接在一起,形成一个总线(Bus)结构. 在这种结构下,前面叙述的逻辑电路将会产生一个"总线冲突"问题:当两个输出电平不同(一个输出高电平而另一个输出低电平)的逻辑电路的输出端直接相连接时,将无法确定此时的输出逻辑电平. 更糟糕的是在这种情况下,由于输出高电平的电路向外输出电流,而输出低电平的电路向内吸收电流,若两个输出端的内阻都比较低,有可能由于负载电流过大而烧毁集成电路.

为了解决总线冲突问题,在数字集成电路中发展了具有三态(Tri-state)输出结构的电路,通常称之为三态门.

三态门电路的输出结构与普通门电路的输出结构有很大的不同,它在电路中增加了一个输出控制端 EN(Enable 的缩写). 当 $EN = 1$ 时, 对原电路无影响, 电路的输出符合原来电路的所有逻辑关系. 当 $EN = 0$ 时, 电路内部所有的输出将处于一种关断状态.

可以用一个受 EN 控制的开关对三态门电路的输出结构进行等效. 图 2-40 是一个具有三态输出的"非"门的逻辑符号及其等效电路. 当 $EN=1$ 时, 非门输出端的开关接通, 所以它符合非门的所有逻辑关系. 当 $EN=0$ 时, 开关断开, 此时在电路的外部看电路输出端的电流几乎为 0, 所以这是一种高阻状态(High-Z State). 这样, 这个电路的输出就有了 3 个逻辑状态:逻辑 0、逻辑 1 和高阻态.

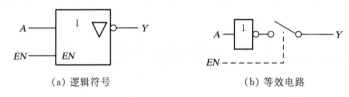

(a) 逻辑符号　　　　　　　　　(b) 等效电路

图 2-40　三态门(非门)的逻辑符号及其输出端的等效电路

当多个三态门的输出连在一起形成总线时,只要保证任何一个时刻只有一个三态门的输出控制端有效,就不会发生总线冲突现象. 此时总线上的逻辑电平由那个输出有效的电路确定.

由于三态门通常总是用来驱动总线,所以大部分三态门的输出电流能力要比同系列的普通逻辑门电路强得多. 在计算机等其他设备中,总线的位数常常是 8 的倍数,所以也常常将 8 个、16 个甚至 32 个三态门的输出控制端连接在一起,形成一个公共控制端.

另一种可以避免总线冲突的电路结构是集电极开路门(Open Collector,简称 OC 门)和漏极开路门(Open Drain,简称 OD 门),统称开路输出.

具有开路输出结构的逻辑门电路的输出具有单向驱动特性. 也就是说,当输出某个逻辑电平时它具有很大的输出电流或者说具有较低的内阻,而在输出相反的逻辑电平时它几乎没有输出电流或者说此时的输出内阻极大.

可以用一个接在输出端的开关对开路门的输出进行等效. 与三态门不同的是,此开关的通断不是由外部的 EN 端控制,而是受内部输出逻辑电平控制. 例如某个开路输出门在输出低电平时具有驱动能力,则其输出端的等效开关在内部输出低电平时接通,此时从电路外部看到的输出是低电平;而在内部输出高电平时,其输出端的等效开关开路,所以在此情况下从电路外部看到的是一个高阻状态,没有驱动能力.

根据具有驱动能力的输出电平,可以将开路输出门分成两类:L 型开路输出门和 H 型开路输出门. L 型开路输出门在输出低电平时具有驱动能力, H 型开路输出门在输出高电平时具有驱动能力.

由于开路输出门在某个逻辑电平几乎没有驱动能力,所以一般在构成电路时,要在外部接一个外挂电阻,此电阻给后级的数字电路提供驱动. L 型开路输出门的外挂电阻接在输出端与电源之间,称为上拉电阻; H 型开路输出门的外挂电阻接在输出端与地之间,称为下拉电阻.

在外接电阻后,开路门的输出状态有 2 个:一个是具有正常驱动能力的输出电平,另一个是电路本身没有驱动能力,只能依靠外接的电阻驱动的输出电平. 由于外接电阻的驱动能力较弱,为区别于正常的逻辑电平,可以将它看成是一种新的逻辑状态,称为"弱"状态. 即: L 型开路输出门在输出高电平时为"弱 1"输出, H 型开路输出门在输出低电平时为"弱 0"输出.

国家标准规定了在逻辑符号中开路输出的表示法,如图 2-41 所示. 内部有上拉(或下拉)表示在器件内部已经具有一个上拉(或下拉)电阻,可以省却外接电阻.

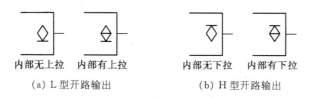

图 2-41 开路输出的逻辑符号表示

将多个开路门的输出连在一起形成总线时的接法,如图 2-42 所示. 图中表示的是 L 型开路输出的 OC 门,所以通过外接电阻接到 V_{CC}.

在图 2-42 的电路结构中,当某些逻辑门输出为逻辑 0、另一些逻辑门的输出为逻辑 1 时,由于输出逻辑 1 的电路没有驱动能力,所以不会发生总线冲突,最后在总线上得到的逻辑电平将是逻辑 0. 因为只有所有连接在总线上的开路门都输出逻辑 1 时总线的电平才是逻辑 1 电平,所以也有人将这种电路称为"线与"电路.

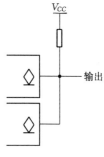

图 2-42 开路输出门的互联

显然,开路输出同三态输出有很大的不同. 在三态输出中,必须有输出控制,并且在任意时刻不能有两个或两个以上的三态门导通. 而在开路输出中,不需要输出控制,允许多个输出同时为高电平和低电平输出. 由于多个输出共用一个上拉(或下拉)电阻,所以在设计时必须注意保证所有连接在总线上的数字电路都导通时,所有电路的输出电流在外挂电阻上迭加以后造成的电压降不是太大,仍然能够保证总线上有正确的逻辑电平.

§2.4 组合逻辑电路中的竞争-冒险

通过前面讨论的实际数字电路特性,可以知道实际数字集成电路的特性是一种非理想的特性. 由于这种非理想特性,造成实际的数字系统中存在一系列问题. 竞争-冒险现象就是组合逻辑电路中一个十分重要的现象.

2.4.1 竞争-冒险现象及其成因

逻辑代数计算的前提是假定所有输入变量恒定. 但是在一个实际的逻辑系统中,实际的逻辑变量值是通过逻辑电路中输入输出的电压反映的. 当逻辑值发生变化时实际上是输入输出电压在发生变化. 从前面的讨论知道这些变化还需要一定的时间,包括逻辑门的延时和连线的延时. 这样,在某一个确定的时刻,一个逻辑门的输出逻辑电平,可能由于延时而发生短暂的与理想情况不符的逻辑信号,通常称之为毛刺信号(Glitch). 一般情况下,毛刺信号存在的时间非常短暂. 但是,若组合电路的负载是一个对脉冲敏感的电路(例如下一章将要讲到的触发器),那么这种毛刺信号将可能使负载电路发生误动作,从而造成严重后果. 对此应在设计时采取措施加以避免.

以下将通过一个简单的例子,观察这种毛刺信号的产生过程.

在图 2-43(a)的电路中,若 $G=1$,按逻辑代数的化简结果,有

$$Y = A \cdot B = A \cdot \overline{A} = 0$$

所以,无论输入 $A=1$ 还是 $A=0$,理论上输出皆为 $Y=0$.

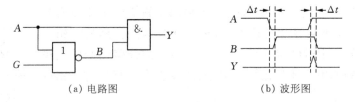

(a) 电路图 (b) 波形图

图 2-43 竞争电路的例子

但是在实际情况下门电路具有传输延时. 由于延时的存在,当 A 发生变化时,与门的两个输入 A、B 的变化有先后,B 的变化一般总是落后于 A 的变化. 考虑了门电路的传输延迟时间后的波形如图 2-43(b)中所示:若 A 从逻辑 1 变化到逻辑 0,由于在 B 上升到逻辑 1 电平以上之前 A 已经下降到逻辑 0 电平以下,所以输出 Y 保持 0 不变. 反之,若 A 从逻辑 0 变化到逻辑 1,则在 A 已经上升到逻辑 1 电平之后,B 要经过一个短

第2章 组合逻辑电路

暂的延时 ($\Delta t = t_{PD}$) 才下降到逻辑 0 电平,在这个极短的时间 Δt 内将出现 A、B 同时为逻辑 1 的状态,于是便在门电路的输出端产生极窄的 $Y=1$ 的毛刺信号.

同样,将图 2-43(a)中的与门换成或门,稳态下输出应该是 $Y=1$. 由于同样的原因,在输入 A 从逻辑 1 变化到逻辑 0 时,在短暂的 Δt 时间内将出现 A、B 同时处于逻辑 0 的状态,使输出端产生极窄的 $Y=0$ 的毛刺信号.

我们把门电路两个输入信号"同时"向相反的逻辑电平跳变的现象叫做竞争(Race). 由于竞争而产生的这种毛刺信号称为冒险(Hazard).

当逻辑电路中存在竞争现象时,有可能产生冒险,也可能不产生冒险,这取决于到达同一个门电路的输入信号的先后顺序. 如果在一个复杂数字系统中的门电路的输入是经过不同传输途径到达的,那么在设计时往往难以准确知道输入信号到达次序的先后,以及它们在上升时间和下降时间上的细微差异. 因此,只能说只要存在竞争现象就有可能出现冒险.

2.4.2 检查竞争-冒险现象的方法

在每次只有一个输入变量改变状态的简单情况下,可以通过逻辑函数表达式来判断组合逻辑电路中是否有竞争-冒险存在.

如果一个门电路的两个输入信号是某个输入变量 A 经过两个不同的传输途径而来的(如图 2-43 所示),而且这两个输入信号又恰巧向两个相反的逻辑电平变化,那么当输入变量 A 的状态发生变化时输出端便有可能产生尖峰脉冲. 因此,只要输出端的逻辑函数在一定条件下能简化成

$$Y = A + \overline{A} \quad \text{或} \quad Y = A \cdot \overline{A} \tag{2.21}$$

的形式,就可判定存在竞争-冒险.

如果图 2-43 电路的输出端是或非门、与非门,同样也存在竞争-冒险. 这时的输出应写成

$$Y = \overline{A + \overline{A}} \quad \text{或} \quad Y = \overline{A \cdot \overline{A}} \tag{2.22}$$

的形式.

上述判断也可以在卡诺图上进行. 具体做法是:

第 1 步,按照组合逻辑电路的输出真值表(或表达式),在卡诺图上填入 1(对应与-或形式的电路)或 0(对应或-与形式的电路).

第 2 步,按照电路结构,画出卡诺圈. 这一步必须是原来电路的形式,即一个卡诺圈对应一个逻辑门.

第3步,观察是否存在卡诺圈相切的情况. 若存在相切的情况,在相切点一定能写出上述产生冒险的函数形式,即可能产生冒险.

例 2-13 判断下列电路在每次只有一个输入变量发生变化的情况下,是否产生竞争-冒险.

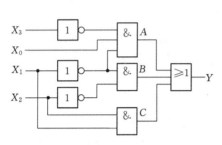

图 2-44 竞争-冒险电路的例子

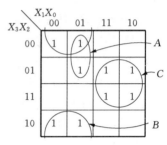

图 2-45 例 2-13 的卡诺图

写出上述电路的输出逻辑表达式为 $Y = \overline{X}_3 X_0 \overline{X}_1 + \overline{X}_1 \overline{X}_2 + X_1 X_2$. 根据该表达式以及电路结构得到如图 2-45 所示的卡诺图. 注意图中卡诺圈的画法. 每个卡诺圈对应电路中相同标记的逻辑门,例如卡诺圈 A 对应电路中的逻辑门 A,等等.

可以发现,在图 2-45 所示的卡诺图中有些卡诺圈相切,如卡诺圈 A 与卡诺圈 C 相切在输入 $X_3 X_2 X_1 X_0$ 为 0101 和 0111 的这两个最小项之间;也有些不相切(相交或相离),如 A 与 B、C 与 B.

首先来考察卡诺圈相切点. 根据卡诺图的构成原则,在相切点两边只有一个输入发生变化,例如 A 与 C 的相切点只有 X_1 发生变化. 由于在相切点两边都是质蕴涵,若是输入变化使输出在相切点两边移动,应该不会发生输出的变化. 但是由于两个卡诺圈在电路上属于两个逻辑门,这两个质蕴涵的过渡就可能发生时间上的先后,造成了竞争-冒险的可能.

以下将用代数化简的结果来证实本例的情况.

本例的竞争-冒险可能发生在 $X_3 X_2 X_1 X_0$ 为 0101 和 0111 的这两个最小项之间. 将不发生变化的输入以逻辑常量(即:$X_3 = 0$、$X_2 = 1$、$X_0 = 1$)代入输出逻辑表达式,得到

$$Y = 1 \cdot 1 \cdot \overline{X}_1 + \overline{X}_1 \cdot 0 + X_1 \cdot 1 = \overline{X}_1 + X_1$$

确实在或门的输入端产生了相反方向的输入.

以上方法虽然简单,但局限性太大. 因为多数情况下输入变量有两个以上同时改变状态的可能性存在,上述方法对于超过一个变量发生变化时将无法判断. 即使每次只有一个输入发生变化,如果输入变量和输出变量的数目很多,要确定是否产生冒险,需要

遍历所有的状态,也难以从逻辑函数式上简单地找出所有产生竞争-冒险的情况.

另一方面,在一个具有多级逻辑的电路中,一个输入经过多条路径到达某个门的输入,情况变得更为复杂.这时可能会出现类似图 2-46 的输出,即:输出原来应该发生变化,比如从低电平到高电平,但中间经历一个低-高-低-高的过程.或者反过来,应该是高-低的变化,却成为高-低-高-低的过程。这也是一种冒险.为了将这种冒险同前面叙述的冒险加以区别,这种在输出变化过程中的冒险称为动态冒险,前面叙述的冒险称为静态冒险.

不应有的毛刺

图 2-46 动态冒险的输出波形

对于这种复杂的情况,只有利用计算机的强大计算能力进行计算机辅助分析.计算机可以在短时间内遍历所有的输入状态,而且将逻辑门电路的性能参数考虑在内,可以迅速查出电路是否会存在竞争-冒险现象.

另一种方法是用实验来检查电路的输出端是否有因为竞争-冒险而产生的尖峰脉冲.这时加到输入端的信号应该遍历所有的输入状态,即包含输入变量所有可能发生的状态变化.

即使是用计算机辅助分析手段检查过的电路,往往也还需要经过实验方法检验,方能最后确定电路是否存在竞争-冒险.因为在用计算机软件模拟数字电路时,对于逻辑门电路的延时特性、输入输出逻辑电平等参数只能采用标准化的典型参数,有时还要做一些近似,得到的模拟结果有时会和实际电路的工作状态有出入.因此只有实验检查的结果才是最终的结论.

2.4.3 消除竞争-冒险现象的方法

一个简单的消除竞争-冒险的办法,是在组合电路的输出端对地接入一个小电容.由于竞争-冒险而产生的尖峰脉冲一般都很窄(多在几十纳秒以内),这个很小的滤波电容足以把尖峰脉冲的幅度削弱至门电路的阈值电压以下.在 TTL 电路中,它的数值通常在几十 pF 至几百 pF 的范围以内.

这种方法简单易行,缺点是增加了输出电压波形的上升时间和下降时间,使波形变坏,并且完全无法在集成电路内部实现.

第 2 种办法是修改逻辑设计.以图 2-47 电路为例,原来电路不包含图中虚线部分，它的输出逻辑函数为 $Y = AB + \overline{A}C$，显然，在 $B = C = 1$ 的条件下，当 A 改变状态时存在竞争-冒险.在本电路的卡诺图上也可以明显看出，在卡诺圈 AB 和卡诺圈 $\overline{A}C$ 之间存在相切.

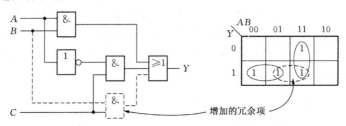

图 2-47　用增加冗余项来消除竞争-冒险

若在卡诺图原来的相切点上，另外增加一个卡诺圈 BC，根据逻辑代数的常用公式

$$Y = AB + \overline{A}C = AB + \overline{A}C + BC$$

可知它不改变原来的逻辑关系.但是，在增加了 BC 项以后，当 $B = C = 1$ 时无论 A 如何改变，输出始终保持 $Y = 1$.因此 A 的状态变化不再会引起竞争-冒险.

因为 BC 一项对函数 Y 来说是多余的，所以把它叫做 Y 的冗余项，同时把这种修改逻辑设计的方法叫增加冗余项.

用增加冗余项的方法消除竞争-冒险，适用范围仍很有限.在图 2-47 中不难发现，如果 A 和 B 同时改变状态，即 AB 从 10 变为 01 时，电路仍然存在竞争-冒险.可见，增加了冗余项 BC 以后仅仅消除了在 $B = C = 1$ 时，由于 A 的状态改变所导致的竞争-冒险.

第 3 种常用的方法是在电路中引入一个选通脉冲 S，如图 2-48 所示.没有引进选通脉冲时，在图示的输入情况下，输出 Y_1、Y_2 均有竞争-冒险.引进选通脉冲后，因为 S 的高电平出现在电路到达稳定状态以后，所以输出端不会出现冒险.但需注意：这时正常的输出信号也将变成脉冲信号，而且它们的宽度与选通脉冲相同.例如，当输入信号 AB 变成 01 后，Y_2 并不马上变成高电平，而要等到 S 端的正脉冲出现时才给出一个正脉冲.

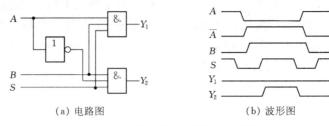

(a) 电路图　　　　　　(b) 波形图

图 2-48　用选通脉冲消除竞争-冒险

由于这种方法可以消除所有的冒险(包括静态冒险和动态冒险),并且容易实现,所以经常在组合电路中得到应用.

本章概要

没有记忆功能,输出直接由输入确定的逻辑电路称为组合逻辑电路.

组合逻辑的分析,可以采用逐级分析的办法进行,也可以先将它划分为一些模块进行分析,最后将每个模块的功能组合起来.一般而言,可以通过分析化简得到的逻辑表达式或真值表,结合整个电路输入输出信号的描述,得到电路的功能描述.若电路由一些已知功能的模块构成,则可以直接从模块的功能出发进行分析.

组合逻辑组件的设计有两种基本方法:直接从逻辑门级开始设计和从逻辑模块开始设计.前者可以按照一定的规则进行,也可以得到比较满意的结果,但是设计过程比较繁杂.2.2.1 节讨论了这种设计方法.后者可以充分利用已有模块的功能,容易迅速得到需要的结果,最后得到的电路也比较简洁,但是在某些场合需要一定的经验和技巧.2.2.2 节列举了这方面的例子.

在需要构成一些具有大量重复单元的逻辑时,很重要的一个设计方法是迭代设计法.在 2.2.3 节中结合数字运算电路详细讨论了迭代设计法的设计过程.

鉴于功能模块在数字逻辑中的地位相当重要,掌握一些常用逻辑模块的结构不但能够提高分析电路的能力,对设计电路也有很大的帮助.

实际的数字逻辑电路具有非理想的传输特性,具体表现为电路的输入输出特性和传输延时方面.掌握电路的实际传输特性是设计实际逻辑电路的基础.

由于实际逻辑电路的非理想传输特性,可能造成在电路中出现冒险.当门电路两个输入由于某个信号的状态改变而发生向相反的逻辑电平跳变的现象叫做竞争,由于竞争而产生的输出毛刺信号称为冒险.

冒险现象是造成逻辑电路不稳定的原因之一.为了消除冒险,可以在逻辑函数中增加冗余项,也可以采用加入选通脉冲或小电容等办法.

思考题和习题

1. 分析下图所示的电路,写出其逻辑表达式.

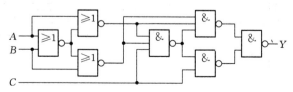

2. 分析下图所示的逻辑,其中 $S_1 \sim S_0$ 作为功能选择端. 列表说明当 $S_1 \sim S_0$ 作不同的选择时,输出 F 与输入 A、B 之间的函数关系.

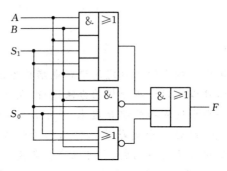

3. 下图为另一种数值比较器. 试分析它的原理, 写出其逻辑表达式. 并分析它和图 2-34 的数值比较器有何不同.

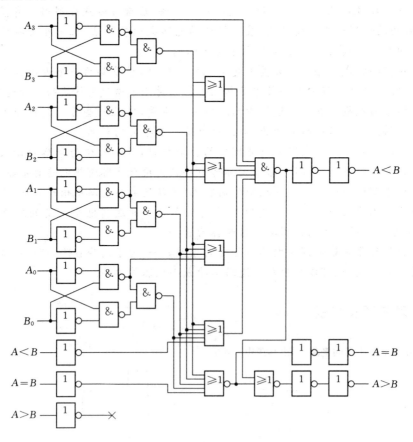

4. 分析下图所示的逻辑电路,指出它实现何种逻辑功能.

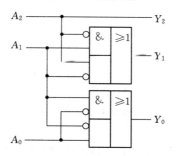

5. 用尽可能少的集成电路分别实现下列逻辑函数,假设输入变量及其反变量已知:

$$x = f(a, b, c) = \sum m(0, 1, 3, 5, 7)$$

$$y = f(a, b, c, d) = \sum m(1, 4, 5, 7, 8, 12)$$

$$z = f(a, b, c, d, e) = \sum m(0, 1, 3, 4, 6, 7, 15, 21, 25)$$

6. 某控制台有 4 个启动锁,其中 1 把为主锁,另 3 把为副锁.只有同时开启 3 把锁(其中必须包括主锁)或 4 把锁才能启动设备.试设计开启设备的逻辑.

7. 设计一个具有以下功能的电路:该电路有 5 个输入和一个输出. 4 个输入为一组 BCD 码,另一个输入为控制端.当控制端为逻辑 0 时,输出为 1 的条件是输入的 BCD 码大于等于 5.当控制端为逻辑 1 时,输出为 1 的条件是输入的 BCD 码小于等于 5.

8. 设计一个 2-4 译码器.使能输入采用低电平有效,输出采用高电平有效.构造真值表,确定数据和使能输入变量和输出变量.描述电路的功能,画出译码器的逻辑图.

9. 设计一个 4-2 优先编码器.输入 $I_0 \sim I_3$,其中 I_3 的优先级最高.没有选通输入.输出 Y_0、Y_1,高电平有效.构造真值表,画出逻辑图.

10. 用逻辑门电路设计一个 2 位乘 2 位二进制乘法器.要求有尽可能短的延时.

11. 用上一题的结果作为迭代单元,画出 8 位乘法器的结构图.

12. 如果在乘法器电路中考虑有符号数(用补码形式表示负数),那么乘法器的结构要作什么改动?

13. 用译码器和必要的门电路实现下列函数.

$$A = f(x, y) = \sum m(0, 3), B = f(a, b, c) = \sum m(1, 3, 5, 7)$$

$$C = f(a, b, c) = \sum m(3, 5, 6), D = f(a, b, c) = \prod M(3, 5, 7)$$

14. 试用 2 个 4 选 1 数据选择器和必要的逻辑门实现一个 1 位二进制全加器.

15. 用 8 选 1 数据选择器实现下表所示的逻辑函数,不允许反变量输入.

$S_1 S_0$	$F(A, B)$	$S_1 S_0$	$F(A, B)$
00	$A \oplus B$	10	$A + B$
01	$A \cdot B$	11	$A \odot B$

16. 如果允许单个变量采用影射变量,用合适的数据选择器实现下列逻辑函数.

$x = (a, b, c) = \sum m(0, 1, 4, 5, 7)$

$y = (a, b, c, d) = \sum m(0, 3, 4, 5, 7, 9, 13, 15)$

$z = (a, b, c, d, e) = \sum m(0, 2, 3, 4, 6, 9, 12, 13, 15, 19, 23, 25, 26, 31)$

17. 试用两个4位全加器附加必要的门电路,设计一个1位十进制加法器.提示:当两个数的和小于等于9(二进制1001)时,二进制和BCD码一致.当两个数的和大于9时,十进制的结果等于二进制结果加6(0110).

18. 试用一个4位全加器附加必要的门电路,设计一个代码转换电路.该代码转换电路可以将BCD码与余三码相互转换.有一个转换控制端K,当$K = 0$时,电路将BCD码转换成余三码;当$K = 1$时,电路将余三码转换成BCD码(余三码的代码及其特点参见附录1).

19. 简述组合逻辑电路中冒险现象的成因以及避免冒险的方法.

20. 分析下图所示的逻辑电路,写出它的逻辑表达式.

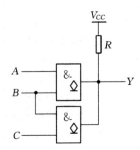

21. 用最少的集成逻辑门设计下列逻辑函数,要求在单个输入变化时不发生冒险.

$P = f(w, x, y, z) = \sum m(5, 7, 13, 15)$

$Q = f(a, b, c, d) = \sum m(5, 7, 8, 9, 10, 11, 13, 15)$

$S = f(a, b, c, d) = \sum m(0, 2, 4, 6, 8, 10, 12, 14)$

$T = f(a, b, c, d) = \sum m(0, 2, 4, 6, 12, 13, 14, 15)$

22. 已知在下图所示的电路中各异或门的延时为$t_{PD} = 5$ ns. 在考虑该延时特性后,试画出$K = 0$和$K = 1$两种情况下的输出波形.

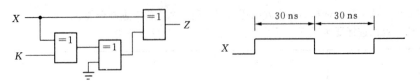

23. 试设计一个组合逻辑电路,输入为4位二进制码($B_3 \sim B_0$),输出有$Y_4 \sim Y_0$ 5位.要求:当输入为合法的BCD码(即0000~1001)时,输出$Y_4 = 0$, $Y_3 \sim Y_0 = B_3 \sim B_0$;当输入不合法

时,输出为 10000.

24. 试设计一个组合逻辑电路,该电路的输入输出均为 4 位二进制码. 另有 2 个控制输入 S_1、S_0. 要求输出码与输入码的关系随 S_1S_0 改变,如下表所示.

S_1S_0	输出与输入的关系
00	输出码等于输入码
01	此状态不允许出现,可不予考虑
10	输出码等于输入码的反码
11	输出码等于输入码的补码

第3章 触发器及其基本应用电路

在数字电路中,通常需要将运算的结果保存起来.另外,在由时钟控制的电路中,也需要在两个时钟脉冲的间隔期间,保持整个电路的状态不变.为此,需要使用具有记忆功能的逻辑单元.

触发器就是这样一种逻辑单元.一方面,它具有"0"和"1"两个可以保持的稳定输出状态;另一方面,又可以根据输入信号的变化而改变状态.所以触发器具有存储信息的能力.改变触发器状态的输入信号称为触发信号,可以是脉冲的边沿,也可以是输入信号的某个电平.通常,触发器(Flip-Flop)是指由时钟信号触发(Trigger)引起输出状态改变,并且该状态在下一次被触发之前始终不会改变的器件.而输出状态不是由时钟信号触发,或者虽然由时钟信号触发但在时钟信号的某个电平下输出会随着输入改变而改变的器件,一般称之为锁存器(Latch).在本书中,除了必须区分的场合,一般统称触发器.

在时序逻辑电路中以及二进制数据存储的许多应用中,触发器是一种基本逻辑单元.本章将介绍触发器及其简单应用.

§3.1 触发器的基本逻辑类型及其状态的描写

目前,已经研制出的触发器有许多种,每一种触发器都具有存储信息的能力,但不同的触发器有不同的电路结构,也可以有不同的输入输出逻辑关系(即触发器的逻辑功能).通常,按照触发器输入输出逻辑关系的不同,可以将触发器分为4类:RS,JK,D和T触发器.任何一种类型的触发器都可以通过真值表或逻辑方程来描述它的输入输出逻辑关系.描述触发器逻辑功能的真值表称为触发器的状态表和激励表,描述触发器的逻辑方程称为特征方程.

3.1.1 RS触发器

最简单的触发器是基本RS触发器.将两个多输入反相门电路(与非门或者或非门)的输出交叉反馈到输入,就构成了一个基本RS触发器.图3-1画出了用与非门和或非门构成的两种基本RS触发器.这种触发器虽然简单,却是构成其他触发器的基础.

RS 触发器的存储功能是依赖于两个门电路的正反馈来实现的. 以图 3-1 中与非门构成的 RS 触发器为例,假定没有信号输入时两个输入端 $\overline{S}$ 和 $\overline{R}$ 均为逻辑 1,此时若与非门 G_1 的输出 $Q=1$,则此信号反馈到另一个与非门 G_2 的输入端,使得 G_2 的输出必然为逻辑 0,而这个逻辑 0 再反馈到 G_1,使得 G_1 的输出 $Q=1$ 得以维持. 若 $Q=0$,可以得到同样的结论.

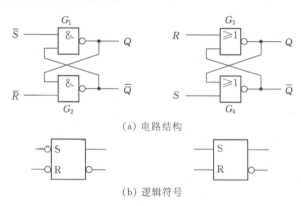

图 3-1 RS 触发器的电路结构及其逻辑符号

RS 触发器的状态改变依赖于输入信号. RS 触发器的两个输入端分别是置位输入 S 和复位输入 R. 使触发器输出端 Q 输出逻辑 1 的动作称为触发器"置位"(Set),输出逻辑 0 的动作称为触发器"复位"(Reset). 以由与非门构成的 RS 触发器为例,当输入 $S=1$ 且 $R=0$(即 $\overline{S}=0$ 且 $\overline{R}=1$)时,$Q=1$,触发器被置位. 反之,当输入 $S=0$ 且 $R=1$(即 $\overline{S}=1$ 且 $\overline{R}=0$)时,$Q=0$,触发器被复位.

同样可以证实,由或非门组成的 RS 触发器也具有相同的逻辑功能. 两种结构的区别在于外部输入信号的逻辑状态不同. 由与非门构成的 RS 触发器的外部输入是逻辑 0 有效的,而由或非门构成的 RS 触发器的外部输入是逻辑 1 有效的.

在图 3-1 中,两种 RS 触发器的逻辑图形符号也反映了上述区别. 两个逻辑符号都是由相同的方框和限定符号 S 和 R 组成. 在由与非门构成的 RS 触发器的逻辑符号中,用输入端的逻辑非符号表示了在方框外部的输入是逻辑 0 有效. 而在方框内部,不管是用与非门构成的 RS 触发器还是用或非门构成的 RS 触发器,都是输入逻辑 1 有效.

根据图 3-1 可以写出 RS 触发器的真值表. 由于触发器含有反馈,所以在任何一个时刻 t 以后的输出不仅与 t 时刻的输入有关,而且还与 t 时刻的输出状态有关. 将 t 时刻的输入称为即时输入,t 时刻的输出状态称为即时状态(Present

State),t 时刻以后的输出称为次态(Next State). 触发器的次态不仅同即时输入有关,还同即时状态有关. 表 3-1 显示了 RS 触发器的这个关系. 其中 Q_n 表示触发器的即时状态,Q_{n+1} 表示触发器的次态.

表 3-1 RS 触发器的真值表

S	R	Q_{n+1}	S	R	Q_{n+1}
1	0	1	0	0	Q_n
0	1	0	1	1	不确定

在表 3-1 中,$SR = 11$ 的次态不确定. 因为在这个输入组合下,将出现两个输出相同的情况,但这是一个不稳定的状态,触发器的次态取决于哪个输入先消失. 若输入 R 先变为 0,则在 R 变成 0 的瞬间输出 $Q = 1$,反之则输出 $Q = 0$. 如果输入信号"同时"消失,由于无法确定 S 和 R 变为逻辑 0 在实际上的先后顺序,电路的次状态将无法确定. 为了避免出现这种不确定的情况,在 RS 触发器中规定 $SR = 11$ 的输入是禁止的.

为了导出 RS 触发器状态关系的逻辑表达式,可将 RS 触发器的真值表改写成表 3-2 的形式. 此表称为触发器的状态表. 表中列出了次态的逻辑值,反映了它同即时状态以及即时输入之间的关系. 输入 $SR = 11$ 被禁止,表中将它们的次态列为不定态 U.

表 3-2 RS 触发器的状态表

Q_n	Q_{n+1}			
	$SR = 00$	$SR = 01$	$SR = 11$	$SR = 10$
0	0	0	U	1
1	1	0	U	1

显然,表 3-2 就是 Q_{n+1} 的卡诺图. 将此卡诺图化简,并将 U 作为任意态处理,可以得到 RS 触发器次态的逻辑表达式

$$Q_{n+1} = S + \overline{R}Q_n \tag{3.1}$$

上式称为 RS 触发器的状态方程或特征方程. 它以逻辑表达式的形式描述了触发器的即时输入 S、R、即时状态 Q_n 和次态 Q_{n+1} 之间的关系.

描述一个触发器,除了上述真值表、状态表和状态方程外,还可以用激励表描述. 有时在已知状态变化的情况下要求找出实现该状态变化的输入条件. 例如,已知即时状态为 1,要求次态保持为 1,可以在表 3-2 中通过反向推理得到:此时的输入 R 应该为 0,输入 S 等于 0 或 1 均可(即 S 为任意输入). 将这一类问

题所有的输入输出组合全部列出就构成了激励表. 这个表对于设计触发器很有帮助. RS 触发器的激励表见表 3-3.

表 3-3 RS 触发器的激励表

Q_n	Q_{n+1}	S	R	Q_n	Q_{n+1}	S	R
0	0	0	d	1	0	0	1
0	1	1	0	1	1	d	0

图 3-1 中的触发器只有 S、R 两个输入端,由于没有限制输入在何时发生,所以它的状态转换随时可能发生. 在实际使用中,有时希望触发器按照某个信号的节拍进行状态转换,这时触发器需要一个同步信号控制,以便使触发器的动作能与系统同步. 图 3-2 显示了带有同步控制信号输入的 RS 触发器. 一般情况下,同步控制信号接在系统时钟信号上,所以记为 CP(Clock Pulse). 带同步时钟输入的触发器一般称为同步(Synchronous)触发器. 相对于同步触发器,无同步信号的触发器称为异步(Asynchronous)触发器.

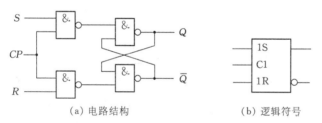

(a) 电路结构　　　　　(b) 逻辑符号

图 3-2　带同步时钟的 RS 触发器电路结构及其逻辑符号

从图 3-2 可知,同步 RS 触发器的 CP 输入端连接到两个与非门输入端,分别同 S 和 R 相与后送到后续的基本 RS 触发器. 当 $CP = 1$ 时,两个与非门只受 SR 输入的控制,SR 的输入能够直接传递到基本 RS 触发器的输入端并寄存下来. 当 $CP = 0$ 时,所有输入被封锁,基本 RS 触发器的 $SR = 00$,触发器的输出保持不变.

显然,同步 RS 触发器在时钟信号 $CP = 1$ 期间的输出取决于输入 S 和 R,当输入发生变化时输出也将发生变化. 实际上这个触发器是 RS 锁存器. 在 $CP = 0$ 期间锁存的状态是 CP 信号从逻辑 1 变到逻辑 0 时刻触发器的状态. 图 3-3 显示了带时钟的 RS 触发器的输入输出关系的波形.

基本 RS 触发器和同步 RS 触发器的区别在于它们的动作过程是否能与系统

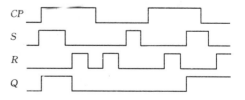

图 3-3　带同步时钟的 RS 触发器的波形

同步,并不影响输出对于激励信号 R 和 S 的逻辑关系.所以,在讨论触发器的输入输出关系时,一般并不将时钟信号考虑在内.显然,在这样的情况下,同步 RS 触发器的真值表和基本 RS 触发器的真值表一样,上面关于基本 RS 触发器的状态表、状态方程以及激励表全部适用于同步 RS 触发器.

3.1.2 JK 触发器

JK 触发器是一种时钟触发器.关于 JK 触发器以及下面要讨论的 D 触发器、T 触发器的电路结构和输入输出信号波形,将在下一节介绍,这里先讨论它们的状态描述.

JK 触发器有两个激励输入:J 和 K.JK 触发器的逻辑功能和状态表见表 3-4.

表 3-4 JK 触发器的逻辑功能和状态表

J	K	Q_{n+1}
1	0	1
0	1	0
0	0	Q_n
1	1	$\overline{Q}_n$

Q_n	Q_{n+1}			
	$JK=00$	$JK=01$	$JK=11$	$JK=10$
0	0	0	1	1
1	1	0	0	1

将表 3-4 同表 3-1、表 3-2 进行对照,可以看出 JK 触发器的逻辑功能与 RS 触发器极其相似.J 对应于 S,K 对应于 R.不同之处是 RS 触发器中存在一个禁止态 $SR=11$,而在 JK 触发器中赋予 $JK=11$ 一个新的功能:状态翻转(Toggle).状态翻转是指次态变为现态的"非".当 $J=K=1$ 时,每当触发脉冲有效,触发器的状态翻转一次.这样既避免了类似 RS 触发器中输出状态不定,同时还增强了触发器的功能.

根据表 3-4,可以得到 JK 触发器的状态方程如下:

$$Q_{n+1} = J\overline{Q}_n + \overline{K}Q_n \tag{3.2}$$

JK 触发器的激励表见表 3-5.

表 3-5 JK 触发器的激励表

Q_n	Q_{n+1}	J	K	Q_n	Q_{n+1}	J	K
0	0	0	d	1	0	d	1
0	1	1	d	1	1	d	0

3.1.3 D 触发器

D 触发器也是一种时钟触发器. 它只有一个激励输入端 D. D 触发器的逻辑功能和状态表见表 3-6. 显然, 在每个触发脉冲作用后, 输出将激励端(D 端)输入信号保存起来. 这个特性很容易用来保存数据, 所以在数字系统(如计算机)中, 经常用 D 触发器来构成数据寄存器.

表 3-6 D 触发器的逻辑功能和状态表

D	Q_{n+1}	Q_n	Q_{n+1}	
			$D=0$	$D=1$
0	0	0	0	1
1	1	1	0	1

根据表 3-6, 可以得到 D 触发器的状态方程

$$Q_{n+1} = D \tag{3.3}$$

同样可以得到 D 触发器的激励表见表 3-7.

表 3-7 D 触发器的激励表

Q_n	Q_{n+1}	D	Q_n	Q_{n+1}	D
0	0	0	1	0	0
0	1	1	1	1	1

3.1.4 T 触发器

T 触发器是一种翻转触发器. 它也只有一个激励输入端 T. 当 $T=1$ 时, 每个触发脉冲作用后触发器的状态翻转; $T=0$ 时则保持不变. T 触发器经常用来构成计数器, 它的逻辑功能和状态表见表 3-8.

表 3-8 T 触发器的逻辑功能和状态表

T	Q_{n+1}	Q_n	Q_{n+1}	
			$T=0$	$T=1$
0	Q_n	0	0	1
1	$\overline{Q_n}$	1	1	0

根据表 3-8,可以得到 T 触发器的状态方程(3.4)式和对应的激励表表 3-9.

$$Q_{n+1} = T\overline{Q}_n + \overline{T}Q_n \tag{3.4}$$

表 3-9 T 触发器的激励表

Q_n	Q_{n+1}	T	Q_n	Q_{n+1}	T
0	0	0	1	0	1
0	1	1	1	1	0

若将 T 触发器的激励端永远接逻辑 1,该触发器将在时钟脉冲的作用下不断翻转.这样的触发器也叫做 T′触发器.

3.1.5 4 种触发器的相互转换

上述 4 种触发器可以相互转换.下面举例说明转换方法.

例 3-1 试用 JK 触发器构成 D 触发器和 T 触发器.

用甲类型触发器构成乙类型触发器,就是要将甲类型触发器的激励输入通过增加门电路等手段,改造成乙类型触发器的激励输入.为此可以通过比较两个触发器的激励表或状态方程,得到转换电路的结构.

下面比较 JK 触发器和 D 触发器的状态方程.

JK 触发器的状态方程是 $Q_{n+1} = J\overline{Q}_n + \overline{K}Q_n$;D 触发器的状态方程是 $Q_{n+1} = D$.为了比较这两个形式不同的方程,可以将 D 触发器的状态方程作如下的等价变换:

$$Q_{n+1} = D(\overline{Q}_n + Q_n) = D\overline{Q}_n + DQ_n$$

从上式可以得到 JK 触发器构成 D 触发器的转换关系:$J = D, K = \overline{D}$.

同样可以比较 JK 触发器和 T 触发器的状态方程.

JK 触发器的状态方程是 $Q_{n+1} = J\overline{Q}_n + \overline{K}Q_n$;T 触发器的状态方程是 $Q_{n+1} = T\overline{Q}_n + \overline{T}Q_n$.从这两个方程的比较立即可以看出 JK 触发器构成 T 触发器的转换关系:$J = K = T$.

图 3-4 表示了这种转换关系的电路结构.

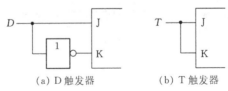

(a) D 触发器　　　　(b) T 触发器

图 3-4 用 JK 触发器构成 D 触发器和 T 触发器的转换关系

第 3 章 触发器及其基本应用电路

例 3-2 试用 D 触发器构成 JK 触发器和 T 触发器.

因为 D 触发器的激励端只有一个,就是 D 端,所以用 D 触发器构成其他类型的触发器特别容易. 用 D 触发器构成 JK 触发器和 T 触发器的转换关系分别是: $D = J\overline{Q}_n + \overline{K}Q_n$ 和 $D = T\overline{Q}_n + \overline{T}Q_n$. 图 3-5 表示了这种转换关系的电路结构.

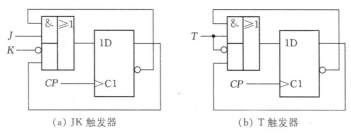

(a) JK 触发器　　　　　　　　(b) T 触发器

图 3-5　用 D 触发器构成 JK 触发器和 T 触发器的转换关系

§3.2　触发器的电路结构与工作原理

由上一节的讨论可以知道,4 种类型的触发器可以相互转换. 其中 JK 触发器和 D 触发器的功能最为完善. 尤其是 JK 触发器,可以比较方便地构成其他各个类型的触发器. 所以,在商品集成电路触发器中,比较多见的是 JK 触发器和 D 触发器. 而 RS 触发器作为所有触发器的基本构成部分,较多地出现在数字集成电路的内部结构中.

本节从 D 锁存器开始,介绍各种触发器的结构与工作原理.

3.2.1　D 锁存器

前面已经讨论过,RS 触发器实际上是 RS 锁存器:在控制端(时钟输入 CP)等于逻辑 1 期间,输出直接取决于输入. 由于 RS 锁存器在输入 S 和 R 都为 1 时的次态不确定,所以必须保证在 $CP = 1$ 期间不出现 S 和 R 都为 1 的输入信号.

解决这个问题的另一个办法,是根据触发器可以相互转换的原理将 S 和 R 输入端用如图 3-6 所示的方式连接起来,构成 D 锁存器. 在 D 锁存器中,输入端 D(数据)是唯一的激励输入,作为锁存器一个组成部分的同步 RS 锁存器,永远不会出现输入 S 和 R 都为 1 的情况.

D 锁存器的动作特点是:在控制端 CP 等于逻辑 1 期间,输出 Q 的状态随着输入 D 的改变而改变;在控制端 CP 等于逻辑 0 期间,输出 Q 的状态被锁存. 被锁存

的状态是控制信号 CP 从逻辑 1 到逻辑 0 转变时刻输入 D 的状态.由于在 $CP=1$ 时,输出和输入的关系似乎是"透明"的,所以这个锁存器也被称为透明锁存器(Transparent Latch).在图 3-7 中给出了 D 锁存器的参考时序图.

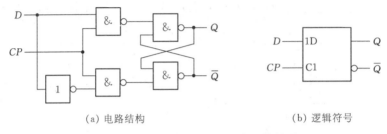

图 3-6　D 锁存器的电路结构与逻辑符号

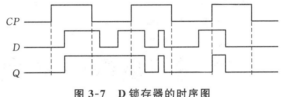

图 3-7　D 锁存器的时序图

类似地,下面来讨论 JK 锁存器.通过 RS 触发器和 JK 触发器的转换关系,可以得到图 3-8 所示的结构.在此结构中 $Q_{n+1}=S+\overline{R}Q_n=J\overline{Q}_n+\overline{KQ_n}Q_n=J\overline{Q}_n+\overline{K}Q_n$,满足 JK 触发器的特征方程.但该电路不实用,这里给出结构图的目的是为了叙述从 RS 锁存器到 JK 锁存器,再到最终的 JK 触发器的变化过程.

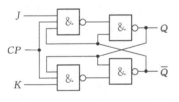

图 3-8　不实用的 JK 锁存器的结构

再来讨论 JK 锁存器的不实用性.

假定电路的初始状态是 $Q_n=0$.若此时 $JK=11$,则 $CP=1$ 时,根据 JK 触发器的状态方程,可以知道输出将翻转,即 $Q_{n+1}=1$.在这一翻转完成之后,若 CP 不能及时回到逻辑 0 状态,触发器将按照 JK 触发器的状态方程继续翻转.所以若 JK 锁存器 $CP=1$ 的脉冲宽度大于触发器翻转所需要的门电路延时,触发器将不断翻转,最终不能确定输出状态.

下面来计算能够使触发器正常翻转的 CP 脉冲宽度.假设每个门电路的延时为 t_{PD},从 CP 到 Q 和 $\overline{Q}$ 端要经过 3 级门电路,所以能够保证触发器正常翻转的时钟脉冲的宽度应该不小于 $3t_{PD}$.但是,为了避免再次翻转,CP 脉冲的宽度又不能大于 $3t_{PD}$.这个条件实际上是无法实现的,所以实际电路中只有 RS 锁存器和 D 锁存器,并不存在 JK 锁存器.

3.2.2 主从触发器

从上一节的讨论可以知道,直接将同步 RS 触发器改为 JK 锁存器是不可能的. 另一方面,锁存器在控制端 CP 为高电平时输出直接受输入的影响,当输入发生变化时输出也会变化. 但是为了提高触发器的工作稳定性,希望在整个时钟脉冲周期内输出状态保持不变. 为了达到这个目的,先后发展了主从触发器(Master-Slave Flip-Flop)和边沿触发器(Edge-triggered Flip-Flop)两种触发器.

主从触发器的结构可以用图 3-9 说明. 将两个同步 RS 触发器串接起来可以构成一个主从型 RS 触发器,其中第 1 个触发器称为主触发器,第 2 个触发器称为从触发器. 主触发器和从触发器使用公共的时钟进行工作,其中从触发器的时钟是主触发器的反相.

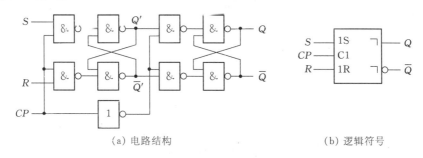

(a) 电路结构   (b) 逻辑符号

图 3-9 主从型 RS 触发器的电路结构和逻辑符号

图 3-9 电路的工作过程是:当 $CP=1$ 时,主触发器处于采样状态,输出可以根据输入 SR 的状态而改变. 此时由于从触发器的时钟为逻辑 0 状态,从触发器不改变状态,整个触发器的输出状态也不会改变. 当 CP 由状态 1 转变为状态 0 的瞬间,主触发器由采样状态转变为保持状态,而从触发器由保持状态转变为采样状态,并将此时刻的主触发器输出 Q' 传递到整个触发器的输出 Q. 在随后的整个 $CP=0$ 期间,将一直保持这种状态. 当下一个 CP 脉冲的上升沿到来时,由于从触发器进入保持状态,所以将维持原来的输出不变.

从上面的分析可以知道主从触发器的动作特点是:在每个 CP 脉冲期间,输出只变化一次. 输出的变化发生在 CP 脉冲由状态 1 转变为状态 0 的瞬间,即下降沿时刻. 由于主从触发器要等到 CP 脉冲下降沿时刻到来以后才输出,而激励信号发生在 CP 脉冲的逻辑 1 期间,实际上输出被延时了. 在图 3-9 中的图形符号中,输出端的限定符号"⌐"反映了这种延时情况.

将同步 RS 触发器改进为 RS 主从触发器,解决了在 CP 信号等于逻辑 1 状态时输出随着输入变化的问题.但是由于主触发器仍然是同步 RS 触发器,所以在 CP 信号等于逻辑 1 期间,激励输入 SR 的变化会引起主触发器的输出变化,并且仍然受到 SR 不能同时为逻辑 1 的约束.

图 3-10 显示了 RS 主从触发器的时序关系.可以看到,触发器的输出不完全取决于 CP 脉冲下降沿时刻的激励输入,而是同整个 CP 脉冲为逻辑 1 期间的激励信号状态有关.例如图 3-10 中,触发器的原来状态是 $Q = 1$.在第 1 个 CP 脉冲逻辑 1 期间,先后出现了 $SR = 10$ 和 $SR = 01$ 两种输入情况,尽管在 CP 脉冲下降沿时刻的输入是 $SR = 00$,但是由于主触发器的状态发生了改变,所以在第 1 个脉冲下降沿以后,触发器的输出还是发生了改变.

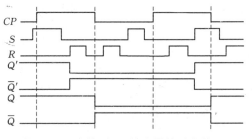

图 3-10 主从型 RS 触发器的时序关系

将主从型 RS 触发器的输出交叉反馈到激励输入,就形成了主从型 JK 触发器.图 3-11 显示了主从型 JK 触发器的结构.

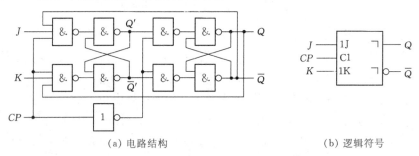

(a) 电路结构　　　　　　　　　　(b) 逻辑符号

图 3-11 主从型 JK 触发器的电路结构和逻辑符号

不难看出,将主从型 RS 触发器改进为主从型 JK 触发器的过程,仍然依照了触发器的转换规律.同主从型 RS 触发器一样,主从 JK 触发器的工作方式也是主从两个触发器轮流工作,在 CP 脉冲为逻辑 1 时采样激励输入,在 CP 脉冲为逻辑 0 时将主触发器的输出输送到整个触发器的输出.这样保证在一个 CP 脉冲周期内输出只改变一次.

但是，主从型 JK 触发器也有和主从型 RS 触发器一样的缺点，触发器的最后输出状态要根据激励输入在整个 CP 脉冲为逻辑 1 时间内的情况决定. 若在整个 CP 脉冲为逻辑 1 的时间内激励信号受到干扰，出现虚假信号，输出将受到严重的破坏. 图 3-12 显示了这种情况. 图中在第 2 次 CP 脉冲为逻辑 1 期间，激励输入 K 受到干扰，出现一个短暂的逻辑 1. 由于这个干扰输入使得主触发器的输出 Q' 发生改变，结果在第 2 个脉冲的下降沿，整个触发器的输出发生了错误的翻转. 并且这个错误还影响了后续的输出，使得整个输出时序发生混乱.

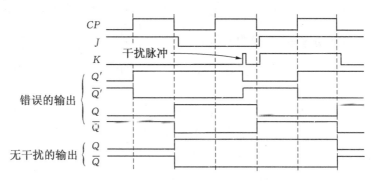

图 3-12 主从型 JK 触发器的时序关系

由于存在上述抗干扰性能较弱等原因，主从触发器已经不像过去那样广泛使用，在最新设计中，边沿触发器正逐渐替代主从触发器.

3.2.3 边沿触发器

在边沿触发器中，输出状态在时钟输入的上升沿或下降沿到来时才发生变化，并且只有该时刻的激励输入才能对触发器的输出状态产生影响. 在时钟脉冲的其他时刻，激励输入对触发器的输出状态不产生影响. 这种通过时钟边沿检测激励输入的功能，可以消除由于锁存器或者主从触发器的不正常触发而产生的许多问题，大大提高了触发器的工作可靠性.

边沿触发器可以有多种构成方法，下面逐一讨论各种常见的边沿触发器.

一、维持-阻塞触发器

图 3-13 表示了一个维持-阻塞结构的 RS 触发器. 该触发器由 6 个与非门构成，其中 G_5、G_6 构成基本 RS 锁存器，$G_1 \sim G_4$ 构成 3 个附加的 RS 锁存器.

当 CP 脉冲处于逻辑 0 状态时，逻辑门 G_3、G_4 被封锁，输出都为逻辑 1. 此时

无论激励输入 S、R 如何变化，G_5、G_6 构成的基本 RS 锁存器的状态保持原状态不变. G_1、G_2 则始终处于打开状态(即 S、R 可以通过 G_1、G_2).

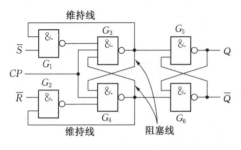

图 3-13 维持-阻塞结构的 RS 触发器

当 CP 脉冲从逻辑 0 到逻辑 1 的跳变(上升沿)到来时，逻辑门 G_3、G_4 将被打开，这时触发器的状态有可能产生变化. 为了说明这种结构触发器的动作特点，可以将 CP 脉冲上升沿时刻的激励输入分成 3 种不同的情况.

第 1 种情况，在 CP 从逻辑 0 到逻辑 1 跳变瞬间前后的一个很短时间内，$SR = 10$ 或 $SR = 01$. 为了方便讨论，假定 $SR = 10$，即 $\overline{S} = 0$，$\overline{R} = 1$.

当 CP 从逻辑 0 跳变到逻辑 1 以后，由于逻辑门 G_3、G_4 被打开，G_1、G_2 也处于打开状态，所以激励输入 S、R 被传递到 G_3、G_4 的输出端. 具体地说，G_3 的输出为逻辑 0，G_4 的输出为逻辑 1. 这个输出同时成为 G_5、G_6 构成的基本 RS 锁存器的激励，触发器的最后输出状态为 $Q = 1$，$\overline{Q} = 0$.

另一方面，G_3 的输出此时变为逻辑 0，并通过维持线反馈到 G_1 的输入端. 所以即使在随后 G_1 的激励输入从 $\overline{S} = 0$ 变为 $\overline{S} = 1$，G_3 的输出也不会改变. 这就是维持线名称的由来.

由于 G_3 的输出得到维持保持不变(在 $CP = 1$ 期间始终为 0)，通过 G_3 输出到 G_4 输入的阻塞线，使得 G_4 始终处于封锁状态(输出为逻辑 1). 所以不管输入 R 以后如何改变，都不再影响 G_4 的输出，保证了 G_4 的输出在 $CP = 1$ 期间始终为 1. 这样就避免了 G_5、G_6 构成的基本 RS 锁存器的激励端出现都为逻辑 0 的禁止状态. 阻塞线的作用由此可见.

如果在 CP 上升沿瞬间的激励输入为 $SR = 01$，也可以得到类似的结论，这时起维持-阻塞作用的将换成另外一对维持-阻塞线.

综上所述，当在 CP 上升沿瞬间的激励输入为 $SR = 10$ 或 $SR = 01$ 时，触发器最后的输出只取决于 CP 从逻辑 0 到逻辑 1 跳变瞬间的输入情况. 所以它的触发边沿是 CP 信号的上升沿.

第 2 种情况，在 CP 从逻辑 0 到逻辑 1 跳变前后瞬间，$SR = 00$，即 $\overline{S} = 1$，$\overline{R} = 1$.

这种情况下，在 CP 上跳变之前 ($CP = 0$) 两个维持线均为逻辑 1，所以 G_1 和 G_2 的输出都为逻辑 0. 若 CP 跳变到逻辑 1，G_3 和 G_4 的输出仍然都是逻辑 1，触发器的输出状态不变.但是若 $CP=1$ 期间激励输入 S 或 R 之中任意一个发生变化,触发器将立即根据这个激励输入产生相应的输出,这种情况有可能导致触发器的状态发生变化.例如触发器原来的输出为 $Q=1$,若在 CP 的上升沿 $SR=00$,则在上升沿以后触发器的输出并不发生变化,但若在随后的 $CP=1$ 期间,SR 变为 01,即使只有一瞬间,输出也将立即变为 $Q=0$.而且由于维持-阻塞作用,此状态将一直保持到下一个 CP 脉冲的上升沿.

第 3 种情况,在 CP 从逻辑 0 到逻辑 1 跳变前后瞬间,$SR=11$,即 $\overline{S}=0$,$\overline{R}=0$.

这种情况下,在 CP 上跳变之前,G_1、G_2 的输出都是逻辑 1,两条阻塞线也都为逻辑 1,所以一旦 $CP=1$,G_3、G_4 的输出将同时变为逻辑 0.但是由于它们的输出相互阻塞,最后只能有一个为 1、另一个为 0,实际上形成竞争现象,触发器的最后状态无法预知.

综合上述 3 种情况,可以知道维持-阻塞型 RS 触发器的动作特性如下:

若在 CP 脉冲上升沿前后一个很短的时间,$SR=01$ 或 10,触发器的输出状态将在 CP 脉冲的上升沿按照这个激励输入而改变,并在整个 CP 脉冲周期内得到保持,不会因为激励输入的改变而改变.

若在 CP 脉冲上升沿前后一个很短的时间,$SR=00$ 或 11,触发器的输出状态可能在 $CP=1$ 期间改变,也可能不确定.

由上述讨论可知,维持-阻塞结构的 RS 触发器并没有达到完全理想的效果,事实上这种触发器并不实用.但如果能够保证 S 和 R 永远互补,维持-阻塞触发器仍不失为一个很好的边沿触发器.保证 S 和 R 永远互补的办法,就是将 RS 触发器转换为 D 触发器.图 3-14 显示了一个典型的维持-阻塞型 D 触发器的结构和它的逻辑图形符号.

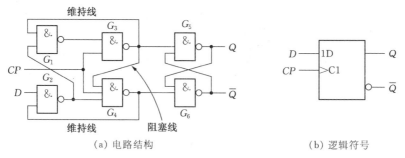

图 3-14 维持-阻塞结构的 D 触发器

在图 3-14 表示的结构中,由于将 G_1 的输入接到 G_2 的输出端,所以 G_1 的输入(即原来的 $\overline{S}$ 输入)永远是 D 的逻辑非. 另外,由于只要阻塞了 D 的变化,也就同时阻塞了它的"非"的变化,所以省略了一条阻塞线. 可以证明,此触发器的输出状态只取决于 CP 信号上升沿时刻的 D 的状态.

在图 3-14 的逻辑图形符号中,用一个在输入端的小三角记号,表示该输入端的内部逻辑只在信号的上升沿有效(内部逻辑为 1),而在其他时刻均无效(内部逻辑为 0).

考虑到使用的方便,在实际的维持-阻塞型触发器中一般还设有直接置位端和直接复位端(也称异步置位和异步复位). 通过这些输入可以将触发器进行预置(即在整个系统开始运行之前设置触发器的初始状态)或强行复位. 图 3-15 就是一个实际的维持-阻塞 D 触发器. 其中 S_D 和 R_D 就是直接置位信号和直接复位信号,其工作原理读者可以自行分析.

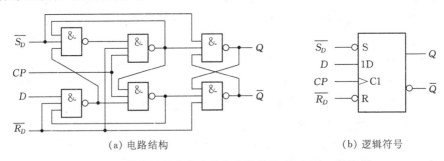

(a) 电路结构　　　　　　　　(b) 逻辑符号

图 3-15　带直接置位和直接复位的维持-阻塞型 D 触发器

维持-阻塞型的 JK 触发器不能直接用维持-阻塞型 RS 触发器转换,原因是维持-阻塞型 RS 触发器的功能并不完善. 但是可以通过将 D 触发器转换为 JK 触发器的办法来构成维持-阻塞型 JK 触发器. 图 3-16 就是一个实际的维持-阻塞型 JK 触发器.

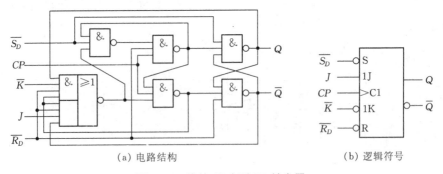

(a) 电路结构　　　　　　　　(b) 逻辑符号

图 3-16　维持-阻塞型 JK 触发器

比较图 3-15 和图 3-16,可以发现将维持-阻塞型 D 触发器转换为维持-阻塞型 JK 触发器的过程,实际上就是例 3-2 中的转换过程.

二、基于门电路延时特性构成的边沿触发器

在上一章讨论过组合电路中的冒险问题. 当一个信号经过两个延时不一样的途径到达同一个门电路的输入端时,该门电路的输出在对应于输入信号的特定边沿上将会产生一个称为冒险的毛刺信号. 在组合电路中,冒险是一种错误的输出. 但是在构成边沿触发器时,恰恰可以利用这种基于门电路延时特性的脉冲输出作为 CP 的边沿检测信号,并利用这个特性构成边沿触发器. 一个实际的基于门电路延时特性构成的边沿触发器的例子见图 3-17.

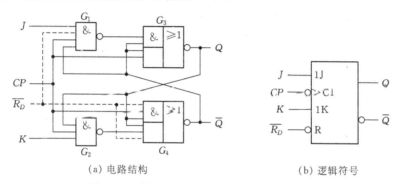

(a) 电路结构　　　　　　　　(b) 逻辑符号

图 3-17　基于门电路延时特性的 JK 触发器

图 3-17 是一个带直接复位输入的 JK 触发器. 为了讨论方便,以下假设直接复位端的输入为逻辑 1,这样可以忽略图中的虚线部分.

G_3、G_4 是两个"与或非"门,它们的输出交叉反馈到输入端,构成一个受 CP 信号和 G_1、G_2 输出信号共同控制的基本 RS 触发器. 其中,G_3 受 CP 和 G_1 输出的控制,只要 CP 和 G_1 输出这两个控制信号中任意一个为逻辑 1,G_3 就开通. G_4 受 CP 和 G_2 输出的控制,只要 CP 和 G_2 输出这两个控制信号中任意一个为逻辑 1,G_4 就开通. 如果 G_3、G_4 都开通,RS 触发器的反馈成立,输出将得到保持.

当 $CP=1$ 时,G_3、G_4 都开通;当 $CP=0$ 时,G_1、G_2 均被封锁,输出为逻辑 1,所以 G_3、G_4 仍然开通. 因此,无论 CP 为逻辑 0 还是逻辑 1,只要 CP 处于静态,G_3、G_4 构成的基本 RS 触发器都能够保持原有状态不变.

但是在 CP 从逻辑 1 跳变到逻辑 0 的动态过程瞬间(下降沿),情况有所不同.

在 CP 等于逻辑 1 期间,G_1、G_2 都开通,它们的输出分别是

$$G_1 \text{ 的输出} = \overline{JQ}, \quad G_2 \text{ 的输出} = \overline{KQ} \tag{3.5}$$

在 CP 下降沿之后的瞬间,由于存在门电路延时,G_1 和 G_2 的输出能够将 CP 下降沿之前瞬间的输出逻辑电平保持一个短暂的时刻不变. 但由于此时 CP 已经

等于逻辑 0, G_3、G_4 中直接连到 CP 端的与门输出逻辑 0, 所以基本 RS 触发器的状态将取决于在这个短暂的时刻中 G_1 和 G_2 的输出. 由于 G_1 的输出就是 G_3、G_4 构成的基本 RS 触发器的 $\overline{S}$, G_2 的输出就是基本 RS 触发器的 $\overline{R}$, 所以将上述 (3.5) 式代入基本 RS 触发器的状态方程, 有

$$Q_{n+1} = S + \overline{R}Q_n = J\overline{Q_n} + \overline{K}Q_nQ_n = J\overline{Q_n} + \overline{K}Q_n \quad (3.6)$$

这正好是 JK 触发器的状态方程. 所以在 CP 脉冲的下降沿, 基本 RS 触发器的输出将依照 JK 触发器的状态方程进行转换. 只要 G_1、G_2 的输出状态能够保持到 G_3、G_4 构成的 RS 触发器翻转(即 G_1、G_2 的延时大于等于 G_3、G_4 的延时), 这个转换过程将得以完成.

那么这个触发器是否会发生空翻现象呢? 答案是不可能. 空翻现象的发生是因为输出 Q_{n+1} 反馈到 RS 触发器的输入引起的. 在本触发器中, 输出状态的转换过程是在 CP 从逻辑 1 到逻辑 0 跳变以后的一个短时间内发生的, 在基本 RS 触发器发生翻转之前 CP 已经是逻辑 0, 所以 Q_{n+1}(以及它的"非")信号无法通过 G_1、G_2 反馈到 RS 触发器的输入, 切断了发生空翻的反馈途径.

在 CP 脉冲的上升沿, 由于 G_3、G_4 直接连到 CP 端的与门首先开通, 所以触发器的状态不会改变.

关于图 3-17 中的直接复位输入, 请读者自行分析.

综上所述, 基于门电路延时特性构成的边沿触发器在 CP 脉冲的下降沿对激励输入信号进行采样, 并按照触发器的状态方程进行状态转换. 这个过程是在一个极短的时间(门电路的延时)内完成的. 在 CP 脉冲的其他时间, 激励输入对触发器的状态没有影响. 在图 3-17 的逻辑图形符号中, CP 输入端的圆圈表示了这个触发器是在下降沿触发的.

三、主从结构的边沿触发器

现在再来仔细研究 3.2.2 节的主从触发器. 造成主从触发器抗干扰能力低下的原因, 在于主从触发器中的主触发器在 $CP=1$ 期间始终处于开通状态, 并且一旦干扰输入, 在主触发器中能够将干扰的影响记录下来, 最终影响了触发器的最后输出状态.

如果在主从结构的触发器中, 主触发器始终"跟随"激励输入的变化, 但是不记录(即不会发生触发器触发), 那么可能出现以下的工作过程:

(1) 在主触发器开通期间, 虽然主触发器的输出可能在变化, 但由于从触发器此时封锁, 不会影响触发器的最后输出.

(2) 在主触发器由开通向封锁转换的瞬间,主触发器可以将转换前瞬间的输出(反映了转换前瞬间的激励输入)传递给从触发器,使得从触发器的输出同转换前瞬间的输入相关.

(3) 在主触发器封锁期间,输入对从触发器的输出没有影响,使得从触发器的输出保持转换后的状态.

以上结构的主从触发器,可以避免在主触发器开通期间输入的干扰,实际上完成边沿触发器的功能.其中关键就是主触发器只能反映输入的变化,不能记录输入的变化.能够完成上述功能的主触发器实际上是一个 D 型透明锁存器.

由于 CMOS 传输门结构可以很方便地构成满足上述要求的 D 型透明锁存器,所以大部分 CMOS 结构的触发器是主从结构的边沿触发器.为了讨论 CMOS 结构的触发器,下面先简单介绍 CMOS 传输门.

CMOS 传输门是一种利用 P 沟道 MOS 管和 N 沟道 MOS 管互补特性实现的开关.它具有两个控制端 G 和 $\overline{G}$,输入端 X 和输出端 Y.其逻辑符号如图 3-18 所示.

通常加在 CMOS 传输门两个控制端 G 和 $\overline{G}$ 的逻辑电平总是相反的.当控制端 $G=1$、$\overline{G}=0$ 时,CMOS 传输门处于导通状态,输入/输出端 X 和 Y 之间具有很小的导通内阻(几十欧到几百欧),只要 X 端或 Y 端的电压处于 $0 \sim V_{DD}$ 之间,

图 3-18 CMOS 传输门的逻辑图形符号

那么 X 端的电压信号可以传输到 Y 端,同样 Y 端的电压信号可以传输到 X 端,所以 CMOS 传输门是一种双向器件.反之,当控制端的电平为 $G=0$、$\overline{G}=1$ 时,传输门截止,X 和 Y 之间具有极大的内阻,所以 CMOS 传输门也可以作为一种三态器件.总之,CMOS 传输门的特性接近于一个开关,可以用控制端 G 来控制开关的通断,所以也常常把它称为模拟开关.图 3-18 的逻辑符号也正是将它画成一个开关.

CMOS 传输门是 CMOS 逻辑电路中的一个重要部件,图 3-19 表示了用 CMOS 传输门构成的主从结构边沿 D 触发器的原理结构.

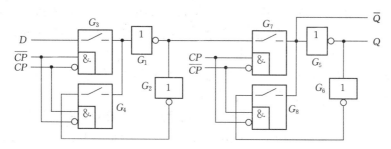

图 3-19 基于 CMOS 传输门的主从结构边沿触发器

在图 3-19 中，G_1、G_2 和 G_3、G_4 组成主触发器，G_5、G_6 和 G_7、G_8 组成从触发器。两个触发器的结构相同，均由两个传输门和两个反相器构成。每个触发器中两个传输门的控制端相互反相连接到 CP，无论 CP 为逻辑 0 还是逻辑 1，总有一个传输门导通而另一个传输门截止。每个触发器中的两个反相器通过一个传输门头尾相连，当该传输门导通时，两个反相器构成正反馈，可以存储一个逻辑状态。主触发器和从触发器的区别是传输门控制端 CP 的连接极性恰恰相反。

当 $CP=0$ 时，对于主触发器来说，G_3 导通，G_4 截止，G_2 和 G_1 之间的联系被切断，G_1 的输出是输入 D 的逻辑非。或者说，此时的主触发器处于输出"跟随"输入的状态。对于从触发器来说，G_7 截止，G_8 导通，由 G_5 和 G_6 构成的正反馈使得输出 Q 保持在原有的状态。或者说，此时的从触发器处于"记忆"状态。

当 $CP=1$ 时，对于主触发器来说，G_3 截止，G_4 导通，G_2 和 G_1 之间构成正反馈，处于"记忆"状态。而从触发器此时处于"跟随"状态。

当 CP 从逻辑 0 到逻辑 1 的跳变瞬间，由于 CMOS 电路输入端分布电容的电荷存储作用，G_1 的输出能够将 CP 跳变瞬间前的状态保持一个短暂的时刻。所以在 $CP=1$ 以后，主触发器进入"记忆"状态，G_2 和 G_1 存储的状态取决于 CP 跳变瞬间前一时刻输入 D 的状态，G_1 的输出是在 CP 跳变瞬间前输入 D 的逻辑非。对于从触发器来说，在 $CP=1$ 以后处于"跟随"状态，G_5 输出的是 G_1 输出的非，也就是 CP 跳变瞬间前输入 D 的状态。也就是说，整个触发器锁存的是 CP 上升沿时刻输入 D 的值。

在 CP 从 1 跳变到 0 的过程中，虽然主触发器进入"跟随"状态，但是从触发器进入"记忆"状态。同样由于 CMOS 电路输入端分布电容的作用，G_5 的输出将保持原有的状态。即触发器的输出不变。

综上所述，此触发器的状态改变只发生在 CP 脉冲的上升沿，并且输出状态只同 CP 脉冲上升沿瞬间的输入 D 相关。这是一个上升沿触发的边沿触发器。

同前面讨论过的其他触发器一样，实际的集成电路触发器往往还带有直接置位和直接复位输入。图 3-20 显示了一个实际的 CMOS 主从结构的边沿触发器，其中用虚线表示了直接置位和直接复位输入。由于直接置位和直接复位输入的需要，将图 3-19 中的非门换成了与非门。

当 $S_D=0$、$R_D=0$ 时，加在所有与非门上的直接置位或直接复位信号都是逻辑 1，对触发器的功能没有任何影响。

当 $S_D=1$、$R_D=0$ 时，若 $CP=0$，则从触发器的 RS 触发器处于反馈导通状态，S_D 信号经过反相后直接将该从触发器置为逻辑 1（$Q=1$）。若 $CP=1$，则主触发器的 RS 触发器处于反馈导通状态，S_D 信号经过反向后将主触发器置为逻辑 0，而从触发器处于将主触发器的输出反相传输到 Q 端输出,也得到 $Q=1$.

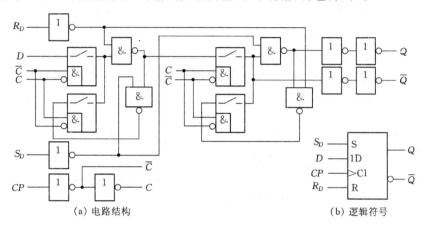

(a) 电路结构   (b) 逻辑符号

图 3-20 CMOS 边沿触发 D 触发器

当 $S_D=0$、$R_D=1$ 时,可以得到类似结果. 所以 S_D 和 R_D 完成了直接(异步)置位和复位功能. 同样也可以证明,输入 $S_D=1$ 且 $R_D=1$ 是禁止的.

同样,根据 D 触发器和 JK 触发器的相互转换关系,可以构成主从结构边沿触发 JK 触发器. 图 3-21 就是一个实际的主从结构边沿触发 JK 触发器.

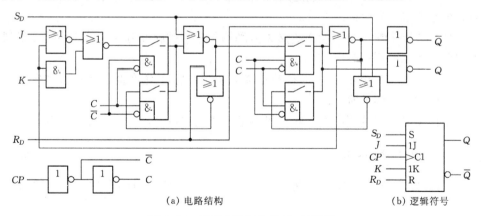

(a) 电路结构   (b) 逻辑符号

图 3-21 CMOS 边沿触发 JK 触发器

3.2.4 边沿触发器的动态特性

前面讨论了 3 种不同形式的边沿触发器,它们的共同特点是电路状态改变(触发)发生在时钟脉冲的某个边沿上,触发器的次态只与在这个边沿前后很短一个时刻的激励输入有关.

为了保证触发器能够正常工作,有必要仔细研究边沿触发器在状态改变时的时序关系,即边沿触发器的动态特性.

图 3-22 画出了 D 型边沿触发器的一个典型时钟周期的时序.该触发器的有效时钟边沿是上升沿.图中标示了几个重要的时间关系.对于 JK 触发器,也有类似的时间关系.

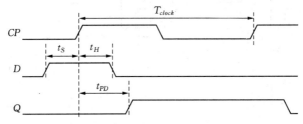

图 3-22 D 型边沿触发器的时序关系

(1) 时钟周期 T_{clock}　本参数定义为能够使触发器正常工作的时钟脉冲周期.通常以它的倒数(即时钟频率 f_{clock})来描述一个触发器的动态特性.每种触发器的 f_{clock} 都有一个上限,称为该触发器的最大时钟频率.

(2) 建立时间 t_S　本参数定义为激励输入在时钟脉冲有效边沿之前具有稳定逻辑电平所必需的时间.

(3) 保持时间 t_H　本参数定义为激励输入在时钟脉冲有效边沿之后需要继续保持稳定逻辑电平的时间.

(4) 传输延迟时间 t_{PD}　本参数定义为从时钟脉冲有效边沿之后到触发器输出达到稳定所需要的时间.

下面将分别讨论不同类型的边沿触发器的动态特性.

一、维持-阻塞型

维持-阻塞型 D 触发器的电路见图 3-14,这个触发器的有效 CP 边沿是上升沿.

从该图可以看到,时钟信号直接加在门 G_3、G_4 的输入端,而激励信号 D 要经过门 G_2 才能加在门 G_4 的输入端,要经过门 G_2、G_1 才能加到门 G_3 的输入端,所以激励信号至少要比 CP 信号提前两个门电路的延时才能保证 CP 脉冲到来时已经稳定,即建立时间至少要 2 个门电路的延时时间.

当 CP 脉冲到来以后,门 G_3、G_4 的输出在一个门电路延时时间以后改变,它们的输出将反馈到门 G_1、G_2(维持).一旦输入得到维持,激励信号就可以撤销,但在这之前必须保持.所以,保持时间至少为 1 个门电路的延时时间.

当 CP 脉冲到来以后,G_3、G_4 的输入经过 1 个门延时后送到 G_5、G_6 输入端,再经过 1 个门延时后才能输出,所以传输延时至少需要 2 个门电路的延时时间.

为了保证 $G_3 \sim G_6$ 组成的同步 RS 触发器稳定翻转,CP 高电平的维持时间必须大于等于触发器的传输延时,即 2 个门电路的延时;而在 CP 为低电平期间,必须等待激励输入稳定才能进行下一次触发,即大于等于触发器的建立时间.所以,CP 脉冲的周期至少需要 4 个门电路的延时.

二、门电路延时型

门电路延时型 JK 触发器的电路见图 3-17,这个触发器的有效 CP 边沿是下降沿.

当 CP 从逻辑 1 变为逻辑 0 时,G_1、G_2 以及 G_3、G_4 中的相应与门均被封锁.由于实际的 RS 触发器输入是在 G_3、G_4 中的或非门,所以,激励输入 JK 必须比 CP 的有效脉冲边沿提前 2 个门电路的延时时间,即触发器的建立时间至少为 2 个门电路延时.

当 CP 变为逻辑 0 后,G_1、G_2 已经封锁,触发器的翻转是依靠门电路的延时完成的,与激励输入已经无关,所以触发器的保持时间可以为 0.

当 CP 下降沿到来以后,G_3、G_4 的输入经过 1 个与或非门延时后输出,所以传输延时至少需要 1 个与或非门电路的延时时间.

CP 脉冲的周期应该是建立时间和传输延时之和,即至少为 3 个门电路的延时时间.

三、主从型

主从型 D 触发器的电路见图 3-19,这个触发器的有效 CP 边沿是上升沿.

在 CP = 0 期间,主触发器处于"跟随"状态.在 CP 上升沿到达 G_7 时,激励输入必须在 G_7 输入端保持稳定.所以,激励输入的建立时间应该是 G_3 和 G_1 延时时间之和.

当 CP 上升沿到达以后,主触发器变为"记忆"状态,由于状态的记忆是依靠 CMOS 门电路输入端的分布电容实现的,所以激励输入的保持时间可以为 0.

当 CP 上升沿到达以后,从触发器变为"跟随"状态,激励输入需要经过 G_7、G_5 才能到达输出,所以传输延时至少需要这两个门的延时时间.若在触发器的输出端接有缓冲器(如图 3-20 或图 3-21),则传输延时更长.

无论 CP = 0 或 CP = 1,都有一个触发器进入"记忆"状态.触发器进入"记忆"

状态需要 CP 保持到正反馈建立起来，即一个反相器和一个传输门的延时时间．所以时钟脉冲的最短周期应该大于 2 个非门的延时加上 2 个传输门的延时．

以上分析是建立在几个代表电路基础上的．在实际集成电路中，组成触发器的门电路的延时可能不一致，电路结构也可能同上述分析所用的电路结构不完全相同，所以实际的时间关系可能会与上述分析有一定的差异．表 3-10 列出了一些典型的边沿触发器的动态参数．需要指出的是，该表的参数是一些典型值．由于各生产厂商的触发器的结构、制造工艺等都有所不同，并且还在不断地改进，所以在具体使用触发器时，还应该以实际使用的触发器的数据手册上载明的参数为准．

表 3-10 边沿触发器的典型动态特性参数

触发器结构	系列	最高时钟频率	建立时间	保持时间	传输延时
维持-阻塞	74	25 MHz	20 ns	5 ns	17 ns
	LS	25 MHz	20 ns	5 ns	19 ns
	S	75 MHz	3 ns	2 ns	6 ns
	F	100 MHz	2 ns	1 ns	7 ns
门电路延时	74	30 MHz	20 ns	0	20 ns
	LS	30 MHz	20 ns	0	15 ns
	S	80 MHz	3 ns	0	4.5 ns
	F	110 MHz	4 ns	0	5 ns
主从边沿	4000	4 MHz	20 ns	20 ns	175 ns
	HC	25 MHz	25 ns	0	44 ns
	HCT	22 MHz	15 ns	0	35 ns
	AC	160 MHz	4 ns	0.5 ns	6 ns
	ACT	210 MHz	3 ns	0.5 ns	6 ns

§3.3 触发器的基本应用

触发器是时序电路的一个基本部件，关于触发器的综合运用将在后面的章节中详细展开．本章仅讨论一些直接运用触发器构成的结构比较简单的应用电路．

3.3.1 简单计数器

计数是数字电路的一个基本功能．一个计数器通常由一组触发器构成，该组触发器按照预先给定的顺序改变其状态.如果所有触发器的状态改变是在同一个时钟脉冲的同一个有效边沿上发生的,则称该计数器为同步计数器(Synchronous Counter).如果计数器中的每个触发器的时钟部分或全部不同,则称该计数器为异步计数器(Asynchronous Counter).一般意义的同步计数器和异步计数器的分析和设计,将在同步时序电路和异步时序电路这两章中分别进行,本节将研究几种特殊类型的计数器.

一、二进制计数器

在异步计数器中,有一类计数器的结构相当简单.图 3-23 表示了这种计数器的典型电路.这类计数器实际上由 n 个 T′ 触发器构成.第一个 T′ 触发器的 C 端连接系统时钟,其后每一级触发器都将前级触发器的输出(或输出的非)作为本级的时钟输入.图 3-23 中的 T′ 触发器是由 D 触发器构成的,若用 JK 触发器构成 T′ 触发器,只要将 JK 触发器的 JK 输入端全部接到逻辑 1 即可.

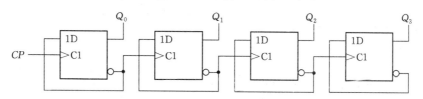

图 3-23　二进制异步加法计数器

为了分析这个计数器的动作过程,在图 3-24 中画出它的输出时序图.从中可以看出:在系统时钟 CP 的作用下,第 1 个 T′ 触发器不断翻转.它的输出是第 2 个 T′ 触发器的时钟,所以第 2 个 T′ 触发器也不断翻转,而翻转的周期比第 1 个触发器长了一倍.依次类推,每个触发器的翻转周期都比它的前一个触发器的周期长一倍.需要注意到由于在图 3-23 中 D 触发器的有效时钟边沿是上升沿,又是将前级输出的"非"作为后级的时钟,所以在前级输出的下降沿引起后级触发器的翻转.

如果将所有触发器的输出看成一个二进制数,第一个触发器的 Q 输出作为二进制数的最低位 D_0,第 2 个触发器的 Q 输出作为二进制数的第 2 位 D_1,等等,那么所有输出正好构成一个二进制加法计数器.在每个系统时钟作用下,计数器的输出加 1.在图 3-24 中,已经将 CP 脉冲的计数以及开始时两个输出的二进制数标示在输出波形上.

由于这种计数器每级输出的频率都是前一级的二分之一,所以也将这个电路称为脉冲分频电路,n 级触发器可以构成 2^n 分频电路.例如 CP 信号为 8 MHz,通过 3 个触发器后,Q_2 的输出为 1 MHz,即 CP 信号的 8 分频;通过 4 个触发器后,

Q_3 的输出为 0.5 MHz, 即 CP 信号的 16 分频. 因为 2^n 分频相当于将 CP 脉冲的频率除以 2^n, 所以也称之为除法计数器(Divider Counter).

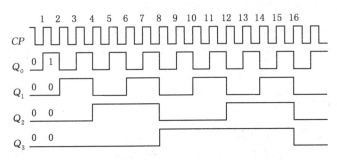

图 3-24 二进制异步加法计数器的输出波形

如果在图 3-23 中,将前级输出的 Q 端作为后级的时钟,则引起后级触发器翻转的前级输出将变成上升沿. 这样的计数器的结构及其时序图见图 3-25. 可以看出,若将此计数器所有触发器的输出看成一个二进制数,它的计数规律是每个 CP 计数值减 1, 所以是减法计数器.

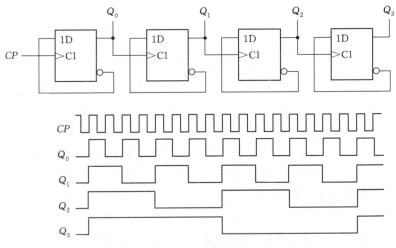

图 3-25 二进制异步减法计数器及其输出波形

根据同样的分析,可以证明:若前级的输出作为后级的时钟、后级的时钟是下降沿有效,则计数器进行的是加法计数;反之,若前级输出的"非"作为后级的时钟、后级的时钟是下降沿有效,则计数器进行的是减法计数. 在用触发器构成异步计数器时,需要注意这个连接关系.

仔细研究二进制异步计数器的时钟关系,还必须注意到以下问题:由于这种计数器的时钟信号是前后级串联的,所以到达每个触发器的时钟信号不是同时的.这也是为何将它称为异步计数器的原因.也有将它称为行波计数器(Ripple Counter)的.因为每个触发器的时钟不同步,结果造成在 CP 有效边沿以后的一段时刻内可能产生冒险现象.以图 3-23 加法计数器为例来研究输出转换时的时序问题.这个计数器的输出波形见图 3-24,在图中只是画出了触发器输出的变化规律,并没有很仔细地研究其中的时序关系.下面将研究其中一个 CP 脉冲的实际输出转换规律.

举例研究计数从 7 到 8 的转换.在计数 7,Q_3、Q_2、Q_1、Q_0 的输出为 0111.当下一个 CP 有效脉冲边沿到达第 1 个触发器后,第 1 个触发器翻转,输出 $Q_0 = 0$. 这个输出的"非"成为第 2 个触发器的时钟,但要经过第 2 个触发器的传输延时后,第 2 个触发器的输出才能发生变化,所以实际上在等待第 2 个触发器输出之前,计数器的输出为 0110,这个输出状态要持续一个触发器的传输延时时间.依次类推,实际上计数器的输出将按照以下顺序发生改变：

$$0111 \rightarrow 0110 \rightarrow 0100 \rightarrow 0000 \rightarrow 1000$$

这是一个不稳定的暂态过程,整个过程要持续 4 个触发器的传输延时时间,才能达到最后的稳定.显然,触发器的个数越多,这个不稳定暂态过程所持续的时间越长.这种不稳定现象发生在状态转换过程中,所以是一种动态冒险.

若将上述电路作为分频器使用,因为分频后的输出是从某个触发器的输出端单独引出的,所以上述动态冒险并不会引起太大的问题.但是作为计数器使用时,由于在计数中出现了虚假的计数值,可能会造成极其严重的后果.例如将此输出译码后作为系统中某种事件的触发信号,则有可能由于不稳定的暂态过程造成错误的输出,从而构成重大失误.只有在这些虚假的计数值不会引起系统误动作时,才能够忽略上述问题.例如将上述计数器的输出译码后用于数字显示,由于冒险输出只会持续若干个触发器的延时时间(若干 ns),人眼根本无法觉察它的存在,所以可以不必关心这个问题.

总之,这个结构的计数器具有最简单的电路结构,但也存在计数过程中的动态冒险问题,在应用时必须加以注意.要解决这个问题必须采取同步计数器的办法,这将在同步时序电路一章内进行讨论.

二、环型计数器

下面研究另一种需要计数器的情况.在许多场合,数字系统需要一个顺序改变的驱动信号.例如在工业控制方面,某自动化设备按照工序的安排,需要依次执行从1到7号动作,需要7个驱动信号作为这些动作的启动信号.在每个动作结束后,会产生一个有效的 CP 脉冲信号.在最后一个动作执行完毕后,系统回到0号状态,等待下一次循环.这种控制方式称为顺序控制方式.

这个问题显然涉及到某种计数器.上一小节讨论的二进制计数器由于存在动态冒险问题,一般不适用于这种场合.例如用3个触发器构成一个异步加法计数器,然后将它的输出 $Q_2 \sim Q_0$ 送到一个 3-8 译码器的输入端,在 3-8 译码器的输出端 $Y_0 \sim Y_7$ 可以得到 $0 \sim 7$ 这8个状态输出.但是在计数器计数过程中的虚假计数,例如在从 001 状态向 010 状态改变时,中间会产生 000 的暂态.这个暂态将使得译码器的 Y_0 产生毛刺输出,结果有可能使得系统回到初始状态.所以说它不适合这种应用.

类似这种需要产生一组顺序改变的驱动信号的情况,最合适的计数器是环型计数器(Ring Counter).图 3-26 显示了一个环型计数器的例子.该计数器由5个触发器构成,共有5个输出 $Q_4 \sim Q_0$.

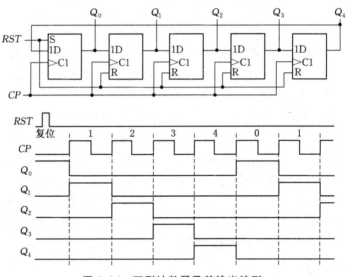

图 3-26 环型计数器及其输出波形

计数器的工作过程是:当系统启动(比如开启电源)时,由系统复位信号 RST 将第1个触发器的输出预置为逻辑1,其余触发器的输出预置为逻辑0.所以这个计数器的复位状态是 $Q_4Q_3Q_2Q_1Q_0 = 00001$.当系统启动以后,RST 信号不再出现.

当复位过程结束以后,随着 CP 脉冲的到来,计数器的输出状态将发生变化.当一个 CP 脉冲到来时,由于第1个触发器的输出是第2个触发器的激励输入,所以第 2 个触发器的次态将是第一个触发器的现态. 同样, 第 3 个触发器的次态是第 2 个触发器的现态, 第 4 个触发器的次态是第 3 个触发器的现态, 等等. 最后一个触发器的输出将循环回来成为第 1 个触发器的激励, 所以第 1 个触发器的次态是最后一个触发器的现态. 整个输出波形见图 3-26.

显然, 这个输出仿佛是将第 1 个触发器的输出在 CP 脉冲的作用下不断移位. 下一小节将知道, 触发器的这种结构被称为移位寄存器结构, 所以这种计数器也称为移位寄存器型计数器.

对于本小节开始提出的问题, 用这个计数器显然非常合适. 计数器每次只有 1 位输出逻辑 1, 正好用于驱动信号输出. 而且, 由于整个计数器采用同一个时钟信号, 这是一个同步计数器, 所有的输出都是同时进行的, 它们不存在如同上一个异步计数器所存在的动态冒险问题.

这种计数器的唯一不足之处是计数器状态的利用率很低, 用 n 个触发器只能产生 n 个有效输出状态, 大大低于可能产生的状态数 2^n.

另一种形式的环型计数器稍稍弥补了这一不足, 那就是扭环型计数器 (Twisted-ring Counter), 也称约翰逊计数器 (Johnson Counter). 扭环型计数器的结构见图 3-27.

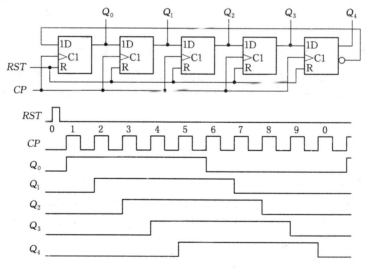

图 3-27　扭环型计数器及其输出波形

对比图 3-26 和图 3-27 可以看出, 扭环型计数器和环型计数器的主要差别就是最后一个触发器到第 1 个触发器的反馈信号. 环型计数器从最后一个计数器的输出 Q 取反馈信号, 而扭环型计数器取的反馈信号是最后一个触发器输出的

"非". 由于这一改变, 整个计数器的输出状态数增加了一倍, 输出波形也发生了很大变化, 图 3-27 同时给出了扭环型计数器的输出波形.

关于扭环型计数器的工作原理, 留给读者自己去分析. 在这里只想指出一点: 在 CP 脉冲作用下, 扭环型计数器的输出每次只变化 1 位, 所以这种计数器的输出在进行译码时不会产生竞争-冒险现象.

3.3.2 寄存器

寄存器(Register)由一组触发器构成, 主要功能是存储数据. 一个触发器可以存储 1 位二进制数, 要存储 n 位二进制数需要 n 个触发器.

对于一个寄存器来说, 仅仅只有触发器来存储二进制数是不够的, 还应该考虑怎样将数据存入触发器(输入)和怎样从触发器中将数据读出来(输出). 有两种输入或输出的模式可以选择. 第 1 种模式是将 n 位二进制数一次存入寄存器或从寄存器读出, 这种方式称为并行方式. 第 2 种模式是将 n 位二进制数以每次 1 位、分成 n 次存入寄存器或从寄存器读出, 这种方式称为串行方式.

并行方式只需要一个时钟脉冲即可完成数据操作, 但是需要 n 根输入和输出数据线. 串行方式只需要一根输入和输出数据线, 但要使用 n 个时钟脉冲完成输入或输出操作.

将两种模式加以交叉, 可以得到 4 种不同模式的寄存器: 并行输入/并行输出、串行输入/串行输出、并行输入/串行输出和串行输入/串行输出. 通常, 在寄存器中所有触发器的时钟都来自同一个时钟输入, 所以它们都是一种同步结构的时序电路.

一、并行输入/并行输出寄存器

图 3-28 表示了 n 位并行输入/并行输出寄存器(Parallel Input/Output Register)的结构. 该寄存器由 n 个 D 触发器构成, 触发器的激励输入是这个寄存器的数据输入端, 记为 DI_0 到 DI_{n-1}; 触发器的输出是这个寄存器的数据输出端, 记为 DO_0 到 DO_{n-1}. 所有触发器的时钟输入都连接在一起, 该时钟输入是寄存器的"写数据"信号. 当要向寄存器输入数据时, 首先将要存储的数据在数据输入端 DI_0 到 DI_{n-1} 保持稳定, 然后产生一个有效的 CP 脉冲, 数据就被存储在寄存器内了.

当数据被存储在寄存器内以后, 在寄存器的数据输出端 DO_0 到 DO_{n-1} 就呈现了寄存器内部的数据, 随时可以被其他设备读取.

图 3-28 表示的寄存器由边沿触发器构成. 其实由于寄存器的功能是存储二进

制数据,所以任何类型的触发器(包括锁存器),只要将它们转换成 D 触发器(或 D 锁存器),就都可以构成寄存器.但是不同的触发器结构有不同的动作特点,对输入数据和时钟脉冲的相互配合有不同的要求.例如用 D 锁存器构成寄存器,必须考虑在 $CP = 1$ 期间,输出对于输入是透明的,所以在 $CP = 1$ 期间必须保持输入数据的稳定.在使用寄存器时,必须弄清楚寄存器的内部结构.

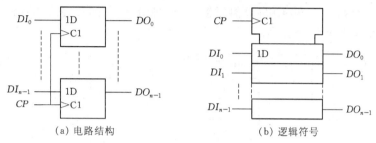

图 3-28 并行输入/并行输出寄存器的电路结构和逻辑符号

在实际的集成电路并行输入/并行输出寄存器中,通常还带有异步清零信号.图 3-29 是这种寄存器的一个典型.

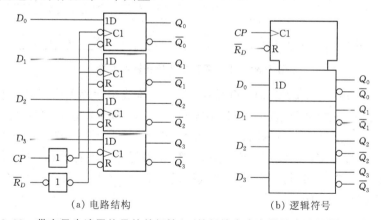

图 3-29 带有异步清零信号的并行输入/并行输出寄存器的电路结构和逻辑符号

图 3-29 显示的寄存器的图形符号是根据国家标准绘制的.符号中下方是 4 个 D 触发器组成的逻辑元件阵列,上方是公共控制框,所有逻辑元件阵列中的公共控制信号统一标示在这个框内.

二、串行输入/串行输出寄存器(移位寄存器)

图 3-30 表示了 n 位串行输入/串行输出寄存器(Serial Input/Output Register)的原理结构.串行输入/串行输出寄存器接收输入数据流时,每一个时钟脉冲

只接收1位数据. 数据同时在寄存器的各个触发器之间移动, 其方向取决于内部输入输出的连接方式. 串行输出可以从寄存器末端的触发器中获得. 图 3-30 显示了数据在寄存器内部迁移过程的波形. 由于每一个时钟脉冲都导致数据从一个触发器迁移到下一个触发器, 所以这种寄存器又被称为移位寄存器(Shift Register).

与并行寄存器一样, 在实际的集成电路移位寄存器中, 往往用 RS 锁存器或主从触发器来构成图 3-30 中的 D 触发器. 在这种情况下, 同样要注意时钟信号和数据输入之间的相互配合关系.

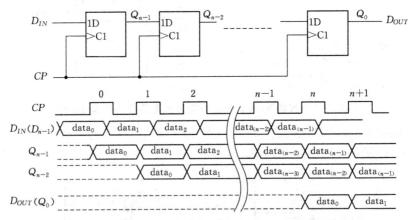

图 3-30　移位寄存器结构和输出波形

将图 3-30 中每个触发器的 Q 端引出, 可以构成串行输入/并行输出寄存器. 这种情况下, 输入数据要经过 n 个时钟脉冲后才完全进入寄存器. 数据完全进入寄存器以后, 可以随时在并行输出端读出该数据. 图 3-31 就是一个实际的移位寄存器的例子. 该移位寄存器既可以作为串行输入/串行输出寄存器, 也可以作为串行输入/并行输出寄存器. 将一个 8 位的数据通过 8 个 CP 脉冲移入寄存器后, 在 Q_0 到 Q_7 可以得到并行输出.

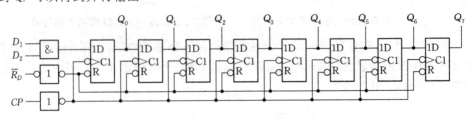

图 3-31　实际的移位寄存器

需要注意的是, 移位寄存器通常用在计算机一类的数字设备中, 这类设备在存储一个二进制数据时, 既可以先存储数据的高位, 也可以先存储数据的低位. 一般将一个数据的最高位记为 MSB(Most Significant Bit),最低位记为 LSB(Least Significant Bit). 若首先移入或移出移位寄存器的是 MSB,则该操作称为左移. 反之,若首先移入或移出移位寄存器的是 LSB,则该操作称为右移. 具体执行哪种操作取决于最高位位置的指定. 例如在图 3-30 显示的波形中,数据输入的首先是 D_0,所以这是一个右移操作.

对于串行输入/串行输出寄存器来说,左移和右移并不具有特别的意义,因为只要保证输入和输出一致就可以了. 但是对于串行输入/并行输出寄存器或者并行输入/串行输出寄存器而言,就必须严格区分左移和右移操作. 例如在图 3-31 中,若定义输出 Q_0 为 LSB、Q_7 为 MSB,则该寄存器在输入时必须执行左移操作,否则将得到错误的输出.

三、累加器

将寄存器和第 2 章讨论的加法器组合,可以构成一个在计算机中应用广泛的部件——累加器(Accumulator). 累加器的基本结构如图 3-32(a)所示,是由一个并行加法器和一个并行寄存器串联而成.

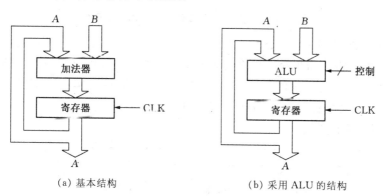

(a) 基本结构　　　　　　　(b) 采用 ALU 的结构

图 3-32　累加器的结构

在累加器开始工作之前,先将寄存器清零. 然后在系统时钟的作用下,数据不断从端口 B 进入. 由于第 1 次求和时寄存器输出 A 被清零,所以第 1 次求和实际上是将数据 B 寄存在寄存器内. 从第 2 次求和开始,送入的数据将不断同前面的数据累加,直到所有的数据全部加完.

如果将累加器中的加法器换成算术逻辑单元(ALU),如图 3-32(b)所示,习惯上还是将它称为累加器. 而 ALU 可以在控制输入下完成各种不同的功能,所以此时的累加器可以完成许多复杂的数学运算.

四、用寄存器构成延时单元

在数字信号的采集、传输、存储、重现等许多场合，需要用到数字信号处理技术。通常需要处理的数据总是以数据流形式出现，即每个时钟脉冲节拍形成一个数据，这些数据序列构成数据流。数据可以是一位的，也可以是并行多位的。

在数字信号处理技术中常常需要从数据流中截取若干数据进行运算。例如，一个典型的数字信号处理过程要求实现如下运算关系：

$$y_{(n)} = x_{(n)} + b \cdot y_{(n-1)} \tag{3.7}$$

其中 $y_{(n)}$ 是当前输出的数据，$x_{(n)}$ 是当前输入的数据，b 是一个常数，而 $y_{(n-1)}$ 是上一个节拍输出的数据，运算为算术乘加运算。

通常在数字信号处理领域用图 3-33 表示上述运算关系：

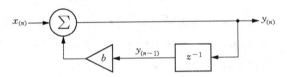

图 3-33　一种数字信号处理过程的算法结构

在图 3-33 中，z^{-1} 表示延时一个时钟节拍，它的输出是上一个节拍的输出 y，即 $y_{(n-1)}$。由于寄存器的输入与输出之间总是相差一个时钟节拍，所以用寄存器可以构成数据延时单元。这样，根据此图可以得到这个算法数字逻辑实现的结构，如图 3-34 所示，其中寄存器、乘法器以及加法器的数据宽度（二进制数据的位数）根据数据的要求确定。

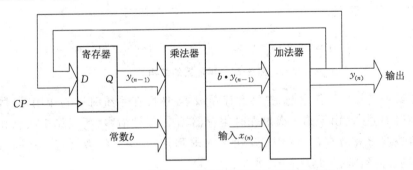

图 3-34　一种数字信号处理过程的数字逻辑结构

由图 3-33 显见，b 和 z^{-1} 相互交换位置不会影响运算结果，即乘法和延时可以交换前后位置，或者说，$b \cdot y_{(n-1)} = [b \cdot y]_{(n-1)}$。所以图 3-34 中寄存器和乘法器交换位置不影响结果.

下面再举几个用寄存器作为延时单元的例子.

例 3-3 试设计一个 1 位数字序列检测电路,当输入数字序列符合某个特定的序列(例如"001")时输出 1,否则输出 0.

这是从一个数字流中间截取部分数据进行比较判断的问题.原则上这种问题总可以由移位寄存器构成数据延时,然后用比较器进行序列比较,其结构如图 3-35 所示.

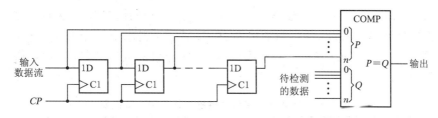

图 3-35 数字序列检测电路的一般结构

图 3-35 是数字序列检测电路的一般结构,可以应用于待检测的数据序列可变的情况.例如待检测的数字序列在某种情况下需要动态改变,则可以在合适的时刻通过改变比较器的 Q 输入达到动态检测的目的.反之,若待检测的序列固定不变,则可以将比较器蜕化为与门以获得简单的电路.例如,假设本题的检测序列固定为"001",则电路如图 3-36 所示.

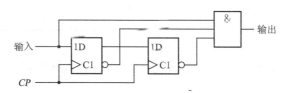

图 3-36 数字序列"001"检测电路

例 3-4 在数字通信领域,有时需要进行数据流的转换.已知某种转换的要求如下:输入与输出数据均为 1 位二进制数字序列.正转换过程是:当输入数据中出现"1"时,输出数据发生变化,即原来是"1"的变为"0",原来是"0"的变为"1";当输入数据为"0"时,输出保持不变.逆转换过程与上述过程相反,即输入数据发生变化时输出为"1",否则输出为"0".试设计一个数字逻辑实现上述转换,且可以由一个选择输入 S 确定其实现哪一种转换.

为了叙述方便,可以定义上述两种数据流分别为 A 和 B,正转换过程从数据

A 转换为数据 B,逆转换过程则从数据 B 转换为数据 A. 根据题目的叙述,可以画出数据 A 和数据 B 之间的一个转换过程波形,如图 3-3 所示.

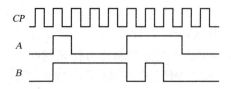

图 3-37 例 3-4 一种数字信号转换过程波形的示例

考虑到输出不仅与当前的输入有关,还与上一节拍的情况有关,可以用 $A_{(n)}$ 表示当前的数据 A,用 $B_{(n)}$ 表示当前的数据 B,$A_{(n-1)}$ 表示上一个节拍的数据 A,$B_{(n-1)}$ 表示上一个节拍的数据 B. 根据图 3-37 或题目的叙述,可以列出真值表如表 3-11 所示.

表 3-11 例 3-4 数字信号转换过程示例的真值表

$A_{(n)}$	$A_{(n-1)}$	$B_{(n-1)}$	$B_{(n)}$	$B_{(n)}$	$B_{(n-1)}$	$A_{(n-1)}$	$A_{(n)}$
0	0	0	0	0	0	0	0
0	0	1	1	0	0	1	1
0	1	0	0	0	1	0	1
0	1	1	1	0	1	1	1
1	0	0	1	1	0	0	1
1	0	1	0	1	0	1	1
1	1	0	1	1	1	0	0
1	1	1	0	1	1	1	0

(a) 正转换过程　　　　　　　　　　(b) 逆转换过程

用卡诺图或其他方法对上述真值表进行化简,得到数据 A 和数据 B 的转换关系如下:

$$\text{正转换 } B_{(n)} = A_{(n)} \oplus B_{(n-1)}$$
$$\text{逆转换 } A_{(n)} = B_{(n)} \oplus B_{(n-1)} \tag{3.8}$$

根据此式,用 D 触发器构成延时单元,可以得到转换过程的逻辑图如图 3-38 所示.

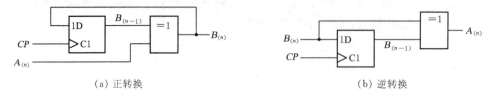

(a) 正转换　　　　　　　　　　(b) 逆转换

图 3-38 例 3-4 数字信号转换过程的逻辑图

根据题意需要将图 3-38 中两个逻辑合并成一个. 若令选择端 $S=0$ 为正转换，$S=1$ 为逆转换；数据输入端为 x，数据输出端为 y；注意到在正转换时的输入数据为 A、输出数据为 B，而逆转换时的输入数据为 B、输出数据为 A. 通过观察图 3-38 可以得到合并的逻辑图，如图 3-39 所示.

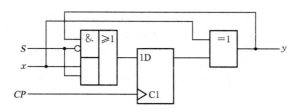

图 3-39　合并的例 3-4 数字信号转换过程的逻辑图

图 3-39 的逻辑关系也可以通过 (3.8) 式导出. 根据 S、x 和 y 的定义，由 (3.8) 式写出描述此转换的逻辑表达式为

$$y_{(n)} = \overline{S}[x_{(n)} \oplus y_{(n-1)}] + S[x_{(n)} \oplus x_{(n-1)}] \tag{3.9}$$

将 (3.9) 式化简. 在化简时需要注意到选通信号 S 和延时信号之间的逻辑关系是"逻辑与"，而一个信号"逻辑与"另一个信号相当于这个信号"算术乘"1 或 0，所以"逻辑与"和"延时"相互交换位置不会影响运算结果. 这样，可以将此转换过程中的"延时"与"选通"交换位置，得到的逻辑表达式如下：

$$y_{(n)} = x_{(n)} \oplus [\overline{S} \cdot y_{(n)} + S \cdot x_{(n)}]_{(n-1)} \tag{3.10}$$

这正是图 3-39 的逻辑表达式.

上述过程还可以借助数字信号处理领域中的一般表示法，用图 3-40 表示.

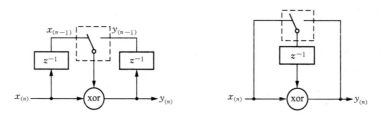

图 3-40　例 3-4 中延时与选通的交换过程

本章概要

触发器的基本特性是：具有两个稳定的输出状态；可以在输入信号的作用下改

变状态. 所以，触发器具有记忆作用.

按照逻辑功能的不同，触发器可以分为 RS、JK、D 和 T 四种类型. 可以用状态表、状态方程以及激励表等形式描述触发器的逻辑功能. 不同逻辑功能的触发器之间可以相互转换.

按照电路结构的不同，触发器可以分为锁存器、主从触发器和边沿触发器 3 种类型. 不同类型的触发器具有不同的动作特点. 对于目前使用最为广泛的边沿触发器来说，又可细分为维持阻塞结构、基于门电路延时的结构以及基于 CMOS 传输门的主从结构等 3 种. 它们具有相似的动作特点，但是在动态特性上有所区别.

必须分清这两种分类的区别：逻辑功能表示了触发器的输出状态与输入的逻辑关系，而电路结构则决定了触发器的动作特点. 所以，相同的电路结构类型可以构成不同逻辑功能的触发器，相同逻辑功能的触发器也可能有不同的电路结构类型.

触发器是时序逻辑电路中的一个极其重要的部件，所以熟练掌握触发器的逻辑功能和动作特性十分必要.

直接运用触发器可以构成异步计数器和各种寄存器. 这些基本应用单元广泛应用在各种电子设备和计算机中.

思考题和习题

1. 简述锁存器、主从触发器和边沿触发器的动作特点.
2. 简述触发器的逻辑功能和电路结构之间的关系.
3. 能否用 TTL 电路构成主从结构的边沿触发器？若认为可以，请画出电路结构并说明工作原理；若认为不可以，请说明理由.
4. 已知正边沿触发的 D 触发器的 CP 和 D 端的波形如下图所示，试画出它的 Q 端波形，假定 Q 的初始值为 0.

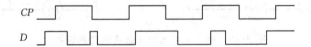

5. 将上一题的触发器改为 T 触发器，激励输入改为 T 端，试画出它的 Q 端波形，假定 Q 的初始值为 0.
6. 已知负边沿翻转的主从型 JK 触发器的 CP 和 J、K 端的波形如下图所示，试画出它的 Q 端波形，假定 Q 的初始值为 0.

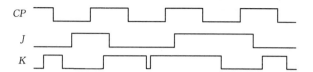

7. 按照下图给出的逻辑关系画出输出 Q 的波形,假定 Q 的初始值为 000.

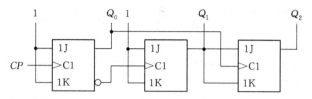

8. 按照下图给出的逻辑关系画出输出 Q 的波形,假定 Q 的初始值为 000. 并比较本题电路与上一题电路的不同.

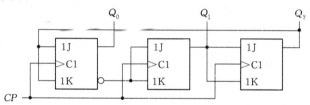

9. 试用 4 个负边沿触发的 JK 触发器构成一个异步二进制加法计数器,要求画出逻辑图和输出波形.
10. 是否可以用锁存器构成环形计数器和扭环形计数器?为什么?
11. 试用 4 个正边沿触发的 JK 触发器构成一个扭环形计数器,要求画出逻辑图和输出波形.
12. 试用同步 RS 触发器和 JK 触发器附加必要的门电路构成串行输入/串行输出的移位寄存器,要求画出逻辑图和输出波形.
13. 下图是基本 RS 触发器的一个典型应用——抗抖动开关电路. 在按动开关时,由于触点的抖动,可能在开关按下或松开的瞬间产生一串脉冲如(b)所示的波形. 试画出 RS 触发器的输出波形.

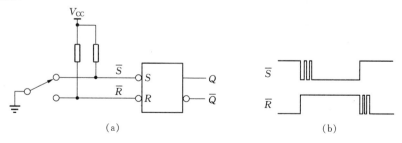

14. 下图是用 D 触发器构成的另一种抗抖动开关电路,其输入波形如(b)所示. 一般情况下,触点抖动的延续时间大致在几个毫秒,所以 CP 脉冲的周期必须大于此值. 试画出触发器输出

波形,并与上一题的结果比较.

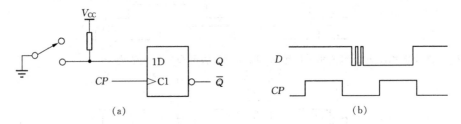

(a)　　　　　　　　　　(b)

15. 试用一个 3 位异步二进制计数器和一个 3-8 译码器,构成一个顺序脉冲发生器.要求画出原理图和输出波形图.
16. 试用 2 个 D 触发器设计一个四相时钟发生器.所谓四相时钟发生器,是指它能产生 4 个互相相差 90 度的脉冲信号.要求画出原理图和输出波形图.
17. 设计一个 3 人抢答器.该抢答器共有 4 个开关,一个给裁判,另 3 个给选手.要求在裁判的开关打开以后,哪个选手的开关首先打开,该选手的指示灯亮,其余选手的开关再打开无效.在裁判的开关未打开之前,哪个选手的开关打开,该选手的犯规指示灯亮.
18. 试设计一个尽可能简单的逻辑电路,实现如下运算: $y_{(n)} = x_{(n)} + 0.25 y_{(n-1)}$,其中 x、y 都是 4 位二进制数.(提示:二进制数每右移一位等于除以 2.)
19. 试证明(3.9)式与(3.10)式等价.
20. 试设计一个数据流转换电路,其转换规律如下:若输入数据流中出现连续 3 个"1"时,将最后一个"1"转换为"0".注意:一旦有转换发生,其后的转换过程中对输入"1"的个数进行的计数将重新开始,即输入连续多个"1"时,转换为"0"的数据是每 3 个"1"中有一个.

第 4 章 同步时序电路

前面曾简单地介绍过时序电路和组合电路的区别,我们将具有记忆功能,输出不仅取决于当时的输入、还与信号历史有关的一类电路称为时序逻辑电路(Sequential Logic Circuit). 通常还根据引起电路状态变化的信号特征,将时序逻辑电路划分为同步时序逻辑电路(Synchronous Sequential Logic Circuit)和异步时序逻辑电路(Asynchronous Sequential Logic Circuit). 同步时序逻辑电路的状态变化在一个统一的内部时钟信号下发生,系统的工作按照时钟节拍进行,所以也称为时钟驱动时序电路. 异步时序逻辑电路的状态变化在外部输入信号时发生,或者说,系统的工作由外部事件驱动,所以也称为事件驱动时序电路. 由于这两种时序电路工作方式的差别,它们的分析和设计方法也有所不同. 本章主要讨论同步时序电路,对于时序电路的描述以及状态化简等内容,基本上也适用于异步时序电路.

§4.1 时序电路的描述

4.1.1 两种基本模型

因为时序电路具有记忆功能,并且输出与当时的输入和信号的历史有关,所以时序电路中除了包含组合电路之外,还包含有记忆单元. 记忆单元的输出逻辑组合被称为时序电路的状态(State). 状态只在驱动信号到来之时发生变化. 无论是时钟驱动还是事件驱动,在两次驱动的间隔期间,系统的状态保持不变.

图 4-1 是时序电路的基本框图. $x_1 \sim x_m$ 是电路的 m 个输入变量,$z_1 \sim z_n$ 是电路的 n 个输出变量,$y_1 \sim y_r$ 是记忆电路的 r 个输出,即状态变量,$Y_1 \sim Y_r$ 是记忆电路的 r 个输入.

由于时序电路的状态与时间有关,所以描述图 4-1 的时序电路必须引入时间概念. 考虑两次驱动的间隔期间时序电路的状态保持不变,所以通常以两次驱动的间隔时间

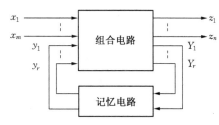

图 4-1 时序电路的基本框图

作为时序电路的定时单位,把某个间隔时刻 t_k 作为"当前时刻"(Present Time),将下一个间隔时刻 t_{k+1} 称为"次时刻"(Next Time).在当前时刻发生的事件称为 t_k 时刻的当前事件.

必须指出,上述对于"当前时刻"和"次时刻"的表述,均相对于时刻 t_k 而言."当前时刻"和"次时刻"的分界,就是驱动信号的到来时刻.图 4-2 以时钟上升沿驱动的时序电路为例,说明了"当前状态"(Present State,也称现态)和"次态"(Next State)的分界.图中 t_{k+1} 时刻的状态,对于 t_k 时刻而言是次态,对于 t_{k+1} 时刻则为现态.

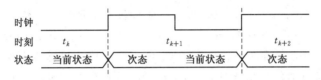

图 4-2 时序电路的"现态"和"次态"概念

以上述时间概念来分析图 4-1 的结构,在时序电路某当前时刻 t_k 内,$x_1 \sim x_m$ 是 t_k 时刻的当前输入,$z_1 \sim z_n$ 是 t_k 时刻的当前输出.$y_1 \sim y_r$ 是 t_k 时刻记忆电路的输出,所以是 t_k 时刻的现态.$Y_1 \sim Y_r$ 是 t_k 时刻记忆电路的输入,也是次时刻(t_{k+1} 时刻)记忆电路的输出,即它们之间存在如下关系:

$$y_i(t_{k+1}) = Y_i(t_k), \; i = 1, 2, \cdots, r \tag{4.1}$$

所以在 t_k 时刻,$Y_1 \sim Y_r$ 是时序电路的次态.

为了描述上述时序电路,必须写出下面两组逻辑表达式.为了书写方便,式中用矢量符号表示多个逻辑变量.

$$\boldsymbol{Y}(t_k) = f_1[\boldsymbol{x}(t_k), \boldsymbol{y}(t_k)]; \; \boldsymbol{z}(t_k) = f_2[\boldsymbol{x}(t_k), \boldsymbol{y}(t_k)] \tag{4.2}$$

(4.2)式为时序电路的状态方程和输出方程.其中 $\boldsymbol{Y}(t_k)$ 和 $\boldsymbol{z}(t_k)$ 分别表示电路在 t_k 时刻的次态和当前输出,$\boldsymbol{x}(t_k)$ 和 $\boldsymbol{y}(t_k)$ 分别表示电路在 t_k 时刻的当前输入和现态.将(4.1)式和(4.2)式联立可以完整地描述一个时序电路.

在(4.2)式中,输出 $\boldsymbol{z}(t_k)$ 可以包含输入 $\boldsymbol{x}(t_k)$,也可以不包含 $\boldsymbol{x}(t_k)$,所以通常用两种模型来描述时序电路的两种结构:米利(Mealy)模型和摩尔(Moore)模型.

在米利模型中,时序电路在 t_k 时刻的输出 $\boldsymbol{z}(t_k)$ 不仅与 t_k 时刻的现态 $\boldsymbol{y}(t_k)$ 有关,并且与 t_k 时刻的当前输入 $\boldsymbol{x}(t_k)$ 有关.即:

$$\boldsymbol{z}(t_k) = f_1[\boldsymbol{x}(t_k), \boldsymbol{y}(t_k)]; \; \boldsymbol{Y}(t_k) = f_2[\boldsymbol{x}(t_k), \boldsymbol{y}(t_k)] \tag{4.3}$$

在摩尔模型中,时序电路在 t_k 时刻的输出 $\boldsymbol{z}(t_k)$ 仅与 t_k 时刻的现态 $\boldsymbol{y}(t_k)$ 有关,而与 t_k 时刻的当前输入 $\boldsymbol{x}(t_k)$ 无关.即:

$$z(t_k) = f_1[y(t_k)]; \quad Y(t_k) = f_2[x(t_k), y(t_k)] \tag{4.4}$$

在同步时序电路中,记忆单元通常由触发器构成,上述两种模型可以由图 4-3 和图 4-4 来说明. 由于触发器的次态唯一地由激励信号决定,这两个图中的次态 $Y(t_k)$ 隐含在激励信号中. 需要注意的是,次态 $Y(t_k)$ 是下一个时刻触发器的输出,通常并不一定等于激励信号. 只有记忆电路全部采用 D 触发器,并且全部以 Q 端输出作为状态变量时,次态 $Y(t_k)$ 才与激励信号相同.

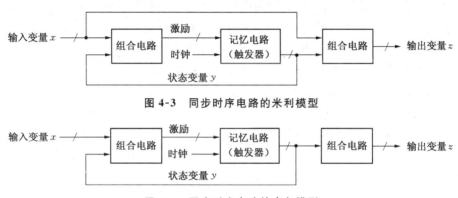

图 4-3 同步时序电路的米利模型

图 4-4 同步时序电路的摩尔模型

4.1.2 状态转换图和状态转换表

在第一章,讨论过逻辑函数的各种表示方法,如卡诺图和真值表. 由于在时序电路中,系统的输出与输入相关,还与输入的历史有关,所以要用一种新的方法来表示一个时序电路,这种方法就是状态转换图(State Transition Diagram)和状态转换表(State Transition Table). 用状态转换图和状态转换表,可以比较直观地看到时序电路中的状态转换过程,可以帮助分析电路或进行电路设计.

下面用一个例子来说明状态转换图和状态转换表的做法.

例 4-1 假定有某种自动售饮料机. 可以投入 1 元或 5 角的硬币,饮料 1.5 元一杯. 当先后投入的硬币满 1 元 5 角后,机器自动送出一杯饮料;当投入的硬币满 2 元后,机器除了送出一杯饮料外,还送出一枚 5 角硬币找零. 作出上述自动售饮料机问题的状态转换图和状态转换表.

分析上述问题. 能够完成上述功能的时序电路,应该能够记忆已经投入硬币的多少,并且能够根据投入硬币的多少,确定是否应该送出饮料和找零. 由于记忆电路的输出就是系统的状态,所以对于不同的输入状况,系统应该有不同的状态.

首先用米利模型进行分析.

(1) **考察输出** 本问题的输出是饮料和找零. 用 $Z_1 = 1$ 表示输出饮料, $Z_2 = 1$ 表示输出找零(只可能是 5 角). 这样, 所有的输出情况可以表示为 $Z_1Z_2 = 00$、$Z_1Z_2 = 10$ 和 $Z_1Z_2 = 11$ 3 种.

(2) **考察系统状态** 系统状态实际上是记忆已经投入的硬币币值. 由于硬币的最小单位是 5 角, 米利模型的输出取决于当前状态和当前输入的共同作用, 机器需要记忆的已投币值最多为 1 元. 这种情况只有 3 种: 已经投入的硬币总数为 0、5 角和 1 元, 可以用 S_0、S_1、S_2 来分别表示上述 3 个状态.

(3) **考察输入** 可能的输入有 3 种情况: 投入的硬币币值为 0、5 角和 1 元. 可以用两个输入变量 X_1X_2 来表示输入: $X_1X_2 = 00$ 表示投入的硬币币值为 0; $X_1X_2 = 01$ 表示投入的硬币币值为 5 角; $X_1X_2 = 10$ 表示投入的硬币币值为 1 元; $X_1X_2 = 11$ 是禁止项(不可能发生).

(4) **考察机器的动作过程** 由于同步时序电路的状态转换在时钟脉冲的驱动下进行, 下面所有论及系统状态的变化或者保持, 都应该理解为在某个时钟脉冲驱动下的动作过程.

在状态 S_0, 系统记忆的是"尚未输入". 显然, 如果输入 $X_1X_2 = 00$, 表示没有发生投币动作, 机器应该保持原来的状态不变, 等待投币. 如果输入 $X_1X_2 = 01$, 系统应该记忆"已输入 5 角", 机器应该进入状态 S_1, 并且不应该有输出. 如果输入 $X_1X_2 = 10$, 系统应该记忆"已输入 1 元", 机器应该进入状态 S_2, 也不应该有输出.

在状态 S_1, 系统记忆"已输入 5 角". 同样, 如果输入 $X_1X_2 = 00$, 机器应该保持原来的状态不变. 如果输入 $X_1X_2 = 01$, 系统应该记忆"已输入 1 元", 机器应该进入状态 S_2, 并且不应该有输出. 如果输入 $X_1X_2 = 10$, 则投入的硬币已经满 1 元 5 角. 按照米利模型的规则, 在发生输入的当前时刻应该输出一杯饮料, 即输出 $Z_1Z_2 = 10$, 在下一个时刻(次时刻), 系统应该回到状态 S_0.

在状态 S_2, 系统记忆"已输入 1 元". 如果输入 $X_1X_2 = 00$, 机器应该保持原来的状态不变. 如果输入 $X_1X_2 = 01$, 投入的硬币已经满 1 元 5 角. 在发生输入的当前时刻应该输出 $Z_1Z_2 = 10$ (一杯饮料), 在下一个时刻(次时刻)系统回到状态 S_0. 如果输入 $X_1X_2 = 10$, 投入的硬币已经满 2 元. 在发生输入的当前时刻应该输出一杯饮料和一枚 5 角硬币(找零), 即输出 $Z_1Z_2 = 11$, 在下一个时刻(次时刻)系统回到状态 S_0.

上述过程, 可以用图 4-5 所示的状态转换图加以表达. 图中圆圈内标注的是系统的当前状态,圆圈与圆圈之间的有向线段(转换线)表示状态的转换,转换线旁边标注的是系统的当前输入/当前输出,即 X_1X_2/Z_1Z_2.

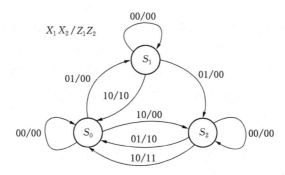

图 4-5　例 4-1 的米利模型状态转换图

应该注意的是:上述当前输入/当前输出的"当前",相对于当前状态而言. 在米利模型状态转换图中,就是某状态转换线上标注的输入/输出的时刻与转换线流出状态的时刻在同一时刻. 例如在某时刻 t_k,图 4-5 系统的状态为 S_2,则当前时刻就是指时刻 t_k. 如果在 t_k 时刻发生输入 $X_1X_2=10$,则 t_k 时刻的输出 $Z_1Z_2=11$,下一时刻 t_{k+1} 系统的状态是 S_0.

图 4-5 用图形方式清楚地表明了状态间的转换关系. 状态间的转换关系也可以用表格形式表示,这种描述方法就是状态转换表. 对于状态个数很多的复杂电路,状态转换图可能变得很复杂,状态转换表则可以比较简洁地描述状态间的转换关系. 表 4-1 是上述米利模型的状态转换表. 由于米利模型的输出与状态、输入都相关,所以将输出写在次态后面,不同的输入对应不同的输出.

表 4-1　例 4-1 的米利模型状态转换表

现　　态	次态/输出 Z_1Z_2		
	$X_1X_2=00$	$X_1X_2=01$	$X_1X_2=10$
S_0	$S_0/00$	$S_1/00$	$S_2/00$
S_1	$S_1/00$	$S_2/00$	$S_0/10$
S_2	$S_2/00$	$S_0/10$	$S_0/11$

以上是以米利模型来分析自动售饮料机问题. 下面用摩尔模型来分析这个问题.

很明显,对于同一个机器,无论采用哪种模型,输入的可能组合和输出的可能组合应该一样. 所以同样用 $X_1X_2=00$ 表示投入的硬币币值为 0;$X_1X_2=01$ 表示投入的硬币币值为 5 角；$X_1X_2 = 10$ 表示投入的硬币币值为 1 元．用 $Z_1 = 1$ 表示输出饮料，$Z_2 = 1$ 表示输出找零．所有的输出组合有 $Z_1Z_2 = 00$、$Z_1Z_2 = 10$ 和 $Z_1Z_2 = 11$ 3 种．

摩尔模型与米利模型的不同之处在于输出不直接与输入相关．由于输出仅同系统的状态有关，而要输出饮料至少要投入 1 元 5 角硬币，有时还会投入 2 元硬币（先后投入两枚 1 元硬币），所以系统要记忆已经投入的硬币币值有 0、5 角、1 元、1 元 5 角和 2 元．这样，摩尔模型中系统的状态有 5 个，用 S_0、S_1、S_2、S_3、S_4 分别表示这 5 个状态．

下面分析摩尔模型的动作过程．与米利模型一样，所有论及系统状态的变化或者保持，都应该理解为在某个时钟脉冲驱动下的动作过程．

在状态 S_0，系统记忆的是"尚未输入"，所以不应该有输出．如果输入 $X_1X_2 = 00$，机器应该保持原来的状态不变．如果输入 $X_1X_2 = 01$，系统应该记忆"已输入 5 角"，机器在下一个时刻进入状态 S_1．如果输入 $X_1X_2 = 10$，系统应该记忆"已输入 1 元"，机器在下一个时刻进入状态 S_2．

在状态 S_1，系统记忆"已输入 5 角"，也不应该有输出．如果输入 $X_1X_2 = 00$，机器应该保持原来的状态不变．如果输入 $X_1X_2 = 01$，系统应该记忆"已输入 1 元"，机器在下一个时刻进入状态 S_2．如果输入 $X_1X_2 = 10$，系统应该记忆"已输入 1 元 5 角"，机器在下一个时刻进入状态 S_3．

在状态 S_2，系统记忆"已输入 1 元"，也不应该有输出．如果输入 $X_1X_2 = 00$，机器应该保持原来的状态不变．如果输入 $X_1X_2 = 01$，系统应该记忆"已输入 1 元 5 角"，机器在下一个时刻进入状态 S_3．如果输入 $X_1X_2 = 10$，系统应该记忆"已输入 2 元"，机器在下一个时刻进入状态 S_4．

在状态 S_3，系统记忆"已输入 1 元 5 角"，应该输出一杯饮料，即 $Z_1Z_2 = 10$．由于已经发生输出，所以如果在这个状态下输入 $X_1X_2 = 00$，机器应该在下一个时刻回到初始状态 S_0．但是，如果在这一个时刻输入 $X_1X_2 = 01$ 或 $X_1X_2 = 10$，表示下一个顾客已经开始投币，所以系统的次态应该是 S_1 或 S_2．

在状态 S_4，系统记忆"已输入 2 元"，所以应该输出一杯饮料和 5 角找零，即 $Z_1Z_2 = 11$．与状态 S_3 类似，如果在这个状态下输入 $X_1X_2 = 00$，机器应该在下一个时刻回到初始状态 S_0．如果在这一个时刻输入 $X_1X_2 = 01$ 或 $X_1X_2 = 10$，系统的次态应该是 S_1 或 S_2．

同样可以将上述系统的状态转换过程用状态转换图来表示．图 4-6 就是上述问题的摩尔模型的状态转换图．图中圆圈内标注的是系统的当前状态/当前输出，状态转换线旁边标注的是系统的当前输入．关于"当前"的概念，仍然同米利模型的状态转换图的解释一致.

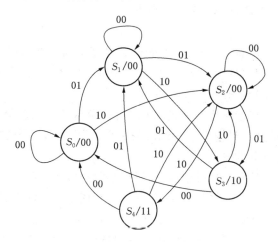

图 4-6　例 4-1 的摩尔模型状态转换图

同样也可以用状态转换表来描述上述摩尔模型,如表 4-2 所示.因为摩尔模型的输出只同状态有关,所以将输出单独写成一列,每个现态对应一个输出.

表 4-2　例 4-1 的摩尔模型状态转换表

现　态	次　态			输出 Z_1Z_2
	$X_1X_2=00$	$X_1X_2=01$	$X_1X_2=10$	
S_0	S_0	S_1	S_2	00
S_1	S_1	S_2	S_3	00
S_2	S_2	S_3	S_4	00
S_3	S_0	S_1	S_2	10
S_4	S_0	S_1	S_2	11

观察上述两种模型的状态转换图,可以看到系统的状态具有以下两个特点.

特点一　状态转换图中,每个状态射出的状态转换线的根数同系统输入的组合数相同,转换条件包含了所有的输入组合.如在本例中,系统输入组合有 00、01 和 10 三种,所以无论哪个模型,每个状态射出的状态转换线都是 3 根,分别对应 3 个输入组合.这个特点常常用来检查状态转换图是否正确.

特点二　摩尔模型的状态数通常大于米利模型的状态数.形成这个特点的原因是由于米利模型中一个状态可以对应多个输出,而摩尔模型一个状态只能对应一个输出.

4.1.3 两种基本模型的相互转换

由前面的讨论可以看到,同一个问题既可以用米利模型描述,也可以用摩尔模型描述.但是无论采用何种模型描述,只要有相同的输入序列,输出就应该相同.两种模型之间应该可以相互转换.

两种模型的区别在于输出方程的不同,两种模型之间的转换实际上就是输出方程的转换.为了得到两种模型之间的转换关系,下面将以一个实际例子来说明两种模型在系统输出方面的异同.

例 4-2 假定在例 4-1 的自动售饮料机中,已经投入的硬币总值是 1 元,接着再投入 1 枚 5 角硬币,则系统输出应该是一杯饮料,即 $Z_1 Z_2 = 10$. 就上述情况用时序图来讨论两个模型的区别.

上述例题给定了一个有关时间与状态的条件——已经投入 1 元. 在两个模型中的现态都是 S_2. 接着再投入 1 枚 5 角硬币,就是当前输入 $X_2 = 1$. 在米利模型中,输入同时就有当前输出 $Z_1 = 1$,次态是 S_0. 而在摩尔模型中,输出仅与状态相关,由于当前状态是 S_2,所以当前输出 $Z_1 = 0$. 对于当前输入 $X_2 = 1$ 而言,其作用是使得次态转换为 S_3,输出 $Z_1 = 1$ 要在次态实现.图 4-7 表示了两种模型输出时序的区别.

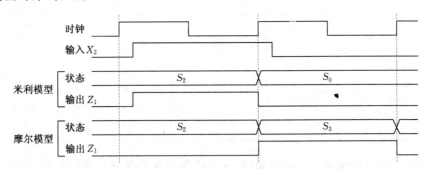

图 4-7 两种模型的输出时序关系

由图 4-7 可以得到两种模型输出的几个区别:

(1) 米利模型可以比摩尔模型提前一个时刻产生输出.

(2) 摩尔模型的输出在整个状态保持期间得到保持,米利模型则由输入情况确定输出的起始时间.

(3) 若输入存在干扰,一般不会影响摩尔模型的输出,但可以影响米利模型的输出.

下面将根据上述输出时序关系来讨论两种模型的转换. 首先讨论的是将摩尔模型转换为米利模型的问题.

由于米利模型的输出与输入相关,而摩尔模型的输出只与状态相关,所以只要将摩尔模型状态转换表的最后一列输出去掉,将输出转换到各不同输入对应的次态,写成"次态/输出"形式,就成为米利模型的状态转换表.

次态和输出的对应关系可以这样看:若在摩尔模型中,输入 X_m 使得次态转换为 S_r, 次态 S_r 对应一个输出 Z_n, 如图 4-7 中 X_2、S_3 和 Z_1 的对应关系. 在米利模型中,输入 X_m 将立即引起输出 Z_n. 所以,将摩尔模型的状态转换表转换为米利模型的过程如下:

(1) 将摩尔模型状态转换表的最后一列输出去掉;
(2) 在每个次态后面加上"/输出",其中的输出对应于该次态在原模型中的输出;
(3) 观察修改后的状态转换表,合并相同的状态.

第 3 步这样做的原因是因为摩尔模型的状态数通常多于米利模型的状态数,经过转换一般会产生重复的状态.

下面还是以例 4-1 来作一个具体的转换.

表 4-3 将摩尔模型转换为米利模型的例子

现态	次态			当前输出
	$X_1X_2=00$	$X_1X_2=01$	$X_1X_2=10$	Z_1Z_2
S_0	S_0	S_1	S_2	00
S_1	S_1	S_2	S_3	00
S_2	S_2	S_3	S_4	00
S_3	S_0	S_1	S_2	10
S_4	S_0	S_1	S_2	11

(a) 摩尔模型的状态转换表

现态	次态		
	$X_1X_2=00$	$X_1X_2=01$	$X_1X_2=10$
S_0	$S_0/00$	$S_1/00$	$S_2/00$
S_1	$S_1/00$	$S_2/00$	$S_3/10$
S_2	$S_2/00$	$S_3/10$	$S_4/11$
S_3	$S_0/00$	$S_1/00$	$S_2/00$
S_4	$S_0/00$	$S_1/00$	$S_2/00$

(b) 摩尔模型转换为米利模型

现态	次态		
	$X_1X_2=00$	$X_1X_2=01$	$X_1X_2=10$
S_0	$S_0/00$	$S_1/00$	$S_2/00$
S_1	$S_1/00$	$S_2/00$	$S_0/10$
S_2	$S_2/00$	$S_0/10$	$S_0/11$

(c) 合并

表 4-3 表示了例 4-1 从摩尔模型向米利模型转换的过程. 表 4-3 中,表(a)是摩尔模型的状态转换表(即表 4-2),按照转换步骤一和步骤二,可以作出表(b). 注意表(b)中输出的写法,例如第 3 行,对应次态 S_2 的输出就是在表(a)中对应 S_2 的输出 00,对应次态 S_3 的输出就是在表(a)中对应 S_3 的输出 10,对应次态 S_4 的输出就是在表(a)中对应 S_4 的输出 11.

观察表 4-3(b),可以发现状态 S_3 和 S_4 在所有输入组合情况下的次态和输出都与状态 S_0 一样,所以 S_0、S_3、S_4 这 3 个状态可以合并,合并后成为表 4-3(c),实际上就是表 4-1.

下面来讨论从米利模型向摩尔模型转换的过程. 图 4-8 重画了例 4-1 的状态转换图.

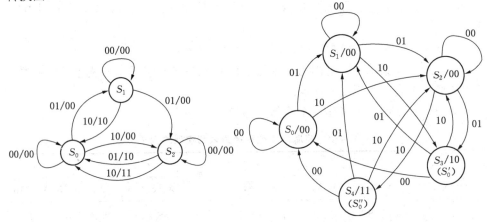

(a) 米利模型的状态转换图　　　(b) 米利模型转换为摩尔模型

图 4-8　将米利模型转换为摩尔模型的例子

米利模型的输出与当前输入相关,所以不同的当前输入,可以有不同的当前输出,却具有相同的次态. 而摩尔模型中输出要在次态体现,所以在上述情况下,一定有不同的次态. 例如在米利模型中,从状态 S_2 出发,尽管输入 $X_1X_2 = 01$ 和 $X_1X_2 = 10$ 有不同的输出,但它们的次态都是 S_0. 在摩尔模型中,却有不同的次态 S_3 和 S_4. 将米利模型转换为摩尔模型,就是要找出这些在米利模型中不出现的次态.

图 4-8(a)是例 4-1 的米利模型状态转换图,可以将其中的状态分成两种类型.

第 1 种是类似 S_1 或 S_2 这样的状态,所有指向这个状态的状态转换线都具有相同的输出,称为输出同类状态. 显然,对于这种类型的状态,次态和输出是统一的,所以只要将所有指向这个状态的状态转换线上的输出改写到表示状态的圆圈中,就可以将米利模型转换为摩尔模型.

第 2 种类型是类似 S_0 的状态,指向这个状态的状态转换线具有几个不同的输出,称为输出非同类状态.显然这个状态转换成摩尔模型后将对应几个状态,下面将按照步骤改画这种类型的状态.

(1) 指向某输出非同类状态的状态转换线有几个不同的输出,就将此状态分成几个新状态.每个新状态对应一个输出,写在表示新状态的圆圈中.如在图 4-8(a)中,指向输出非同类状态 S_0 的状态转换线有 3 个不同的输出(00、10 和 11),所以要将状态 S_0 分成 3 个新状态(S_0、S_0' 和 S_0''),分别对应输出 00、10 和 11.

(2) 按照不同的输出,将原来的状态转换线分别改画成指向具有对应输出的新状态.如在图 4-83(a)中指向 S_0 的 01/10 状态转换线,要根据其输出改画到指向新状态 S_0';指向 S_0 的 10/11 状态转换线,要根据其输出改画到指向新状态 S_0''.

(3) 原来从输出非同类状态出发的所有状态转换线,都应该在每个新状态中重新画出来,并且它们的目的状态应该同原来的相同.如在图 4-8(a)中,从 S_0 出发的状态转换线共有 3 根,则在 3 个新状态 S_0、S_0' 和 S_0'' 中,每个新状态都要有 3 根状态转换线出发.01/00 线的目的状态原来是 S_1,新状态的 3 根 01 线的目的状态应该都是 S_1;00/00 线的目的状态原来是 S_0,新状态的 3 根 00 线的目的状态应该都是 S_0;等等.

按照上述两种类型的处理方法,可以将图 4-8(a)改画成图 4-8(b).若将图 4-8(b)中的新状态 S_0' 和 S_0'' 改写为 S_3 和 S_4,实际上就是前面的图 4-6.所以上述过程实现了从米利模型到摩尔模型的转换.

§4.2 同步时序电路的分析

4.2.1 同步时序电路分析的一般过程

图 4-3 和图 4-4 表示了同步时序电路的一般结构,它们可以用状态转换表或状态转换图来描述.时序电路的分析就是要从实际电路中得到该电路的状态转换表或状态转换图,从而了解该电路的工作过程和功能.

下面将通过一个实际的例子来说明同步时序电路分析的一般过程.

例 4-3 试分析图 4-9 所示的同步时序电路.

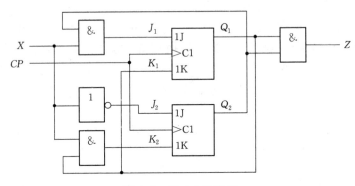

图 4-9 例 4-3 的电路

分析时序电路,首先要写出电路的状态方程.将本例的电路同图 4-3 和图 4-4 对照,可以知道这是一个摩尔型的同步时序电路.从前面的讨论可知,同步时序电路的状态就是触发器的输出,次态隐含在触发器的激励输入中,所以对同步时序电路进行分析时,首先要写出触发器输入端的逻辑表达式(激励方程).由于 CP 只提供状态转换的定时关系,在写激励方程时可以不考虑 CP 信号.本电路的激励方程为

$$J_1 = XQ_2, \ K_1 = Q_1; \ J_2 = \overline{X}, \ K_2 = XQ_1 \tag{4.5}$$

有了激励方程,第 2 步就可以通过激励方程,得出触发器的状态方程(也就是同步时序电路的状态方程)和电路的输出方程.

JK 触发器的特征方程为 $Q_{n+1} = J\overline{Q}_n + \overline{K}Q_n$.

将激励方程(4.5)式代入上述 JK 触发器的特征方程,便可以得到本例的两个触发器的状态方程:

$$\begin{aligned} Q_{1(n+1)} &= J_1\overline{Q}_1 + \overline{K}_1 Q_1 = XQ_2\overline{Q}_1 + \overline{Q}_1 Q_1 = X\overline{Q}_1 Q_2 \\ Q_{2(n+1)} &= J_2\overline{Q}_2 + \overline{K}_2 Q_2 = \overline{X}\,\overline{Q}_2 + \overline{XQ_1}Q_2 \end{aligned} \tag{4.6}$$

电路的输出方程为 $Z = Q_1 Q_2$. (4.7)

第 3 步可以根据状态方程列出时序电路的状态转换表.

本例是一个摩尔型时序电路,根据摩尔型电路状态转换表的做法,可以得到表 4-4 所示的状态转换表.其中表 4-4(a)是直接将触发器的输出编码 $Q_1 Q_2$ 作为现态和次态处理的表格,而表 4-4(b)将触发器的输出编码 $Q_1 Q_2$ 用状态 $S_0 \sim S_3$ 代替,可以更清楚地看出电路的状态转换关系.

表 4-4 例 4-3 的状态转换表

Q_1Q_2	$Q_{1(n+1)}Q_{2(n+1)}$		Z	现态	次态		输出
	$X=0$	$X=1$			$X=0$	$X=1$	
00	01	00	0	S_0	S_1	S_0	0
01	01	11	0	S_1	S_1	S_2	0
11	01	00	1	S_2	S_1	S_0	1
10	01	00	0	S_3	S_1	S_0	0

(a) 输出编码作为现态和次态处理　　　　(b) 输出编码用状态 $S_0 \sim S_3$ 代替

利用状态转换图,可以进一步了解电路的状态转换关系.将表 4-4(b)用图 4-10 的状态转换图表示,可以看出本例的状态转换关系:不管从哪个状态出发,只有连续输入序列为 0→1 时,系统才可能进入状态 S_2;只有在状态 S_2 时,系统才有输出,并且该输出只维持一个时钟周期.所以可以认为,这是一个检测输入信号上升沿的电路.

进一步分析状态转换图,可以发现状态 S_3 只有流出的转换线,没有流入的转换线,所以该状态实际上并不包含在有效的状态循环中.真正有效的状态只有 $S_0 \sim S_2$ 这 3 个.但触发器有 2 个,可能构成的状态是 4 个,所以 S_3 是一个多余的状态.从 S_3 流出的状态转换线保证了一旦进入状态 S_3(例如在开机时)也能够正确地进入有效的状态循环.

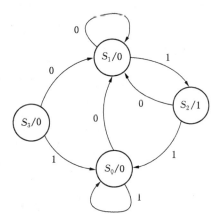

图 4-10 例 4-3 的状态转换图

将上述状态关系用时序图表示,可以更为明显地看出其检测输入信号上升沿的功能.图 4-11 显示了在某些特定的输入情况下状态转换和输出的过程.

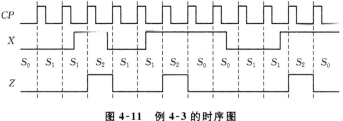

图 4-11 例 4-3 的时序图

通过例 4-3 的分析,可以归纳出同步时序电路的一般分析过程:

(1) 根据给定的电路,结合图 4-3 和图 4-4 确定电路的类型. 列出触发器的激励方程.

(2) 将激励方程代入触发器的特征方程,写出电路的状态方程. 同时写出电路的输出方程.

(3) 由状态方程和输出方程,列出电路的状态转换表或状态转换图.

(4) 分析电路的状态转换表或状态转换图,得到电路的功能表示或者相应的时序图. 如果已知电路的功能,可以通过这一步的分析,验证电路功能的正确性.

以上步骤,在具体分析一个电路时,可以根据具体情况作适当调整. 例如在已知电路功能的情况下,若从状态转换表就可以分析工作原理,就不必一定要作出状态转换图或时序图. 有时甚至连状态转换表都可以省略. 但如果要确定输出的定时关系,就必须作出时序图. 另外,若电路结构清楚,那么确定电路类型的步骤也可以省略,因为一旦写出输出方程,电路的类型也就清楚了.

为了进一步熟悉同步时序电路的分析过程,下面再举几个电路分析的例子.

例 4-4 试分析图 4-12 所示的串行全加器电路的工作过程.

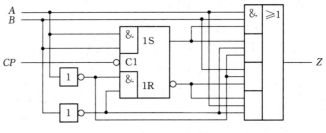

图 4-12 例 4-4 的逻辑图

按照前面所说的步骤,可以得出:
触发器的激励方程为

$$S = AB; \quad R = \overline{A}\,\overline{B} \tag{4.8}$$

电路的状态方程和输出方程分别为

$$\begin{aligned} Q_{n+1} &= S + \overline{R}Q_n = AB + (A+B)Q_n = AB + AQ_n + BQ_n \\ Z &= Q_n(AB + \overline{A}\,\overline{B}) + \overline{Q}_n(\overline{A}B + A\overline{B}) = Q_n \oplus A \oplus B \end{aligned} \tag{4.9}$$

由于已知本例电路功能是全加器,所以不一定要完全作出状态转换表或状态转换图. 因为从(4.9)式已经可以看出,若将输入 A、B 看成两个加数,触发器的输出 Q 就是全加器的进位,输出 Z 就是全加器的和.

这个串行全加器的工作过程是:在系统被复位时,$Q = 0$,相当于最低位运算时没有进位输入.在系统正常工作时,两个加数 A、B 按照从低位到高位的顺序,每个时钟脉冲输入一位进行运算.每完成一位加法,从电路输出端 Z 得到全加器的和,而进位状态被寄存在触发器的输出端,在下一个时钟进行高位的加法时参与运算.

由于加法是逐位串行进行的,所以此电路可以进行任意位数的加法.与第 2 章介绍的并行加法器相比,其优点是可以用较少的器件完成多位二进制数加法,缺点是降低了运算速度.

为了更好地说明串行加法器的工作时序,下面假设输入 A 和 B 的数字序列(从低位到高位)分别为 011011 和 110010,每一位运算对应一个时钟脉冲,触发器的初始状态为全零.图 4-13 给出了这种情况下本例的时序图.

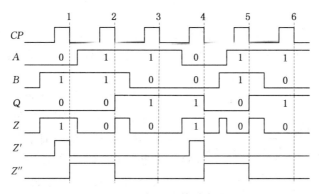

图 4-13　例 4-4 的时序图

由上图可以看到,对于触发器而言,状态的转换发生在 CP 脉冲的有效边沿,本例为下降沿.所谓即时状态、即时输入和即时输出都是指在 CP 脉冲下降沿之前一个很小的 Δt 的情况,图中在输入(A、B)、状态(Q)和输出(Z)上标示的数字正是指这些情况.

在 CP 脉冲下降沿到来之后,系统状态就根据输入和现态,转换为次态.在图 4-13 中就是 Q 从 CP 脉冲下降沿之前的状态转换为 CP 脉冲下降沿之后的状态.到下一个 CP 脉冲下降沿到来,原来的次态就成为那个时刻的现态.图 4-13 就是根据这个关系由(4.9)式得到的.从图中可以看到,在上述输入序列下,输出序列是 100100,进位序列是 001101.

下面再分析输出时序.由于米利模型输出直接与输入相关,所以如果输入在整个时钟周期内能够保持稳定,输出可以保持稳定;若输入发生变化,输出也可能变化,最坏的情况下可能在一个时钟周期内出现多次变化的情况,如图 4-13 中的第 4 个 CP 脉冲到第 5 个 CP 脉冲之间的输出 Z 的波形.

由于系统的即时输出只是 CP 脉冲有效边沿之前一个很小的 Δt 的情况，为了得到有效稳定的输出，可以采用以下两种办法：

第 1 种办法是利用 CP 脉冲同输出相"与"，在每个 CP 脉冲为逻辑 1 期间取出有效信号，如图 4-13 的 Z'。这个办法要求触发器的有效边沿为下降沿，并且在 CP 信号为逻辑 1 期间输入信号不能有变化。输出将和 CP 信号等宽，一般不能做到在整个时钟周期内稳定。

第 2 种办法是利用一个 D 触发器作为缓冲寄存器，其激励端 D 接原来的输出 Z，触发端接 CP，将输出 Z 同步取出，在触发器的 Q 端将得到图 4-13 中的 Z'' 信号，该信号在整个时钟周期内稳定不变，但要比上一种方法延迟一个节拍输出。若将增加的 D 触发器看成是记忆电路的一部分，这个方案实际上已经是摩尔模型。

一般说来，如果输入信号整个时钟周期内稳定，那么同步时序电路采用米利模型较为有利，因为米利模型状态少、输出快。若不能保证输入信号在整个时钟周期内保持稳定，采用摩尔模型比较有利。

例 4-5 图 4-14 所示是一个同步十进制计数器电路，试分析其工作原理。

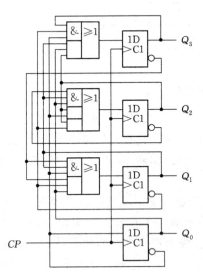

图 4-14 同步十进制计数器的逻辑图

同步计数器是指所有的触发器都在同一个时钟信号控制下动作的计数器。在本例中，4 个 D 触发器在 CP 信号的统一控制下动作，它们的输出 $Q_0 \sim Q_3$ 构成了十进制计数器的输出，其中 Q_3 是 MSB，Q_0 是 LSB。

对于计数器电路来说，有两个特点值得注意。第一，计数器一般将触发器的输出直接构成电路的输出，在分析电路时往往只有状态方程而没有输出方程。第二，计数器电路直接将时钟信号作为输入信号。除了时钟信号之外，大部分计数器没有其他输入（即使有其他输入信号也往往是辅助功能控制信号，与计数功能没有多大关系）。所以如果不把时钟信号作为输入信号看待，计数器电路可以看成是一类没有输入信号的时序电路。

尽管计数器有上述特点，对它们的分析方法还是与其他时序电路一样，只是状态转换图和状态转换表略有不同。下面就按照前面所说的分析步骤，首先写出触发器的激励方程：

第4章 同步时序电路

$$D_0 = \overline{Q}_0 ; \quad D_1 = Q_0\overline{Q}_1\overline{Q}_3 + \overline{Q}_0 Q_1 \overline{Q}_3 \tag{4.10}$$
$$D_2 = \overline{Q}_1 Q_2 + \overline{Q}_0 Q_2 + Q_0 Q_1 \overline{Q}_2 ; \quad D_3 = Q_0 Q_1 Q_2 + \overline{Q}_0 \overline{Q}_1 Q_3$$

由于 D 触发器的特征方程特别简单 ($Q_{n+1} = D$),将上述激励方程的 D 换成 Q_{n+1} 就得到了电路的状态方程:

$$Q_{0(n+1)} = \overline{Q}_0 ; \quad Q_{1(n+1)} = Q_0\overline{Q}_1\overline{Q}_3 + \overline{Q}_0 Q_1 \overline{Q}_3 \tag{4.11}$$
$$Q_{2(n+1)} = \overline{Q}_1 Q_2 + \overline{Q}_0 Q_2 + Q_0 Q_1 \overline{Q}_2 ; \quad Q_{3(n+1)} = Q_0 Q_1 Q_2 + \overline{Q}_0 \overline{Q}_1 Q_3$$

根据(4.11)式可以列出本例电路的状态转换表,如表 4-5 所示. 注意计数器的状态转换表中没有输入和单独的输出,次态实际上就是输出.

表 4-5 十进制计数器的状态转换表

现态	$Q_3 Q_2 Q_1 Q_0$	$Q_{3(n+1)} Q_{2(n+1)} Q_{1(n+1)} Q_{0(n+1)}$	现态	$Q_3 Q_2 Q_1 Q_0$	$Q_{3(n+1)} Q_{2(n+1)} Q_{1(n+1)} Q_{0(n+1)}$
S_0	0000	0001	S_8	1000	1001
S_1	0001	0010	S_9	1001	0000
S_2	0010	0011	S_{10}	1010	0001
S_3	0011	0100	S_{11}	1011	0100
S_4	0100	0101	S_{12}	1100	1101
S_5	0101	0110	S_{13}	1101	0100
S_6	0110	0111	S_{14}	1110	0101
S_7	0111	1000	S_{15}	1111	1000

由状态转换表可以看到,该计数器的前 10 个状态正好构成一组 BCD 码(8421 码),并且次态与现态的关系是加 1 计数关系,所以这是一个十进制加法计数器.

由于 4 个触发器可以构成 16 个状态,除了 $S_0 \sim S_9$ 这 10 个有效状态外,还有 6 个无效状态 $S_{10} \sim S_{15}$. 由表 4-5 可以看到,经过若干个时钟周期,这 6 个状态的次态都在有效状态之内,所以不管在开机时计数器处于什么状态,只要经过若干个时钟周期,计数器肯定进入正常的有效循环状态. 这种情况称之为电路能够自启动. 关于电路的自启动问题,在下面时序电路的设计部分还会详细论述.

将上述状态转换表画成状态转换图如图 4-15 所示,可以更清楚地看到这个

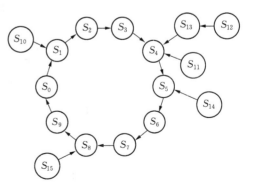

图 4-15 十进制计数器的状态转换图

电路的工作过程,包括从无效状态进入有效循环状态的过程.

4.2.2 常用同步时序电路分析

一、同步计数器

例 4-5 介绍了十进制同步计数器.在上一章中介绍的环型计数器和扭环型计数器也是同步计数器.除此之外,还有二进制同步计数器、可逆同步计数器等.实际的集成电路同步计数器为了达到更强的通用性,往往还带有同步置数、同步或异步复位以及超前进位等辅助功能.下面将介绍几个具有一定代表性的电路.

图 4-16 是一个典型 4 位二进制同步计数器的原理结构和逻辑符号.该计数器具有 4 个输出 $Q_A \sim Q_D$.除了时钟 CP 外,还有 4 个并行数据输入端 A、B、C、D,4 个控制端 $\overline{CLR}$、$\overline{LOAD}$、ENP 和 ENT.电路的功能和输入端的说明见表 4-6.

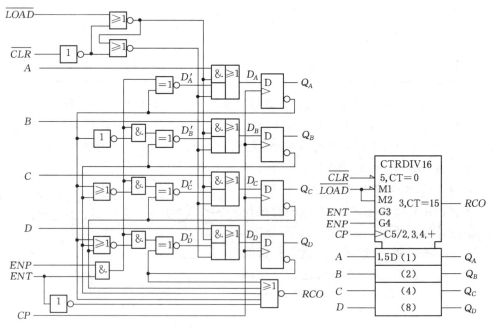

图 4-16 典型 4 位同步计数器的原理结构和逻辑符号

第4章　同步时序电路

表 4-6　典型 4 位同步计数器的功能

$\overline{CLR}$	$\overline{LOAD}$	ENP	ENT	功　　能
0	X	X	X	复位(清零)
1	0	X	X	加载(置数)
1	1	1	1	计数
1	1	0	X	保持
1	1	X	0	保持

$\overline{CLR}$ 为同步清零端：当 $\overline{CLR}=0$ 时，在时钟 CP 作用下，计数器输出 $Q_A \sim Q_D$ 被清零。

$\overline{LOAD}$ 为同步置数端：当 $\overline{LOAD}=0$ 时，在时钟 CP 作用下，计数器输出 $Q_A \sim Q_D$ 被置为 A、B、C、D 的值。

ENP 和 ENT 为计数允许：当 ENP 和 ENT 都等于 1 时，计数器允许计数，否则计数器处于保持状态，即保持原有计数值不变。另外，ENT 还有进位输入作用。

下面分析上述功能的实现。由于该电路功能比较复杂，直接写出激励方程较为繁杂，可以将电路按照功能不同进行拆分后再进行分析。

从图 4-16 可以看到，每个触发器的激励输入 D 端连接到一个与或门的输出，与或门的一组输入来自控制端 $\overline{CLR}$ 和 $\overline{LOAD}$，另一组输入来自并行数据输入端 A、B、C、D 和一组异或非门的输出 $D'_X(X=A,B,C,D)$。以激励 D_A 为例，可以写出下列方程：

$$D_A = \overline{(\overline{LOAD}+CLR)} \cdot A + \overline{((\overline{LOAD}+CLR)+CLR)} \cdot D'_A$$
$$= LOAD \cdot \overline{CLR} \cdot A + \overline{LOAD} \cdot \overline{CLR} \cdot D'_A \tag{4.12}$$

可以看出，这实际上是一个数据选择器的逻辑方程，控制端 $\overline{CLR}$ 和 $\overline{LOAD}$ 相当于选择端。顺便指出，这种利用与或门作为数据选择器达到多种逻辑功能转换的办法，是多功能电路设计中的一种常用手段。

当 $\overline{CLR}=0$ 时，$D_A=0$，在 CP 作用下，$Q_{A(n+1)}=0$，实现同步清零功能。

当 $\overline{CLR}=1$ 时，由 $\overline{LOAD}$ 信号选择 $D_A=A$ 或者 $D_A=D'_A$。当 $\overline{LOAD}=0$(即 $LOAD=1$) 时，$D_A=A$，在 CP 作用下，$Q_{A(n+1)}=A$，实现同步置数功能；当 $\overline{LOAD}=1$(即 $LOAD=0$) 时，$D_A=D'_A$，其功能将在下面分析。

当 $\overline{LOAD}=1$ 时，$D_X=D'_X$。由图 4-16 可以写出这个计数器的激励函数如 (4.13) 式。

$$D_A = \overline{\overline{Q_A} \oplus (ENP \cdot ENT)} = Q_A \oplus (ENP \cdot ENT)$$
$$D_B = \overline{\overline{Q_B} \oplus (\overline{Q_A} \cdot ENP \cdot ENT)} = Q_B \oplus (Q_A \cdot ENP \cdot ENT) \quad (4.13)$$
$$D_C = \overline{\overline{Q_C} \oplus ((\overline{Q_A} + \overline{Q_B}) \cdot ENP \cdot ENT)} = Q_C \oplus (Q_A Q_B \cdot ENP \cdot ENT)$$
$$D_D = \overline{\overline{Q_D} \oplus ((\overline{Q_A} + \overline{Q_B} + \overline{Q_C}) \cdot ENP \cdot ENT)} = Q_D \oplus (Q_A Q_B Q_C \cdot ENP \cdot ENT)$$

当 $ENP \cdot ENT = 0$ 时,$D_X = Q_X \oplus 0 = Q_X$. 由于 D 触发器的次态输出等于激励输入,在这种情况下 $Q_{X(n+1)} = Q_X$,电路处于保持状态. 从这里也可以看出,ENP 是电路的计数允许输入(关于 ENT 我们在下面还要分析).

当 $ENP \cdot ENT = 1$ 时,可以写出如下状态方程:

$$\begin{aligned} Q_{A(n+1)} &= \overline{Q_A} \\ Q_{B(n+1)} &= Q_B \oplus Q_A \\ Q_{C(n+1)} &= Q_C \oplus Q_A Q_B \\ Q_{D(n+1)} &= Q_D \oplus Q_A Q_B Q_C \end{aligned} \quad (4.14)$$

按照此状态方程可以写出这个计数器在计数状态下的状态转换表,如表 4-7 所示.

表 4-7 典型 4 位同步计数器的状态转换表

状态	$Q_D Q_C Q_B Q_A$	$Q_{D(n+1)} Q_{C(n+1)} Q_{B(n+1)} Q_{A(n+1)}$	状态	$Q_D Q_C Q_B Q_A$	$Q_{D(n+1)} Q_{C(n+1)} Q_{B(n+1)} Q_{A(n+1)}$
S_0	0000	0001	S_8	1000	1001
S_1	0001	0010	S_9	1001	1010
S_2	0010	0011	S_{10}	1010	1011
S_3	0011	0100	S_{11}	1011	1100
S_4	0100	0101	S_{12}	1100	1101
S_5	0101	0110	S_{13}	1101	1110
S_6	0110	0111	S_{14}	1110	1111
S_7	0111	1000	S_{15}	1111	0000

该状态转换表反映出这正是一个二进制加法计数器. Q_A 是 LSB, Q_D 是 MSB. 实际上根据(4.14)式可以归纳出二进制同步加法计数器状态方程的一般形式:

$$\begin{aligned} Q_{0(n+1)} &= \overline{Q_0} \\ Q_{i(n+1)} &= Q_i \oplus \Big(\prod_{j=0}^{i-1} Q_j \Big), \ i \neq 0 \end{aligned} \quad (4.15)$$

最后来分析此计数器的另一个输出 RCO 和输入 ENT 的功能.

观察(4.15)式,可以发现二进制同步加法计数器每位输出的次态都由一个异或函数的两项构成,其中一项是本位现态输出,另一项是低于本位的所有位现态输出的逻辑与.显然,要增加位数,在异或函数的第 2 项要增加低位输出的逻辑与项. RCO 正是为此而设置的.

RCO 的逻辑函数是

$$RCO = \overline{\overline{Q_A} + \overline{Q_B} + \overline{Q_C} + \overline{Q_D} + \overline{ENT}} = Q_A \cdot Q_B \cdot Q_C \cdot Q_D \cdot ENT \quad (4.16)$$

RCO 是 4 位计数器的输出和 ENT 的逻辑与,而由(4.13)式可知,同步计数器每位 D 触发器的激励函数中都包含 ENT,且 ENT 的位置正好位于异或函数的第 2 项,所以当两个上述 4 位计数器串联时,将低 4 位计数器的 RCO 作为进位输出联结到高 4 位计数器的 ENT,相当于在高 4 位计数器的状态方程中扩充了低 4 位的现态输出,从而可以构成一个 8 位的同步计数器状态方程.按照同样的办法继续串联,可以构成位数更多的同步计数器.这样 RCO 是计数器的进位输出端,ENT 是计数器的进位输入端.

下面简要介绍一下 4 位同步计数器逻辑符号中公共控制框内的限定符号.总限定符号 CTRDRV16 表示这是一个循环长度为 16(即 4 位二进制数)的计数器.在公共控制框内对应着外部信号 $\overline{LOAD}$ 标注的 M 是一种关联符号,表示方式(Mode)关联,其后的 1 和 2 是标志序号.将 $\overline{LOAD}$ 分成 M1 和 M2 是因为 $\overline{LOAD}$ 信号在高、低两个电平下,内部关联的对象不同,所以用两个标志序号分开.同样,对应着外部信号 CP、ENT 和 ENP 标注的 C 和 G 也是关联符号,C 表示控制(Control)关联,G 表示与(AND)关联.

所谓关联符号是指图形符号中所有标注同样标志序号的输入输出全部受它们的影响.例如,计数器符号下方的 D 触发器阵列中所有 D 输入端标注有序号"1,5",所以它们全部受 M1 和 C5 的影响,其意义就是当 M1 = 1(由于外部信号 $\overline{LOAD}$ 与 M1 之间有极性指示符,所以 M1 = 1 就是 $\overline{LOAD}$ 为低电平)和 C5 = 1(即 CP 上升沿)时,这些输入端有效,所以此计数器在 $\overline{LOAD}$ 为低电平时工作在并行置数模式.

对应外部信号 CP 的关联符号中的 C 表示控制关联,序号 5 的意义前面已经说明了,序号"2,3,4"分别与 M2、G3、G4 关联,最后的"+"表示在这些情况下进行加法计数.所以此计数器的计数条件就是: M2 = 1 以及 G3 · G4 = 1,也就是 $\overline{LOAD}$、ENT 和 ENP 均为高电平.

对应外部信号 $\overline{CLR}$ 的限定符号"5, CT = 0"表示在 C5 = 1(即 CP 上升沿)时计数为 0,即同步清零.对应外部信号 RCO 的限定符号"3, CT = 15"表示在

$G3 = 1$(即 ENT 为高电平)且计数为 15 时输出 1.

可以看到,这些限定符号表示的意义同上述分析的结果一致.

可以将多个同步计数器串联成更多位数的同步计数器,其接法可见图 4-17. 为了保证处于最低位的计数器能够正常计数,最低位计数器的 ENT 必须接逻辑 1 (图中最低位的 ENT 连接"H"表示连接逻辑高电平. 在图中采用了极性表示法, 所以不能用逻辑 1 或逻辑 0 表示,只能用逻辑电平高低表示).

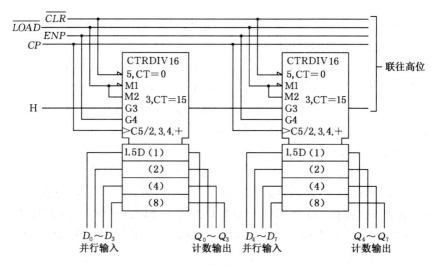

图 4-17 4 位同步计数器的串联

上面讨论的是同步加法计数器,下面再对同步可逆计数器进行分析. 所谓可逆,是指计数器在外部控制下,既可以做加法计数也可以做减法计数. 图 4-18 就是一个实际的同步可逆计数器的例子.

在图 4-18 所示的同步可逆计数器中,控制端 $\overline{LOAD}$、$\overline{ENP}$ 和 $\overline{ENT}$ 的功能与前面讨论过的图 4-16 所示的同步计数器一致(不同之处在于,图 4-16 中的计数允许 ENP 和进位输入 ENT 是高电平有效,在本电路中它们是低电平有效).

在同步可逆计数器中增加了计数方向控制端 $U/\overline{D}$. 该输入端用来控制计数器是执行加法计数还是减法计数. 当 $U/\overline{D} = 1$ 时,计数器执行加法计数,当 $U/\overline{D} = 0$ 时,计数器执行减法计数. 下面来分析上述控制功能的实现过程.

由图 4-18 可见,$U/\overline{D}$ 的控制作用实际上是通过一个与或非门选择计数器的反馈信号 Q'_X. 当 $U/\overline{D} = 1$ 时,反馈信号 $Q'_X = Q_X$,当 $U/\overline{D} = 0$ 时,反馈信号 $Q'_X = \overline{Q_X}$. 可以写出上述计数器在 $\overline{LOAD} = 1$、$\overline{ENP} = 0$、$\overline{ENT} = 0$、$U/\overline{D} = 0$(即执行减法计数)时的状态方程如下:

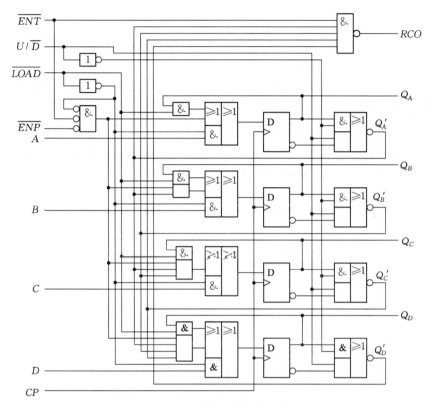

图 4-18 同步可逆计数器的原理结构

$$Q_{A(n+1)} = \overline{Q}_A$$
$$Q_{B(n+1)} = Q_B \oplus \overline{Q}_A$$
$$Q_{C(n+1)} = Q_C \oplus \overline{Q}_A\overline{Q}_B \tag{4.17}$$
$$Q_{D(n+1)} = Q_D \oplus \overline{Q}_A\overline{Q}_B\overline{Q}_C$$

由这组状态方程可以归纳出二进制同步减法计数器状态方程的一般表达式:

$$Q_{0(n+1)} = \overline{Q}_0$$
$$Q_{i(n+1)} = Q_i \oplus \Big(\prod_{j=0}^{i-1}\overline{Q}_j\Big), \, i \neq 0 \tag{4.18}$$

关于可逆计数器其他功能的实现过程,同前面讨论过的图 4-16 所示的同步计数器的实现原理一样. 读者可以按照前面的分析步骤自己加以讨论.

利用上述二进制计数器,可以构成任意进制的计数器. 下面以用加法计数器构成 N 进制计数器为例来说明构成方法.

例 4-6 试用图 4-16 的同步二进制计数器构成一个十二进制计数器.

所谓 N 进制计数器,是指共有 N 个状态,计数 N 次产生一个进位信号的计数器. 也称为模 N 计数器(Modulo-N Counter).

图 4-16 所示的同步二进制计数器是一个 4 位二进制计数器,共有 16 个状态. 用它构成十二进制计数器,要设法去除其中的 4 个状态.

去除计数器中多余状态的办法有几种,对于同步计数器而言常用同步置数法,其原理见图 4-19. 在二进制计数器的输出端接一个与非门,其输出联接到计数器的 $\overline{LOAD}$ 端,构成一个计数反馈信号. 其工作过程如下:

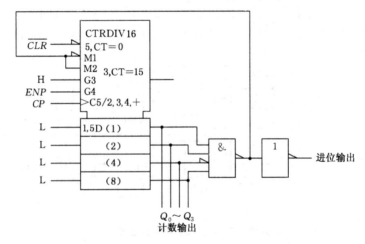

图 4-19 用二进制同步计数器构成十二进制同步计数器

首先可以将计数器输出端的与非门看成一个译码器,只有当它的 4 个输入端为 1011 时,该与非门的输出为低电平,其余输入情况下输出均为高电平.

当计数器的输出在 0000 到 1010(十进制 10)这 11 个计数状态时,计数器输出端与非门的输出均为高电平,也就是计数器的 $\overline{LOAD}$ 端是逻辑 1,所以对计数器的计数没有影响. 当计数器的输出为 1011(十进制 11)时,经过与非门译码后的输出为低电平,在此状态下,计数器的 $\overline{LOAD}$ 端得到低电平,当下一个 CP 脉冲到达时,计数器将工作在并行置数状态. 而计数器的并行输入端全部接在低电平上,所以计数器将在下一个 CP 脉冲被置成 0000. 这样,整个计数器的工作状态将在 0000 到 1011 之间循环,正好构成十二进制计数器. 与非门的输出经过反相后,可以构成进位输出.

若在上述计数器中改变与非门的译码关系以及二进制计数器并行输入端的置数值,可以让计数器在任意设定的状态区间内循环,构成各种进制的计数器.

二、时钟发生电路

时钟发生电路是数字电路的一个基本组成部分.在这里不准备讨论振荡器等时钟脉冲的产生问题,主要讨论时钟信号的移相、分频等.

在数字电路系统中,有时候会要求系统中有几个时钟信号,它们之间相差一个固定的相位,例如90°.图4-20显示了4个相互之间相差90°的时钟信号,称为4相时钟信号.

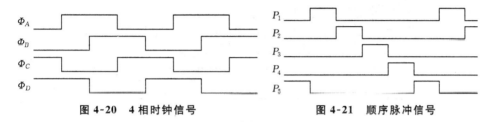

图 4-20 4 相时钟信号　　　　　图 4-21 顺序脉冲信号

另外一些场合也可能需要系统按照一定的顺序进行操作,这时需要系统控制部分按照时间先后产生一系列脉冲信号,这些信号在时间上严格按照时间顺序排列,被称为顺序脉冲.图4-21就是一组顺序脉冲信号.

图4-20和图4-21的信号有一个共同特征,就是在一组信号中,每两个相邻的信号之间都具有一定的延时.环型计数器或扭环型计数器的每两个触发器状态相差一个时钟周期,所以上述两种时钟信号发生电路可以用环型计数器或扭环型计数器来构成.

图4-22是用扭环型计数器实现的4相时钟信号发生器及其输出波形.

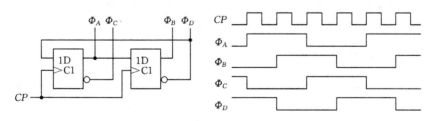

图 4-22 4 相时钟信号发生器及其输出波形

图4-23是用环型计数器实现的顺序脉冲信号发生器及其输出波形.该电路在任何时刻只有一个输出逻辑1,所以也将它称为单活跃(One-hot)电路.

对照图4-23和图3-26,可以看到该电路中的环型计数器同第3章介绍的基本环型计数器有所不同.两种环型计数器的主要不同之处在于反馈到第1个触发器激励端的信号.图3-26所示的基本环型计数器将最后一个触发器的输出反馈到第 1 个触发器的激励端,这样的反馈逻辑不能保证电路进入只有一个输出为逻辑 1 的正确循环.而图 4-23 中的环形计数器将第 1 个到第 4 个触发器的输出经过一个或非门组合以后反馈到第 1 个触发器的激励端,这样可以保证在任何状态下,只要经过有限个时钟脉冲,总可以进入单活跃状态.这种结构的环型计数器是可以自启动的环型计数器.读者可以根据图 4-23 自行证明上述结论.

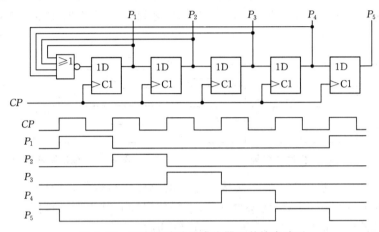

图 4-23　顺序脉冲信号发生器及其输出波形

顺序脉冲信号发生器也可以用计数器和译码器组合构成.与用环型计数器构成的电路相比,计数器和译码器组合构成的电路冗余状态数少,在构成脉冲数目较多的电路时比较经济.但是因为该电路的输出经过译码电路,输出波形可能由于竞争-冒险而产生干扰毛刺.用可以自启动的环型计数器构成的电路则正好相反,电路使用的触发器多(1 个顺序脉冲需要 1 个触发器),冗余状态数较多.但是输出不经过任何组合电路,输出波形十分干净,没有任何毛刺干扰.

三、通用移位寄存器

前面一章已经讨论了并行和串行的寄存器.在实际使用中还有一种通用移位寄存器(Universal Shift Register),应用十分灵活.所谓"通用"就是指这些寄存器可以用于任何输入/输出组合方式.这是通过在普通移位寄存器上增加额外的控制逻辑电路来实现的,是一种典型的同步时序电路.

图 4-24 是一种 4 位通用移位寄存器的逻辑结构图.该电路具有两个串行输入端 J、K,4 个并行数据输入端 $P_0 \sim P_3$,4 个数据输出端 $Q_0 \sim Q_3$.可以工作在串行输入模式或者并行输入模式,控制信号 PE 用于选择工作模式.除此之外,还带有一个异步清零信号输入 R_D.采用时钟正边沿触发.

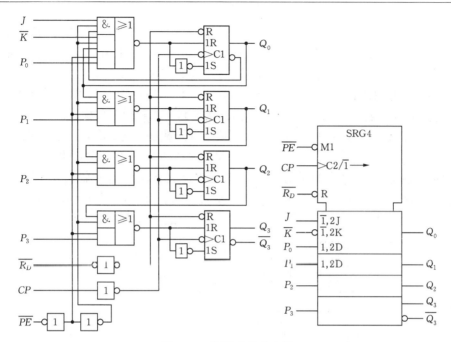

图 4-24 通用移位寄存器

从图 4-24 可以看到,该移位寄存器的触发器是将一个同步 RS 触发器的 S 端与 R 端通过一个非门相互连接,构成一个 D 触发器. 4 个 D 触发器的激励输入端 D 实际上是 4 个与或门的输出(注意不是与或非的输出). 根据第 2 章对于数据选择器的分析,知道与或门可以构成 2 选 1 数据选择器,本电路正是利用这一点来构成串行工作模式和并行工作模式转换. 当 $PE=1$(即 $\overline{PE}=0$)时,每个 D 触发器的激励输入 D_n 被选择连接到并行输入 P_n,在 CP 脉冲的作用下,并行输入信号被锁存进入每个触发器,工作在并行输入模式. 当 $PE=0$ 时,每个 D 触发器的激励输入 D_n 被选择连接到上一个触发器的输出 Q_{n-1},第 1 个触发器的激励被接成 JK 触发器的激励形式,所以在 CP 脉冲的作用下,每个触发器的输出被移位,第 1 个触发器的状态取决于激励输入 J、K 的状态,整个寄存器工作在串行输入模式.

由于每个触发器的输出都被引出,该寄存器可以工作在两种输出模式. 这样,串行和并行两种工作模式它都可以实现,体现出极大的灵活性.

这个移位寄存器逻辑符号中公共控制框内的限定符号表达了它的工作模式. 总限定符号 SRG4 表示这是一个 4 位移位寄存器. 外部信号 PE 和外部信号 CP 同触发器的 D 输入端关联,当 M1=1(即 PE=1)和 C2=1(即 CP 上升沿)时,D 输入端有效,所以寄存器在 PE=1 时工作在并行输入模式.

而当 M1 = 0(即 PE = 0)时，标有 $\overline{1}$ 的输入（"$\overline{1}\to$"、"$\overline{1},2J$"、"$\overline{1},2K$"）受影响有效，"$\overline{1}\to$"标注在 CP 输入端，表示在 M1 = 0 条件下 CP 输入是移位脉冲输入（"→"表示从左到右或从上到下）。"$\overline{1},2J$"和"$\overline{1},2K$"表示第 1 个触发器的输入 J、K 是移位寄存器的输入。由于其余触发器输入的标志序号均为 1，2，所以在 M1 = 0 时这些触发器的外部输入无效，从而构成从上到下的移位工作模式。

在计算机中，通常将所有设备的数据线全部连接在一起，形成所谓"数据总线"（Data Bus）。寄存器作为一个数据存储设备，它的数据输入和数据输出也必须连接到数据总线上。在第 2 章的讨论中已知，在这种情况下，为了避免输出发生冲突，必须引入三态输出结构。带三态输出的寄存器简称三态寄存器（Tri-state Register），可以连接到公共数据总线上。图 4-25 表示了一个通用三态移位寄存器。它具有存

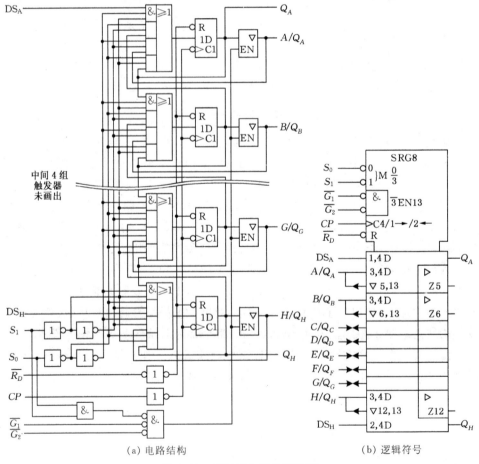

(a) 电路结构   (b) 逻辑符号

图 4-25 通用三态移位寄存器

储、左移和右移功能,有多个三态控制输入端.

由图 4-25 可知,该移位寄存器具有 8 个输入端 $A\sim H$,同时也可以是输出端 $Q_A\sim Q_H$. 这 8 个输入/输出端可以直接连接到数据总线,使用三态输出控制 $\overline{G}_1$ 和 $\overline{G}_2$ 完成输入/输出的多路复用控制. 在图 4-25 的逻辑符号中,用互联关联(Z 关联)表示了输出和输入复用的联系,用双向箭头标识了多路复用器并行输入数据线的双重性质,用使能关联(EN 关联)标志了三态输出控制线与输出的关系.

该寄存器"通用"功能的实现也是利用与或门的数据选择作用. 与通用移位寄存器不同之处,在于这个寄存器有 2 个模式控制输入,所以能够实现 4 种不同的操作模式. 与或门实际上构成 4 选 1 多路选择器. 在不同的操作模式下,每个触发器的输入 D 选择不同的激励输入. 所有的数据变化都发生在时钟的正边沿.

当 $S_1S_0 = 11$ 时,每个触发器的输入 D 选择数据总线 $A\sim H$,而三态输出门被封锁,在 CP 脉冲的作用下触发器将存储外部数据总线的数据,寄存器处于并行加载模式.

当 $S_1S_0 = 00$ 时,每个触发器的输入 D 选择触发器的 Q,在 CP 脉冲的作用下存储原先已载入的数据,寄存器处于保持模式.

当 $S_1S_0 = 01$ 和 $S_1S_0 = 10$ 时,每个触发器的输入 D 都选择相邻触发器的 Q,位于端点的触发器选择串行移位输入 DS_A 或 DS_H,寄存器处于移位模式. 当 $S_1S_0 = 01$ 时,数据从 A 移向 H;当 $S_1S_0 = 10$ 时,数据从 H 移向 A. 在图 4-25 通用三态移位寄存器的逻辑符号中,方式关联符号 M 后面的序号反映了 S_1S_0 的二进制数值,CP 输入的关联符号"1→/2←"反映了上述移位的方向关系.

§4.3 同步时序电路的设计

4.3.1 同步时序电路设计的一般过程

设计过程是分析过程的逆过程. 设计就是根据一个给定时序逻辑问题(一般用自然语言描述)的功能要求,经过适当的步骤,最后得到解决这一问题的电路. 将前一节关于同步时序电路分析的过程倒过来,就可以得到设计一个同步时序电路的一般步骤:

步骤一 分析电路的功能要求或者时序图,设计描述该电路的有限状态机

从前面的对于同步时序电路的分析过程可以看到,任何一个同步时序电路,分

析的最后结果可以归结为一个状态转换表或者状态转换图,并从中获得该电路的功能信息.对于设计过程来说,由于大部分情况下问题是以自然语言描述的,所以电路设计的第 1 步也是最为关键的一步,就是通过分析自然语言所表达的功能要求,列出该问题的状态转换表或状态转换图.

状态转换表或状态转换图实际上可以表达该时序电路的所有信息,这样描述的时序电路也称为状态机.时序电路通常可以用一个通用模型来表示,就是有限状态机(Finite State Machine, FSM).所谓有限,是指在该状态机中的状态数是有限的,包含的信息量也是有限的.有限状态机要求可以在有限的状态内完成一个时序电路问题的所有操作.由于大部分实际的时序电路问题可以满足这一限制,通常设计时序电路的第 1 步就是设计一个有限状态机的问题.

事实上设计有限状态机的过程还可以进一步细分为以下几个步骤:
(1) 确定采用何种模型(米利模型还是摩尔模型)来实现有限状态机;
(2) 根据问题的描述得到一个初步的状态转换表或状态转换图;
(3) 分析得到的状态转换表或状态转换图,对其中的冗余状态进行化简,得到一个最简单的状态机.

本书将以有限状态机的设计为线索来讨论时序电路的设计问题.事实上,某些电路的数据操作可能不能在有限的状态内完成.确定能否在有限个状态内完成规定的数据操作是一个非常困难的问题,本书中不讨论这个问题.

步骤二 用实际的逻辑电路(触发器和其他组合逻辑电路)实现上述有限状态机

如果说上一步骤还是抽象的逻辑设计的话,那么第 2 步将是具体的实际设计过程.在这一过程中,要用具体的触发器和组合电路来完成上一步得到的有限状态机.具体地说,这一过程也可以分成若干个步骤:
(1) 状态编码,也就是给每一个状态赋予一个适当的二进制码;
(2) 确定采用何种具体的触发器,根据状态编码和触发器类型,从有限状态机的状态转换关系得到电路的状态激励表;
(3) 根据状态激励表得到触发器的激励方程,根据状态转换表得到电路的输出方程,根据电路的具体要求化简这两组方程,得到它们最合适的表达式;
(4) 由上述表达式得到最终的逻辑电路图.

在上述设计同步时序电路的过程中,状态化简和状态编码是一个比较复杂的过程.其中状态编码到目前为止还没有什么通用的办法.这两部分内容将在下一节展开详细讨论.下面将结合几个具体的例子来说明设计同步时序电路的过程.

例 4-7 在数字系统中,外部事件是通过某个输入信号的变化来通知系统的. 本例题要求设计一个事件输入检测电路,该电路在每个时钟脉冲的有效边沿检测输入信号.输入信号通常为 1,当它变为 0 时表示有外部事件发生.为了避免由于干扰而发生虚假输出,要求至少检测到 2 个连续的 0 才认为输入有效.在检测到有效输入后,当输入重新回到 1 后,输出一个逻辑 1 信号并将该信号保持一个时钟周期.

根据前面讨论的设计步骤,进行设计如下:

步骤一 确定本问题采用何种时序电路模型

在本章开始时对米利模型和摩尔模型的特性已经作了比较详细的讨论,这里再简单列出两种模型状态机的区别:

摩尔型状态机的输出只与状态机的状态有关,与输入信号的当前值无关.米利型状态机的输出不单与状态有关,而且与输入信号的当前值有关.

摩尔型状态机的输出在时钟脉冲有效边沿之后(可能包含若干个门延时)达到其稳定值,并在一个完整的时钟周期内保持这一稳定值.输入对输出的影响要到下一个时钟周期才能反映出来.把输入与输出隔离开来,是摩尔型状态机的一个重要特点.

米利型状态机由于输出直接受输入影响,且输入变化可能出现在时钟周期内的任何时刻,这就使得米利型状态机对输入的响应可以比摩尔型状态机对输入的响应早一个时钟周期,但输入信号中的变化可能出现在输出端.

实现同样的功能,摩尔型状态机所需的状态个数可能要比米利型状态机多.

本例并不知道输入信号在一个时钟周期内是否会发生变化,但是要求输出信号保持一个完整的时钟周期,所以不适合采用米利型状态机,只能采用摩尔型状态机.

步骤二 构造状态转换表(状态转换图)

确定采用摩尔型状态机以后,接下来的问题就是构造状态转换表(状态转换图).

为了清楚地描述状态转换关系,设计者可以采用状态转换图或者状态转换表. 状态转换图能够直观地给出状态之间的转换关系以及状态转换条件,容易理解状态机的工作机理,但只适合于状态个数不太多的情况.状态转换表采用表格的方式列出状态及转换条件,能够适合状态个数较多的情况.

对于本例要讨论的序列检测电路,由于电路简单、状态的个数不多,选择采用状态转换图的方式比较合理.构造状态转换图时,通常从一个比较容易描述的状态开始,根据问题的功能描述,逐步建立每个状态直至画出整个状态图.如果问题的指标描述中规定了复位状态,这通常是构造状态转换图很好的起始态.

为了便于设计以及事后的检验、修改,最好在建立每个状态时都清楚地写出关于这个状态的文字描述.这些文字说明类似软件设计中的注释,能够为硬件设计过程提供清晰的参考资料,为最后完成的设计提供完整的设计文档,对于整个设计过程具有极大的帮助。

对于本例的电路,输入通常为 1,这就是复位状态。令复位状态为 S_0。该状态的文字描述如下:

状态 S_0 复位状态,系统没有检测到任何有效事件输入,输出为 0。

该状态是系统的初始状态,表示没有检测到任何事件输入的等待状态。如果在下一个时钟脉冲有效边沿输入信号 $X=1$,表示系统仍然没有检测到任何事件输入,电路应保持在此状态;若检测到输入信号 $X=0$,表示可能会检测到有效事件输入,系统应该进入一个新状态。

令系统在状态 S_0 检测到 $X=0$ 后进入的新状态为 S_1。该状态的文字描述如下:

状态 S_1 系统检测到 1 个"0",输出为 0。

该状态已经检测到一个"0",根据题目的要求,需至少检测到 2 个"0"才承认输入有效,所以如果下一个时钟脉冲检测到输入信号 $X=0$,表示输入已经有效,系统应该进入下一个新状态。反之,若下一个输入信号 $X=1$,表示输入无效,电路应该回到原始的等待状态 S_0。

令系统在状态 S_1 检测到 $X=0$ 后进入的新状态为 S_2。该状态的文字描述如下:

状态 S_2 系统已经检测到 2 个或 2 个以上"0",输出为 0。

该状态表示系统已经检测到 2 个输入"0",输入已经有效。但是根据题目要求,必须在该输入回到"1"后才产生输出,所以在此状态下是在等待输入"1"。如果下一个时钟脉冲系统检测到 $X=0$,电路应该回到本状态继续等待。反之,如果检测到输入信号 $X=1$,表示已经完成了一个事件检测,所以系统应该进入下一个新状态。

令系统在状态 S_2 检测到 $X=1$ 后进入的新状态为 S_3。该状态的文字描述如下:

状态 S_3 系统检测到一个有效事件输入,输出为 1。

该状态表示系统已经检测到一个有效事件输入,所以应该输出一个"1"。如果下一个时钟脉冲系统检测到 $X=1$,根据题目要求,需要等待事件输入,所以应该转换到状态 S_0。如果下一个时钟脉冲系统检测到 $X=0$,表示有可能输入一个新的事件,所以应该转换到状态 S_1。

根据上述分析,可以得到本题目的状态转换图如图 4-26 所示。

状态转换图的特点之一是从每个状态射出的状态转换线的根数必须同系统输入的组合数相同,转换条件包含了所有的输入组合。在本例中,系统只有一个输入,所以每个状态射出的状态转换线都是 2 根,分别对应 2 个输入条件。显然,从任意一个状态到两个不同状态的转换条件不能同时为逻辑 1,否则意味着硬件可能同时进入两个不同状态。两个转换条件不能同时为逻辑 1,即输入条件具有互补关系,这个特点有时也被称为互补原则.在构造状态转换图时,可以应用互补原则检查状态转换图中是否存在错误.显然状态转换表也满足互补原则,也可以用互补原则检查状态转换表中可能出现的错误.

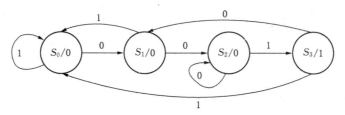

图 4-26　事件输入检测电路的状态转换图

步骤三　状态化简和状态编码

关于状态化简和状态编码问题,将在以后详细讨论.在本例中,一共有 4 个状态,实际上已是最简状态.由于有 4 个状态,所以要用 2 位二进制码进行编码.具体状态编码如下:$S_0 = 00$,$S_1 = 01$,$S_2 = 11$,$S_3 = 10$.

步骤四　建立触发器的状态激励表

首先要确定采用何种触发器.一般而言,由于 JK 触发器可以比较灵活地转换成其他类型的触发器形式,所以采用 JK 触发器来构成一般的同步时序电路比较容易实现.但在设计一些特殊类型的同步时序电路时,也可能采用其他类型的触发器.例如计数器类电路采用 T 触发器更为方便,寄存器类电路最方便的触发器形式是 D 触发器,等等.本例采用 JK 触发器来实现同步时序电路.

确定采用 JK 触发器后,要根据 JK 触发器的激励方程和系统状态编码以后的状态转换表来获得触发器的激励函数.首先根据本问题的状态转换图写出状态编码以后的状态转换表,如表 4-8 所示.

表 4-8　事件输入检测电路的状态转换表

状　态	状态(编码)	次态(编码)		输　出
		$X = 0$	$X = 1$	
S_0	$Q_1Q_0 = 00$	01	00	0
S_1	$Q_1Q_0 = 01$	11	00	0
S_2	$Q_1Q_0 = 11$	11	10	0
S_3	$Q_1Q_0 = 10$	01	00	1

为了讨论的方便,将 JK 触发器的激励表重新写在下面的表 4-9.为了避免同

输入 X 混淆,任意项改用 d 表示.

表 4-9　JK 触发器的激励表

Q_n	Q_{n+1}	J	K	Q_n	Q_{n+1}	J	K
0	0	0	d	0	1	1	d
1	0	d	1	1	1	d	0

根据状态转换表和 JK 触发器的激励表,可以写出本例的状态激励表,如表 4-10 所示.需要说明的是该状态激励表的作法.

表 4-10　事件输入检测电路的状态激励表

输入	激励 J_1K_1, J_0K_0			
	$Q_1Q_0 = 00$	$Q_1Q_0 = 01$	$Q_1Q_0 = 11$	$Q_1Q_0 = 10$
$X = 0$	0d, 1d	1d, d0	d0, d0	d1, 1d
$X = 1$	0d, 0d	0d, d1	d0, d1	d1, 0d

状态激励表的内容是触发器的激励输入,在本例中就是两个 JK 触发器的 J_1K_1 和 J_0K_0.激励表的表头是激励的条件,分别为输入和现态.在激励表中每一个现态和输入的交叉点填入一组激励值,该组激励值由交叉点上的输入、现态以及对应的次态确定.例如,在 $X = 0$ 与 $Q_1Q_0 = 00$ 的交叉点上,从状态转换表(表 4-8)可以知道,其对应的次态是 $Q_{1(n+1)}Q_{0(n+1)} = 01$,即 $Q_1 = 0$、$Q_{1(n+1)} = 0$;$Q_0 = 0$、$Q_{0(n+1)} = 1$.从 JK 触发器的激励表(表 4-9)又可以得到,当 $Q_n = 0$、$Q_{n+1} = 0$ 时的激励值是 $JK = 0d$,所以 $J_1K_1 = 0d$.同理可得 $J_0K_0 = 1d$.所以在该交叉点上填入的激励值应为 0d 与 1d.

表 4-10 中其余的交叉点可按照同样的原理填满.

步骤五　得到触发器的激励函数和电路的输出函数

将状态激励表按照不同的激励分开,画成卡诺图形式,可以得到每个激励端的激励函数.将输出与现态的关系(若是米利模型,则还需加上输入条件)也画成卡诺图形式,可以得到电路的输出函数.

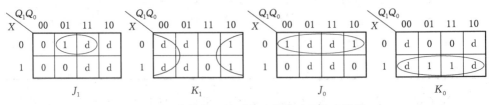

图 4-27　事件输入检测电路的激励函数卡诺图

图 4-27 是本例激励函数的卡诺图,由此图可得到如下的激励函数:

$$J_1 = \overline{X}Q_0, \; K_1 = \overline{Q}_0$$
$$J_0 = \overline{X}, \; K_0 = X$$

因为本例题的输出函数十分简单,卡诺图从略,结果为

$$Z = Q_1 \cdot \overline{Q}_0$$

表 4-10 和图 4-27 实际是同一个函数的两种不同表示.若问题简单,可以省略步骤四而直接画出激励函数的卡诺图,并从卡诺图上得到激励函数的表达式.

步骤六 根据步骤五得到的激励函数和输出函数,完成电路的逻辑图如图 4-28.

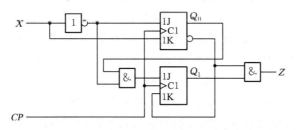

图 4-28 事件输入检测电路的逻辑图

本例通过状态机来判断是否有外部事件发生,是事件输入检测中一种常用的方法.第 3 章的例 3-3 则通过寄存器延迟概念设计输入数据序列检测电路.由于本例的有效输入序列在最后 3 个时钟周期的检测结果一定是"001",也可以归入输入数据序列检测这一类问题,所以仅从检测结果来说,似乎图 3-36 所示的电路也可以完成本例的检测.但是上述两种设计方法具有很大差别,下面就以本例及例 3-3 为范例,分析这两种设计方法的异同:

(1) 从设计过程来说,对于输入数据序列检测这一类问题,将 D 触发器视为一个延时器件的设计方法要比状态机设计方法直观.

(2) 例 3-3 的问题是数据流的问题.一般说来,数据流一定与时钟同步,所以可以用图 3-36 电路进行检测.而本例的输入未必与时钟同步,所以若希望用图 3-36 所示的电路对本例输入进行检测,需要在输入移位寄存器前再串入一个 D 触发器.该触发器起到同步作用,实际上是将图 3-36 所示的米利模型电路改造为摩尔模型电路.

(3) 若需要检测的序列较长,两种方法得到结果的复杂程度将会相差很大,采用状态机设计方法一般可以得到较为经济的电路.

例如在本例中若要"检测到至少连续 6 个 '0' 以及随后的 1 个 '1' 才确认输入有效",那么采用例 3-3 的方法,至少需要 6 个 D 触发器(摩尔模型电路则需要 7 个),而采用状态机设计方法,因为一共只有 8 个状态,所以用 3 个触发器就可以完成设计。

又例如在本例中若要"检测到至少连续 4 个 '0' 以及随后的连续 4 个 '1' 才确认输入有效",那么采用例 3-3 的方法,至少需要 7 个 D 触发器(摩尔模型电路则需要 8 个),而采用状态机设计方法是 9 个状态,所以用 4 个触发器就可以完成设计。

(4) 如果需要检测的序列比较复杂(例如可变的序列或者不止 1 位输入等),则直接利用寄存器延时的概念不仅难以得到满意的结果,而且设计过程也会变得很复杂. 而采用状态机设计的过程是一种"套路"式的方法,不会增加多少工作量。

总之,状态机设计方法是一个通用的同步时序电路设计方法. 一般说来,输入数据序列检测电路总可以通过状态机设计的方法得到,当然也可以直接利用寄存器延时的概念得到电路,但是不同的设计方法在设计过程的简繁程度以及结果的复杂程度方面是不同的. 在需要检测的输入序列相对简单时,采用寄存器延时的概念往往可以收到事半功倍的效果,得到简洁的设计. 例如第 3 章例 3-4 问题就是如此(该问题的状态机设计作为本章的习题,请读者自行完成). 但是需要检测的输入序列较为复杂时,一般建议还是采用状态机设计方法进行设计。

例 4-7 是一个摩尔模型的例子,下面再举一个米利模型的例子。

例 4-8 按照米利模型完成例 4-1 的设计。

例 4-1 是关于自动售饮料机的问题. 输入为投入 1 元或 5 角的硬币,输出为饮料和找零. 关于这个问题的状态转换图和状态转换表都已经在例 4-1 中得到解决,现在将它的米利模型的状态转换表重新写在下面,如表 4-11 所示. 其中 $X_1 = 1$ 表示投入 1 元硬币,$X_2 = 1$ 表示投入 5 角硬币;$Z_1 = 1$ 表示输出饮料,$Z_2 = 1$ 表示输出找零。

表 4-11 例 4-1 的米利模型状态转换表

现　态	次态/输出 $Z_1 Z_2$		
	$X_1 X_2 = 00$	$X_1 X_2 = 01$	$X_1 X_2 = 10$
S_0	$S_0/00$	$S_1/00$	$S_2/00$
S_1	$S_1/00$	$S_2/00$	$S_0/10$
S_2	$S_2/00$	$S_0/10$	$S_0/11$

假设赋予的状态编码为 $S_0 = 00$,$S_1 = 01$,$S_2 = 11$. 由于 2 个触发器可以组成 4 种状态,第 4 个状态"10"在这个例子中不用,是一个冗余状态. 在列编码形式的状态转换表时,必须将冗余状态列入. 关于冗余状态的处理将在下一节讨论,这里暂时令其次态和输出都为任意项,用 d 代替. 另外,输入"11"是不可能的,它的次态和输出也作为任意项处理. 这样编码后得到的状态转换表如表 4-12 所示.

表 4-12 例 4-1(米利模型)编码后的状态转换表

现 态	编码 Q_1Q_2	次态 $Q_{1(n+1)}Q_{2(n+1)}$/输出 Z_1Z_2			
		$X_1X_2 = 00$	$X_1X_2 = 01$	$X_1X_2 = 11$	$X_1X_2 = 10$
S_0	00	00/00	01/00	dd/dd	11/00
S_1	01	01/00	11/00	dd/dd	00/10
S_2	11	11/00	00/10	dd/dd	00/11
S_3	10	dd/dd	dd/dd	dd/dd	dd/dd

假定采用 D 触发器来设计这个问题. 由于 D 触发器的激励表特别简单,D 就是次态,所以上面的状态转换表和 D 触发器的激励表的内容一致,只要将次态换成激励就可以了. 所以就不再画出激励表,直接利用上述状态转换表来得到激励函数和输出函数的卡诺图,如图 4-29 所示. 因为是米利模型,要注意输出函数卡诺图中包含了输入.

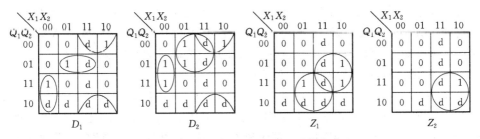

图 4-29 例 4-1(米利模型)编码后的卡诺图

从上述卡诺图,可以得到激励函数和输出函数如(4.19)式. 逻辑图则省略了.

$$\begin{aligned} D_1 &= Q_1\overline{X}_1\overline{X}_2 + \overline{Q}_1Q_2X_2 + \overline{Q}_2X_1 \\ D_2 &= Q_2\overline{X}_1\overline{X}_2 + \overline{Q}_1X_2 + \overline{Q}_2X_1 \\ Z_1 &= Q_1X_2 + Q_2X_1 \\ Z_2 &= Q_1X_1 \end{aligned} \quad (4.19)$$

4.3.2 带有冗余状态的同步时序电路设计

在例 4-8 中,遇到这样一个问题:实际的状态数大于要求的状态数,存在冗余状态.在例 4-8 中将所有的冗余状态作为任意状态处理.这样处理是否合理呢? 先来观察(4.19)式.

在上述问题中,冗余状态是 $Q_1Q_2 = 10$,将此冗余状态代入(4.19)式.首先看输出方程:当 $Q_1Q_2 = 10$ 时,若输入 $X_1 = 1$,则 $Z_1 = 0$, $Z_2 = 1$.若输入 $X_2 = 1$,则 $Z_1 = 1$, $Z_2 = 0$.换句话说,若系统进入冗余状态,那么投入 1 元硬币将出现没有饮料但有 5 角找零,而投入 5 角硬币,还会得到一杯饮料!显然这是极其荒唐的逻辑.

其次再看激励方程. D 触发器的激励方程与次态方程的形式一样,所以只要将(4.19)式中的 D 看成是 Q_{n+1},就可以将(4.19)式作为状态方程看待.同样将 $Q_1Q_2 = 10$ 代入,得到

$$D_1 = \overline{X}_1\overline{X}_2 + X_1$$

$$D_2 = X_1$$

从上式可以看到,当输入 $X_1X_2 = 00$ 时,次态是 $Q_{1(n+1)}Q_{2(n+1)} = 10$. 也就是说,一旦进入冗余状态,在没有输入时机器将永远不会脱离这个状态. 当 $Q_1Q_2 = 10$、输入 $X_1X_2 = 01$ 时,次态是 $Q_{1(n+1)}Q_{2(n+1)} = 00$;当 $Q_1Q_2 = 10$、输入 $X_1X_2 = 10$ 时,次态是 $Q_{1(n+1)}Q_{2(n+1)} = 11$. 这些次态都完全背离了原来问题的要求.

下面要来研究造成这些问题的原因.

回头看例 4-8 的卡诺图(图 4-29).图中所有的无关项都作为任意项处理.实际上,一旦将某个最小项圈入卡诺圈,就意味着默认该最小项的逻辑值为 1,所以在图 4-29 中被卡诺圈包围的项,都应该看作逻辑 1.按照这个原理,可以反过来从图 4-29 推算原来的状态转换表,如表 4-13 所示.

表 4-13 例 4-8 带冗余项的状态转换表的实际情况

现 态	编码 Q_1Q_2	次态 $Q_{1(n+1)}Q_{2(n+1)}$/输出 Z_1Z_2			
		$X_1X_2 = 00$	$X_1X_2 = 01$	$X_1X_2 = 11$	$X_1X_2 = 10$
S_0	00	00/00	01/00	11/00	11/00
S_1	01	01/00	11/00	11/10	00/10
S_2	11	11/00	00/10	00/11	00/11
S_3	10	⑩/00	⓪⓪/10	11/11	⑪/01

第4章 同步时序电路

从上面的状态转换表可以找到上述问题的起因. 在表中, 已经将几个不符合设计要求的地方用圈圈出. 例如, 状态 10 在输入 $X_1X_2=00$ 时的次态还是 10! 可以看到, 正是这些被圈出的次态和输出构成了上面出问题的逻辑.

输入 $X_1X_2=11$ 不可能发生, 所以有关 $X_1X_2=11$ 的次态和输出尽管也不合逻辑, 但并不影响这个机器的正常工作, 我们也没有将它们圈出来.

知道了产生不符合逻辑状态的原因, 就不难找到解决上述问题的做法: 修改原来的状态转换表, 将冗余状态修改为符合逻辑的状态. 对于本例, 可以将状态转换表改成如表 4-14 所示的形式.

表 4-14 修改后的带冗余项的状态转换表

现态	编码 Q_1Q_2	次态 $Q_{1(n+1)}Q_{2(n+1)}$/输出 Z_1Z_2			
		$X_1X_2=00$	$X_1X_2=01$	$X_1X_2=11$	$X_1X_2=10$
S_0	00	00/00	01/00	dd/dd	11/00
S_1	01	01/00	11/00	dd/dd	00/10
S_2	11	11/00	00/10	dd/dd	00/11
S_3	10	00/00	01/00	dd/dd	11/00

注意被改动部分仍然用圈圈出以便对照.

按照上述修正后的状态转换表, 一旦进入冗余状态 S_3, 在无输入的情况下, 下一个时钟脉冲将自动进入有效状态 S_0. 若在冗余状态发生输入, 状态转移情况和输出情况则均与状态 S_0 的处理一致. 由于输入 $X_1X_2=11$ 不可能发生, 所以有关 $X_1X_2=11$ 的次态和输出不作调整. 这个状态转换表考虑了冗余状态的转换和输出, 按照它进行设计将完全符合原来问题的要求.

显然, 如果在开始设计时就对上述冗余状态加以考虑, 就可以避免出现不合逻辑的次态和输出等情形的发生.

为了进一步说明冗余状态在设计中的处理办法, 下面再举一个例子.

例 4-9 设计一个五进制同步计数器.

关于 N 进制计数器的概念已经在前面讨论过. 五进制计数器要求计数值从 0 到 4, 也就是二进制数 000~100. 显然, 它要 3 个触发器来完成计数. 3 个触发器一共有 $2^3=8$ 个状态, 其中 101~111 这 3 个状态就是冗余状态.

对于计数器来说, 冗余状态的处理要求是: 一旦进入冗余状态, 应该能够在有限个时钟脉冲之内脱离冗余状态, 进入正常的计数循环. 在任何冗余状态之间的循环或者冗余状态的自身循环都是不容许的. 这个条件称为计数器的自启动条件.

为了满足自启动条件, 可以在开始设计时就考虑冗余状态的处理问题. 为此列出五进制计数器的状态转换表如表 4-15 和表 4-16 所示.

表 4-15 五进制计数器的状态转换表(1)

现态	$Q_2Q_1Q_0$	$Q_{2(n+1)}Q_{1(n+1)}Q_{0(n+1)}$	现态	$Q_2Q_1Q_0$	$Q_{2(n+1)}Q_{1(n+1)}Q_{0(n+1)}$
S_0	000	001	S_4	100	000
S_1	001	010	S_5	101	000
S_2	010	011	S_6	110	000
S_3	011	100	S_7	111	000

在上面的状态转换表中,将 3 个冗余状态的次态定义为 S_0,这样可以保证在一个时钟脉冲后进入正常循环.下面就按这个状态转换表进行设计.

假定采用 D 触发器,可以得到 3 个激励端的卡诺图如图 4-30 所示. 其中带星(＊)的最小项就是为了满足自启动条件定义了次态 S_0 而得到的激励值.

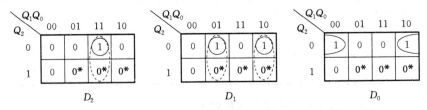

图 4-30 五进制计数器的激励卡诺图

表 4-16 五进制计数器的状态转换表(2)

现态	$Q_2Q_1Q_0$	$Q_{2(n+1)}Q_{1(n+1)}Q_{0(n+1)}$	现态	$Q_2Q_1Q_0$	$Q_{2(n+1)}Q_{1(n+1)}Q_{0(n+1)}$
S_0	000	001	S_4	100	000
S_1	001	010	S_5	101	010
S_2	010	011	S_6	110	010
S_3	011	100	S_7	111	100

从图 4-30 的卡诺图可以得到激励函数并能够完成满足自启动的设计. 但是,这样得到的设计是否比较合理呢?观察图 4-30,发现其中 D_2、D_1 的函数中,3 个卡诺圈只包含了一个最小项,也就是 3 输入端的与门. 如果能将卡诺圈画得大一些,显然可以减少输入端的数目. 但是在图 4-30 中,只包含一个最小项的卡诺圈在横向不可能扩大,可能扩大的方向只有纵向,这样就将把原来的冗余项圈进去. 如果上述 3 个卡诺圈将纵向的冗余项圈进去(图中的虚线所示),实际上状态转换表就将变成表 4-16 的情况.

比较表 4-16 和表 4-15,可以看到,尽管表 4-16 在冗余状态下的次态不是 S_0,但总是能够进入有效循环,满足自启动要求. 由于表 4-16 的设计可以有效地减少激励函数中门的输入数目,所以比表 4-15 更为合理. 按照表 4-16 的状态转换表得到的状态转换图如图 4-31 所示.

　　这个例子同前面关于自动售饮料机的例子有一个本质上的区别. 前面例子在冗余状态下的次态和输出必须满足问题的特定要求,实际上冗余状态的次态和输出都是给定的,没有变化的可能. 而本例只要满足自启动,能够进入正常循环,具体进入哪个状态无关紧要,所以可以对卡诺图进行修正,得到更为合理的激励. 对于类似的问题,有必要从电路的合理性方面考虑修改冗余状态编码,有时甚至会出

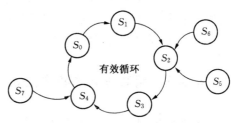

图 4-31　5 进制计数器的状态转换图

现如图 4-32 所示的经过多个时钟脉冲再进入有效循环的过程,只要系统对于进入有效循环的时间没有严格的限制,它仍然是合理的.

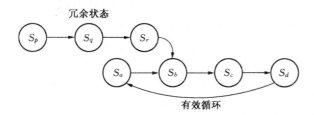

图 4-32　满足自启动条件的从冗余状态进入有效循环的过程

　　综合上面的讨论,可以得出关于具有冗余状态的时序电路设计的几个结论:

　　(1) 对于具有 n 个状态的同步时序电路,如果 n 不是恰巧等于 2^m,一般总有 p 个冗余状态,$p = 2^m - n$.

　　(2) 如果问题要求所有冗余状态都具有特定的输出和次态,则在开始进行设计时,除了明确不可能出现的状态以外,应该将所有的冗余状态的输出和次态考虑在状态转换表或状态转换图中. 这样得到的设计可以满足问题的原始要求.

　　(3) 如果问题只要求满足自启动条件,则可以以任意项方式处理冗余状态,但是最后要进行自启动检查. 也可以以确定方式处理冗余状态,可能得到的结果不是比较好的结果,应该进行优化检查. 无论上述哪种方法,若在检查后发现问题,都需要按照检查的结果重新修改设计.

　　上述所有针对冗余状态的讨论,都是基于一个假定,就是系统可能进入冗余状态. 实际上,由于数字电路在上电瞬间各个触发器的状态不确定,确实有进入冗余状态的可能. 另外,数字系统也可能在受到外界干扰时进入冗余状态. 上面讨论的

方法可以从根本上解决冗余状态的处理,是比较理想的解决办法.但是这个方法也存在着使设计复杂化的缺点.当系统的状态数增加时,这个问题尤为突出.所以在复杂的数字系统中,解决冗余状态问题除了上面的方法外,通常是在数字系统中设计上电复位电路,在系统上电时给出一个复位脉冲.此复位脉冲接到触发器的直接置位端或直接复位端,在系统上电时强迫状态机进入规定的状态,从而避免系统进入冗余状态.后面的这个方法对由于干扰而进入冗余状态的情况则无能为力.

4.3.3 用算法状态机方法设计同步时序电路

前面曾谈到,大部分情况下设计要求是以自然语言描述的,所以电路设计的第1步也是最为关键的一步,就是通过分析以自然语言表达的功能要求,列出该问题的状态转换表或状态转换图.前面也通过一些例子,说明了如何分析一个具体问题并得到状态转换表或状态转换图.

实际上,对于一些复杂的逻辑问题,直接得到状态转换表或状态转换图比较困难.一个比较有效的工具就是算法状态机(Algorithmic State Machine,ASM)方法,它可以帮助我们从一个实际问题一步一步地得到状态转换表.

算法状态机方法是从计算机程序设计者那里借用了流程图的一些符号,构成算法状态机图(ASM 图).ASM 图的主要包括以下 3 种元件:

(1) **状态框** 状态框是一个长方形符号,表示系统的一个状态.状态框内写上状态名称,必要时也可以加上简单的说明.如果在该状态存在无条件输出(摩尔型输出),则在框内还要写上输出.

(2) **判断框** 判断框是一个菱形或六角形符号,表示系统接收到一个输入,并根据该输入条件判断状态的转移方向.

(3) **条件输出框** 条件输出框是一个椭圆形或圆角矩形符号,表示在某个输入条件下的输出(米利型输出).

这 3 种元件的图形如图 4-33 所示.

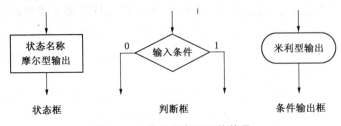

图 4-33 算法状态机图的符号

第4章 同步时序电路

下面通过一些例子来说明算法状态机的运用.

例 4-10 用算法状态机方法设计例 4-1 问题.

在本章开始,曾详细讨论了例 4-1. 现在再用算法状态机方法重新对其设计. 由于读者对例 4-1 的问题已经相当熟悉,如图 4-34 所示,可以直接给出它的ASM 图.

图 4-34 是例 4-1 问题的米利型 ASM 图. 由图 4-34 可以看到, ASM 图与计算机程序的流程图极为相像. 为了便于读者理解,在图 4-34 中,没有用变量符号而是用文字表达的方式来说明输入和输出(本书以后的例子也将这样处理).

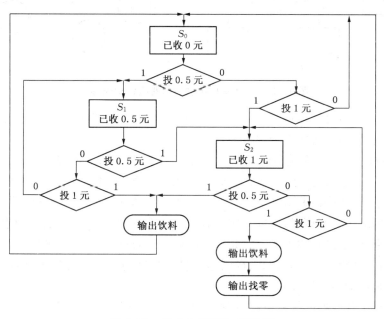

图 4-34 例 4-1 问题的 ASM 图

由图 4-34 可以直接画出问题的状态转换图如下. 读者可以发现,图 4-35 其实就是前面已经得到的图 4-5.

需要说明的一点是:对于 ASM 图中串联的判断框,在转换成状态转换图时一般来说存在优先级的问题,例如在下面的例子中所指出的.

在图 4-36(a)中,只要条件 X_1 满足,次态就是 S_1,所以在状态转换图中从 S_0 向 S_1 的转换条件是 $X_1 X_2 = 1d$,换言之,条件 X_1 的优

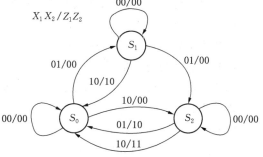

图 4-35 例 4-1 问题的状态转换图

先级高于条件 X_2. 图 4-36(b)中的转换条件中 1d 反映了这个优先级关系. 前面的例 4-1 问题中, 因为已知输入 $X_1X_2 = 11$ 是不可能的, 所以才不分优先级.

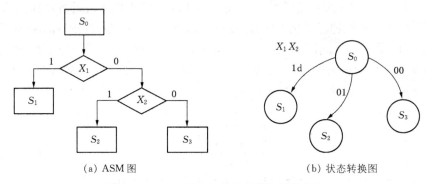

(a) ASM 图　　　　　　　　　(b) 状态转换图

图 4-36　ASM 图中串联的判断框的优先级

从本例可以看出, ASM 图比状态转换图更为直观, 所以在处理复杂问题时, 用 ASM 图比直接写状态转换图要更为方便.

例 4-11　设计一个反应时间测量电路. 该电路用来测量短跑运动员的反应速度, 要求时间测量精确到毫秒. 运动员的反应时间不可能小于 200 ms, 所以要求当反应时间小于 200 ms 时, 要给出犯规信号.

由于要求作时间测量, 所以一定要有一个计数器来记录时间. 题目要求时间测量精确到毫秒, 所以计数器的时钟频率不能低于 1 kHz. 需要这样来控制该计数器的计数: 当发令枪响时开始计数, 得到运动员的蹬地动作信号时停止计数, 其中的计数值就是运动员的反应时间.

下面讨论计数器的控制电路. 该控制电路有以下几个输入:

(1) 发令枪输入;

(2) 运动员蹬地动作输入;

(3) 为了判断是否犯规, 计数器在计到 200 ms 时, 给出一个时间阈值信号输入;

(4) 为了下一次测量而需要的系统复位信号.

该控制电路有以下几个输出:

(1) 计数器的清零信号;

(2) 计数器运行允许信号, 正常情况下该信号由发令枪输入启动, 由运动员蹬地输入结束;

(3) 犯规输出信号;

(4) 为了将最后的计数值保持并且译码显示, 应该在计数结束时发出一个计数值锁存信号.

为了简化电路,可以将计数器的时钟频率定为 1 kHz,并且采用 3 个十进制计数器串联计数,这样计数器的计数值就是以毫秒为单位的时间的 BCD 码(最大为 999 ms). 再用 3 个 BCD 码-7 段译码器就可以直接显示最后的时间.

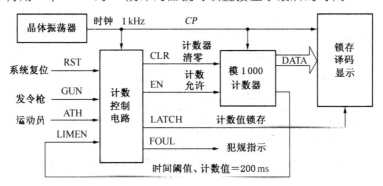

图 4-37 反应时间测定电路框图

图 4-37 就是综合上述讨论得到的本例的结构框图. 其中计数控制电路部分的 ASM 图见图 4-38.

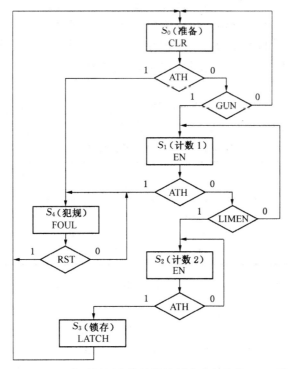

图 4-38 反应时间测定的计数控制电路部分的 ASM 图

由上述 ASM 图可以作出本例计数控制部分的状态转换图如图 4-39 所示.以后的设计过程从略.

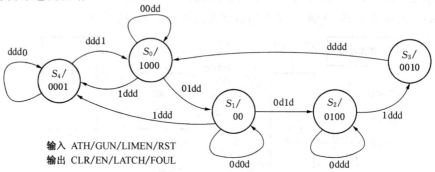

图 4-39 反应时间测定的计数控制电路部分的状态转换图

4.3.4 同步时序电路设计中的状态分配问题

本节讨论同步时序电路的状态分配问题.时序电路的状态由状态变量(时序电路中记忆电路的输出)组合确定,将每个状态对应的状态变量组合分配一个唯一的二进制码的过程称为状态分配(State assignment).在时序电路设计中必须进行状态分配.分配之后用以代表状态变量的实际二进制码对于最终实现电路的代价有着重要影响.

例 4-12 对表 4-17 所示的状态机进行状态分配,并说明状态分配对最终逻辑的影响.

表 4-17 例 4-12 的状态转换表

现态	次态/输出 Z		现态	次态/输出 Z	
	$X=0$	$X=1$		$X=0$	$X=1$
S_0	$S_0/0$	$S_1/0$	S_2	$S_3/0$	$S_1/0$
S_1	$S_0/0$	$S_2/0$	S_3	$S_0/1$	$S_1/0$

这个状态机有 4 个状态,所以可以用 2 个触发器构成.假设有 2 个状态分配方案:

方案 1 $S_0=00, S_1=01, S_2=10, S_3=11$.

方案 2 $S_0=00, S_1=01, S_2=11, S_3=10$.

如果使用 D 触发器实现该状态机,那么由状态分配方案 1 和状态分配方案 2

导出的激励函数如下.

使用状态分配方案 1 的激励函数为:

$$D_1 = Q_2\overline{Q}_1 + Q_2 X + \overline{Q}_1 X$$
$$D_2 = Q_2\overline{Q}_1\overline{X} + \overline{Q}_2 Q_1 X \tag{4.20}$$

使用状态分配方案 2 的激励函数为:

$$D_1 = X$$
$$D_2 = Q_2 Q_1 \overline{X} + \overline{Q}_2 Q_1 X \tag{4.21}$$

容易看出,使用状态分配 2 的函数比使用状态分配 1 的函数实现起来需要的门更少.

这个简单的例子说明,对同一个状态机,状态分配可能影响最终实现电路的门或门输入端的数量,也就是实现代价.因此,有必要探讨一种更为系统化的状态分配技巧.下面就来讨论状态分配算法问题.

当用 m 个状态变量实现 n 个状态时,可能的状态分配数可由以下函数给出:

$$S = \frac{(2^m)!}{(2^m - n)!} \tag{4.22}$$

例如有 4 个状态和 2 个状态变量的状态机,可能的状态分配函数有 $\frac{(2^2)!}{(2^2-4)!}$ = 24 种.但是并非这 24 种可能的状态分配都必须在进行状态分配时加以考虑.因为如果两种状态分配在实现逻辑时产生相同的结果,就可以认为它们是等价的.当一种状态分配与另一种状态分配互补时,就会出现这种情况.例如下面两种分配方案是等价的:

方案 1 $S_0 = 00, S_1 = 01, S_2 = 10, S_3 = 11$.
方案 2 $S_0 = 11, S_1 = 10, S_2 = 01, S_3 = 00$.

当互换触发器的输出时,也会得到等价的状态分配.也就是说,Q_2 和 Q_1 互换也会产生一种等价的状态分配.

将上述等价的状态分配方案剔除后,以下函数给出了不等价的状态分配方案,这里 n 为状态数,m 为状态变量数.

$$S = \frac{(2^m - 1)!}{(2^m - n)!m!} \tag{4.23}$$

由(4.23)式可知,当 $n = 4$、$m = 2$ 时,状态分配方案数目等于 3.但是当

$n = 5$、$m = 3$ 时,状态分配方案数目竟然增加到 140!不等价的状态分配方案数量随着状态数和状态变量数的增加而急剧增加.所以,当有 5 个或更多的状态时,用实验的办法进行状态分配的尝试就会不切实际.遗憾的是,到目前为止,状态分配问题还没有通解.但是根据前人的经验,按照一定的分配规则,可以得到比较好的分配结果.在这里根据有关资料给出一种进行状态分配的比较系统的方法.

状态分配规则 1

对于在相同输入条件下有相同次态的所有状态,在进行状态分配后,应当能形成一个质蕴涵(见图 4-40).

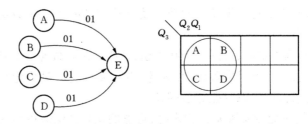

图 4-40 状态分配规则 1 的示意图

状态分配规则 2

对于一个现态的所有次态,在进行状态分配后,最好能够形成一个质蕴涵(见图 4-41).

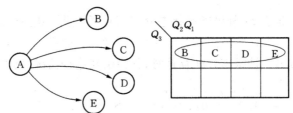

图 4-41 状态分配规则 2 的示意图

状态分配规则 3

有相同输出的状态最好给予相邻的状态分配.

在一般情况下,同时满足上述 3 条分配规则几乎是不可能的,所以要根据具体问题来确定选用哪条规则.规则 1 比规则 2 的优先级要高,规则 3 的优先级最低.除了涉及有大量输出的情况之外,一般很少考虑规则 3.有些资料根本就忽略规则 3.

下面用几个例子来说明如何运用上述规则.

例 4-13 对表 4-18 所示的状态机进行状态分配.

表 4-18 例 4-13 的状态转换表

现 态	次 态		现 态	次 态	
	$X=0$	$X=1$		$X=0$	$X=1$
S_0	S_0	S_2	S_3	S_1	S_4
S_1	S_2	S_3	S_4	S_2	S_2
S_2	S_0	S_5	S_5	S_3	S_4

运用上述规则对此状态机进行状态分配.

规则 1 要求有相同次态的现态(如果可能的话)应当形成一个质蕴涵. 第 1 栏 ($X=0$) 有两种这样的情况: $\{S_0, S_2\}$ 与 $\{S_1, S_4\}$. 状态 S_0 和 S_2 有相同的次态 S_0, 状态 S_1 和 S_4 有相同的次态 S_2. 因为两者都出现在输入 $X=0$ 的情况, 故满足 "相同输入条件" 的要求. 同样, 在输入 $X=1$ 的情况, $\{S_0, S_4\}$ 与 $\{S_3, S_5\}$ 也具有相同次态.

规则 2 要求每个现态的所有次态在进行状态分配后应该能形成一个质蕴涵. 这意味着状态表中每一行的次态要求相邻. 即下列组合要求相邻:

$$\{S_0, S_2\}; \{S_2, S_3\}; \{S_0, S_5\}; \{S_1, S_4\}; \{S_3, S_4\}$$

结合规则 1 和规则 2, 将要求相邻的状态集合排队如下:

$$\{S_0, S_2\}; \{S_1, S_4\}; \{S_0, S_4\}; \{S_3, S_5\}; \{S_2, S_3\}; \{S_0, S_5\}; \{S_3, S_4\}$$

上述集合中, 由于状态组 $\{S_0, S_2\}$ 和 $\{S_1, S_4\}$ 出现两次, 这使得它们比其余组的优先级要高. 除了这两组外, 其余组按照前面所说的优先级排队.

为了根据上面列出的相邻状态组确定状态分配方案, 可以运用卡诺图将它们进行组合. 卡诺图的表头就是状态变量, 在本例子中由于有 6 个状态, 所以有 3 个状态变量 $Q_1 \sim Q_3$. 将 6 个状态依次填入卡诺图, 在填图时考虑上面的每一个状态组内状态的相邻要求, 将它们填在卡诺图中的相邻位置. 由于不可能完全满足所有状态相邻, 上述要求相邻的状态集合可能不能完全满足, 这时优先级高的组合应该首先得到满足.

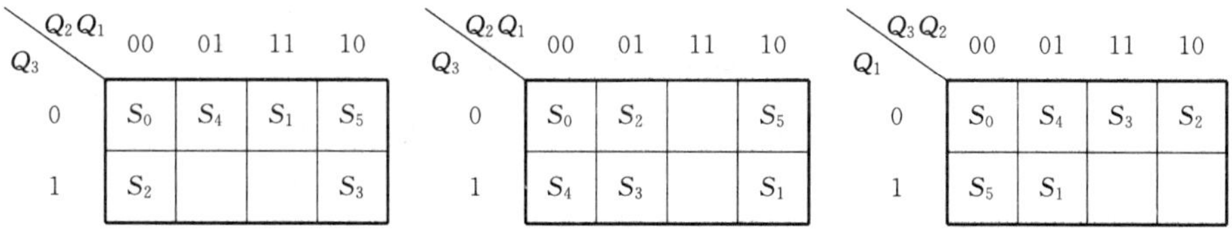

Q_3 \ Q_2Q_1	00	01	11	10
0	S_0	S_4	S_1	S_5
1	S_2			S_3

Q_3 \ Q_2Q_1	00	01	11	10
0	S_0	S_2		S_5
1		S_4	S_3	S_1

Q_1 \ Q_3Q_2	00	01	11	10
0	S_0	S_4	S_3	S_2
1	S_5	S_1		

图 4-42 例 4-13 的卡诺图

图 4-42 就是按照上述方法得到的 3 种可能的状态分配方案. 3 种状态分配方案中每一种都使用了根据两条状态分配规则所列出的 7 个状态组中的 6 个.

下面分别列出采用 D 触发器情况下这 3 种状态分配的激励函数. 为了比较不同分配方案的相对代价，记下每个函数的门输入数.

状态分配 1

$$D_3 = \overline{Q}_3 Q_2 \overline{X} + \overline{Q}_3 \overline{Q}_2 X + Q_1$$

$$D_2 = Q_2 \overline{Q}_1 \overline{X} + Q_2 Q_1 X + Q_3 \overline{Q}_2 X$$

$$D_1 = Q_3 Q_2 + Q_2 \overline{Q}_1 X$$

状态分配方案 1 的总的门输入数是 28.

状态分配 2

$$D_3 = \overline{Q}_3 Q_2 + Q_2 X + Q_3 Q_1$$

$$D_2 = \overline{Q}_3 Q_1 X + Q_3 Q_1 \overline{X}$$

$$D_1 = Q_3 \overline{Q}_1 + \overline{Q}_2 \overline{Q}_1 \overline{X} + Q_2 \overline{X}$$

状态分配方案 2 的总的门输入数是 27.

状态分配 3

$$D_3 = Q_2 \overline{Q}_1 X + Q_2 Q_1 \overline{X}$$

$$D_2 = Q_3 \overline{X} + \overline{Q}_2 Q_1 + \overline{Q}_3 \overline{Q}_2 X$$

$$D_1 = Q_3 \overline{Q}_1 + Q_3 X + Q_2 Q_1$$

状态分配方案 3 的总的门输入数是 27.

作为比较，可随意给定一个状态分配，它没有使用状态分配规则：

$$S_0 = 000, S_1 = 001, S_2 = 010, S_3 = 011, S_4 = 100, S_5 = 101$$

激励函数为

$$D_3 = Q_2 X + Q_3 Q_1 X$$

$$D_2 = Q_3 \overline{Q}_1 + \overline{Q}_2 \overline{Q}_2 X + \overline{Q}_2 Q_1 \overline{X}$$

$$D_1 = \overline{Q}_3 \overline{Q}_2 Q_1 X + Q_2 \overline{Q}_1 X + Q_2 Q_1 \overline{X} + Q_3 Q_1 \overline{X}$$

没有进行状态分配方案的总的门输入数为 35.

例 4-14 对表 4-19 所示的状态机进行状态分配.

表 4-19 例 4-14 的状态转换表

现态	次态		现态	次态	
	$X=0$	$X=1$		$X=0$	$X=1$
A	$E/0$	$B/0$	D	$A/0$	$B/1$
B	$A/1$	$D/1$	E	$D/0$	$C/0$
C	$E/0$	$A/0$			

首先运用前面所述的状态分配规则确定要求相邻的状态对：

规则 1：$\{A,C\}$；$\{B,D\}$；$\{A,D\}$.

规则 2：$\{B,E\}$；$\{A,D\}$；$\{A,E\}$；$\{A,B\}$；$\{C,D\}$.

根据这些规则，本例的一个可能分配方案见图 4-43.

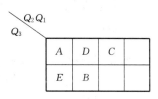

图 4-43 例 4-14 的状态分配方案

§4.4 时序电路的状态化简

用状态转换表和状态转换图可以描述一个时序电路的次态、输出、现态、输入之间的关系. 但是，在一些状态转换表中，可能有一些状态相同，它们可以合并. 因此，在构成状态转换表(或状态转换图)时，常常会遇到状态化简的问题. 也就是说，可以将状态转换表中某些状态加以合并，得到一个新的具有较少状态的状态转换表，其逻辑功能与原来的状态转换表一样，亦即两个状态转换表是等价的. 状态化简的重要意义在于可以用尽可能少的器件来实现完成某一功能的时序电路.

4.4.1 完全描述状态表的等价与化简

首先讨论完全描述状态表(Completely Specified State Table)的化简. 所谓完全描述，是指在给定的输入条件下，表中所有的次态和输出均有确定值. 例如表 4-20 就是一个完全描述状态表.

表 4-20 具有等价状态的完全描述状态表

现态	次态/输出		现态	次态/输出	
	$X=0$	$X=1$		$X=0$	$X=1$
S_0	$S_0/0$	$S_2/0$	S_2	$S_1/0$	$S_3/1$
S_1	$S_0/0$	$S_2/0$	S_3	$S_1/0$	$S_3/0$

仔细观察上表可以发现，表中的 S_0 和 S_1 在相同的输入下，具有相同的输出和相同的次态. 如果从这两个状态出发，输入一个任意的序列，其输出均是相等的. 例如以任一输入序列 011100 加到机器上，分别由状态 S_0 和 S_1 出发，列出其状态转换及对应的输出：

  输入序列 0 1 1 1 0 0   0 1 1 1 0 0

  状态变化 $S_0\ S_0\ S_2\ S_3\ S_3\ S_1\ S_0$ $S_1\ S_0\ S_2\ S_3\ S_3\ S_1\ S_0$

  输出   0 0 1 0 0 0   0 0 1 0 0 0

很显然，这样的两个状态可以合并，合并后并不会改变机器的任何逻辑功能. 可以称状态 S_0 和 S_1 等价(Equivalence).

可以对状态的等价作如下定义：

设对某一时序电路(系统)内的两个状态 S_i 和 S_j，如果用任意序列的输入加到此电路上，从 S_i 或 S_j 出发所得到的输出序列都相同，则称状态 S_i 和状态 S_j 等价.

可以证明，为了判别两个状态是否等价，所输入的任意序列只需要有限长度. 具体地说，对于具有 n 个状态的电路，最多只需输入 $n-1$ 个符号的任意输入序列，即可判别两个状态等价与否.

显然，若状态 S_i 和状态 S_j 等价，而状态 S_j 又与状态 S_k 等价，则 S_i 与 S_k 也必然等价，也就是说状态的等价具有传递性.

根据状态等价的定义，可以得出划分等价状态的 3 个规律：

(1) 如果某两个状态对应的输出不同，则它们显然不等价.

(2) 如果某两个状态在相同的输入下有相同的输出，并且次状态完全相等或为原状态时，这两个状态等价.

(3) 如果某两个状态在相同的输入下有相同的输出，但是次状态不相同，则此两个状态等价与否还得视它们的次状态是否等价而定.

根据以上的规律，可以得出两种划分等价状态的方法.

方法 1 逐次分割法

下面以表 4-21 为例，利用逐次分割法来进行状态化简.

第 1 次分割，先将表 4-21 中输出相同的状态写在一起划分成一类，如表 4-22(a)所示. 表 4-21 中的 7 个状态可划分成 4 类，分别用 Ⅰ、Ⅱ、Ⅲ、Ⅳ 标明. 表中每一个次状态下有一个带括号的脚标，其中所注明的符号表示在这个输入下，对应的次状态属于第 1 次分类后的第几类. 例如，从 S_7 出发，当输入 $X=0$ 时，次状态为 S_3，它属于第(Ⅲ)类. 当输入为 $X=1$ 时，次状态 S_6 属于第(Ⅱ)类，以此类推.

第4章 同步时序电路

表 4-21 状态化简的例子

现态	次态		输出	
	$X=0$	$X=1$	$X=0$	$X=1$
S_1	S_1	S_7	0	1
S_2	S_2	S_4	0	0
S_3	S_4	S_5	1	0
S_4	S_7	S_5	1	1
S_5	S_5	S_7	0	1
S_6	S_6	S_4	0	0
S_7	S_3	S_6	0	1

然后,根据第 1 次分割后所得到的状态表,再进行第 2 次分割,如表 4-22(b)所示. 此表是将表 4-22(a)中属于同一类而下标不同的状态再次分割得到. 例如表 4-22(a)中第(Ⅰ)类中,状态 S_1 和 S_5 对应的下标一样,属于一类,S_7 因下标不同,应划分成另一类. 显然,由于它们的下标不同,次状态不同,在同样的输入序列下所产生的输出必然不同,所以它们不是一个等价类,必须划开. 用同样的方法,状态被分成了 5 个类. 如此继续进行下去,直到不能分割为止. 可以看出,在本例中,表 4-22(b)所示已分割完毕. 每一类就是一个等价类.

表 4-22 状态化简的例子(逐次分割法)

(a)

类	状态	次态		输出	
		$X=0$	$X=1$	$X=0$	$X=1$
Ⅰ	S_1	S_1(Ⅰ)	S_7(Ⅰ)	0	1
	S_5	S_5(Ⅰ)	S_7(Ⅰ)	0	1
	S_7	S_3(Ⅲ)	S_6(Ⅱ)	0	1
Ⅱ	S_2	S_2(Ⅱ)	S_4(Ⅳ)	0	0
	S_6	S_6(Ⅱ)	S_4(Ⅳ)	0	0
Ⅲ	S_3	S_4(Ⅳ)	S_5(Ⅰ)	1	0
Ⅳ	S_4	S_7(Ⅰ)	S_5(Ⅰ)	1	1

表 4-22 （b）

类	状态	次态		输出	
		$X=0$	$X=1$	$X=0$	$X=1$
Ⅰ	S_1	$S_1(Ⅰ)$	$S_7(Ⅴ)$	0	1
	S_5	$S_5(Ⅰ)$	$S_7(Ⅴ)$	0	1
Ⅴ	S_7	$S_3(Ⅲ)$	$S_6(Ⅱ)$	0	1
Ⅱ	S_2	$S_2(Ⅱ)$	$S_4(Ⅳ)$	0	0
	S_6	$S_6(Ⅱ)$	$S_4(Ⅳ)$	0	0
Ⅲ	S_3	$S_4(Ⅳ)$	$S_5(Ⅰ)$	1	0
Ⅳ	S_4	$S_7(Ⅴ)$	$S_5(Ⅰ)$	1	1

将每一类的状态合并成一个状态，例如，第（Ⅰ）类为 S_A，第（Ⅱ）类为 S_B，…，第（Ⅴ）类为 S_E，则可将表 4-22(b)的状态表简化成表 4-23. 显然，表 4-23 和表 4-21 是等价的.

表 4-23 状态化简的例子（逐次分割法）

状态	次态		输出	
	$X=0$	$X=1$	$X=0$	$X=1$
S_A	S_A	S_E	0	1
S_E	S_C	S_B	0	1
S_B	S_B	S_D	0	0
S_C	S_D	S_A	1	0
S_D	S_E	S_A	1	1

表 4-22(b)中的等价类是最大等价类（Maximal Equivalence Class）. 所谓最大等价类就是说这个等价类中每一对状态互相等价，并且这个等价类不包含在任何其他的等价类中. 进行状态简化的过程也就是寻找最大等价类的过程.

方法 2 隐含表法

仍以表 4-21 为例来进行化简.

所谓隐含表就是如表 4-24 所示的梯形表格. 设状态表中共有 n 个状态：S_1，S_2，…，S_n. 则在隐含表的水平方向，从 S_1 到 S_{n-1} 这 $n-1$ 个状态各占据一个位置，在表的垂直方向，从 S_2 到 S_n 这 $n-1$ 个状态各占据一个位置. 这样，在隐含表中共有 $\dfrac{n(n-1)}{2}$ 个方格，每个方格对应着一对状态，隐含了这对状态等价的可能.

填隐含表的过程如下:在状态转换表(表 4-21)中分别核对每一个状态对,按下列原则在表 4-24(a)中相应的小方格中做上不同的记号.

表 4-24 状态化简的隐含表

(a) 隐含表 1　　　　　　　　(b) 隐含表 2

凡是某一状态对的输出不同,说明此状态对不等价,在相应的小方格中记以"×"号. 例如,状态 S_1 的输出为 01,S_2 的输出为 00,状态对不等价,因此在对应于 S_1S_2 的小方格中(表中最上方一格)记上"×"号,如此类推.

凡是某一状态对的输出相同,并且在相同的输入下,次状态或者相同,或者仍为原状态对,说明此状态对等价,在对应的小方格中记以"√"号. 如 S_1S_5 对和 S_2S_6 对.

如果某一状态对所对应的输出相同,而在相同的输入下对应的次状态不同,则将此状态对填入对应的小方格. 例如状态对 S_1S_7,虽然对应的输出相同,但在输入 $X=0$ 时,S_1 的次状态为 S_1,S_7 的次状态为 S_3;在输入 $X=1$ 时,S_1 和 S_7 的次状态分别为 S_7 和 S_6. 因此可在表 4-24(a)对应的小方格中标上 S_1S_3 和 S_7S_6.

将表中所有的小方格按上述原则记上标记后,需要对没有作出明确标记"√"或"×"号的方格再进一步进行核对. 由于这些方格对应的两个状态等价与否取决于方格内标注的次状态对,需要观察这些标注的次状态对. 若其中某一次状态对属于不等价状态时,则此小方格也应打上"×". 例如,表 4-24(a)中的 S_5S_7 状态对中所包含的 S_7S_6 对为不等价对,因此 S_5S_7 对也打上"×". 这样可得到表 4-24(b).

有时候这个过程要进行多次. 例如状态 S_iS_j 方格内的次状态是 S_kS_l,而状态 S_kS_l 方格内还有次状态的情况,就需要建立第 3 个隐含表继续核对,直到在所有的方格内作出明确的标记.

表 4-24(b)中"√"的对应状态,即为等价状态对. 根据这张表可以得到等价状

态对有 S_1S_5、S_2S_6，再加上 S_3、S_4、S_7，可用 5 个状态代替原来的 7 个状态.

可以看出，用这样的方法能够得到与逐次分割同样的结果.

需要注意的是，有时在状态表的化简过程中可能出现所谓"循环"的情况. 例如，设某一状态表中的状态 S_i 和 S_j 在输入为 X_1 的情况下输出相同，而对应的次状态分别为 S_k 和 S_l；反之，S_k 和 S_l 在 X_1 输入下对应的次状态为 S_i 和 S_j，这就出现了循环. 显然，状态 S_i 和 S_j 等价，S_k 和 S_l 等价.

4.4.2 不完全描述状态表的化简

所谓不完全描述状态表(Incompletely Specified State Table)指的是表中某些状态在某些输入情况下的次态或输出没有确定的值，它们既可以取 0 也可以取 1，用 d 表示. 表 4-25 就是一个不完全描述状态表，它是一个摩尔模型. 表中状态 S_2 的输出不确定，状态 S_4 在输入为 0 时的次状态不确定.

表 4-25 不完全描述状态表

状态	次态		输出	状态	次态		输出
	$X=0$	$X=1$			$X=0$	$X=1$	
S_1	S_2	S_4	0	S_3	S_3	S_5	1
S_2	S_1	S_4	d	S_4	d	S_5	1

与完全描述状态表的化简要寻找状态的最大等价类相类似，在不完全描述状态表的化简过程中，必须找出状态的最大相容类(Maximal Compatible Class). 为了定义状态的相容(Compatible)，首先来定义输出相容.

如果两个输出序列的每一对有确定值的对应输出均相同，则称此两输出相容. 例如在下面的输出序列中，

$$Z_i = 1010d1, \quad Z_j = 10d011, \quad Z_k = 1d0011$$

Z_i 与 Z_j 相容，Z_j 与 Z_k 也相容，而 Z_i 与 Z_k 则不相容. 可见，相容不具有传递性.

现在，可以对状态的相容作如下定义：

设对某一时序电路(系统)内的两个状态 S_i 和 S_j，如果用任意序列的输入加到此电路上，从 S_i 或 S_j 出发所得到的输出序列都相容，则称状态 S_i 和状态 S_j 相容.

像组合电路的化简一样，由于不完全描述状态表中存在一些不确定的次状态和输出，这就给我们在化简时提供了更大的自由度. 不完全描述状态表的化简就是要尽可能利用表中给出的不确定次状态或不确定输出所提供的自由度来进行状态

合并,以期用最少的状态来构成某一功能的时序电路.

显然,不相容状态是不能合并的,而相容状态可以合并.为了找出不完全状态表的合并方法,仔细观察状态表后可以发现以下 3 条规律:

(1) 只要状态 S_i 和 S_j 有一个有确定值的输出是不同的(对于米利型电路,还要加上限制条件:在相同输入下),则这两个状态称为简单不相容.显然,简单不相容状态是不能合并的.

(2) 两个状态如满足下列条件则称为简单相容.

　i. 对于任意输入,对应的有确定值的输出相同.

　ii. 对于任意输入,其有确定值的次状态或者相等,或者仍为原状态,或者出现"循环"即相互指向对方.

显然,简单相容类状态是可以合并的.

(3) 如果对任意输入,两个状态所对应的有确定值的输出相同,但是对应的次状态不相同,应进一步检查这些次状态是否相容,才能确定这两个状态的相容性.如果它们的次状态相容,则它们潜在相容;否则它们不相容.

根据以上规律,同样可以用与完全描述状态表相同的两种方法——逐次分割法和隐含表法来寻找最大相容类.一般后一种方法较为简便.

为了使读者能够更好地掌握用隐含表化简不完全描述状态表的方法,下面结合例题来说明用隐含表化简不完全描述状态表的步骤.必须指出,在完全描述状态表中,所寻找到的最大等价类即为化简后的状态.而在不完全描述状态表中,并不一定能直接用所得的最大相容类来构成简化的状态表.合并后的状态还必须满足另外一些条件,在下面的例题 4-15 中将逐步讨论这些条件.

例 4-15 化简表 4-26 所示的不完全描述状态表.

表 4-26 例 4-15 的不完全描述状态表

状态	次态		输出	状态	次态		输出
	$X=0$	$X=1$			$X=0$	$X=1$	
S_1	S_3	d	1	S_4	S_4	d	0
S_2	d	S_3	d	S_5	S_5	S_4	d
S_3	d	S_2	d				

表 4-26 是一个摩尔模型的不完全描述状态表.用隐含表化简的步骤如下:

步骤一 寻找最大相容类

这一步同前面寻找最大等价类的过程类似,先构成一个梯形的隐含表,然后核对每一个状态对.在简单不相容的状态对的方格内打上"×";在简单相容的状态对的方格内打上"√";如次状态不同则在方格内填上次态对.

进一步检查填有次状态的那些小方格.如果该状态对属于简单不相容,在原来的方格内打上"×".如此逐格检查,直到找不到新的方格可以打"×"为止.余下来的每个填有次状态方格对应的状态对均为潜在的相容状态对.

本例的隐含表如表 4-27 所示.其中状态对 $\{S_1,S_4\}$ 简单不相容.状态对 $\{S_1,S_5\}$、$\{S_2,S_5\}$、$\{S_3,S_5\}$ 的次状态不同,其余的状态对都是简单相容.

表 4-27 例 4-15 的隐含表

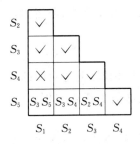

由于状态对 $\{S_2,S_5\}$、$\{S_3,S_5\}$ 的次状态对简单相容,它们潜在相容.同样,状态对 $\{S_1,S_5\}$ 的次状态对 $\{S_3,S_5\}$ 简单相容,所以它们也潜在相容.

在完成上述步骤后即可寻找最大相容类集合.所谓最大相容类集合,是含有不被其他相容类集合所覆盖的相容的一组状态或状态对.寻找最大相容类集合的目的是要将全体状态划分为尽可能少的组,每组内的状态都彼此相容.

可以采取逐步检查的方法来寻找最大相容类集合.例如先从表的最右边一列开始,如果这一对状态为相容状态对(包括潜在相容对),把它们写下并加一个括号 $\{S_n,S_{n-1}\}$(设电路有 n 个状态),然后再检查它左边一列,把那些两两互相相容的状态写下,并用括号括在一起,例如 $\{S_n,S_{n-1},S_{n-2}\}$,这时原先的一个状态对如果包含于其中,则将其划去.例如在 $\{S_n,S_{n-1}\}$ 和 $\{S_n,S_{n-1},S_{n-2}\}$ 中保留后者、划去前者.

如此逐项检查,直到不能找到更多的相互相容的状态对.最后未被划去的状态集合即为一个最大相容类.用同样方法找出所有的最大相容类.

在本例中,从隐含表的最后一列(即 S_4 列)开始逐列进行检查(往左)以找出最大相容类.首先观察 S_4 列,因为 S_4S_5 为一相容状态对,于是记下:

第 1 步: S_4 列   ~~$\{S_4,S_5\}$~~

接下来观察 S_3 列,因为 S_3S_4、S_3S_5、S_4S_5 两两相容,所以 $S_3S_4S_5$ 相容,于是记下:

第 2 步: S_3 列   ~~$\{S_3,S_4,S_5\}$~~

因为 $\{S_4,S_5\}$ 已经被包含在第 2 步得到的最大相容类中,所以划去第 1 步的结果.

按照上述步骤继续进行,有以下结果:

第 3 步: S_2 列 $\{S_2,S_3,S_4,S_5\}$ (划去第 2 步的结果)

第 4 步: S_1 列 $\{S_1,S_2,S_3,S_5\}$

最后，我们得到了 2 个最大相容类集合，分别是

$$\{S_1, S_2, S_3, S_5\} 和 \{S_2, S_3, S_4, S_5\}$$

用隐含表来化简不完全描述状态表时，比较困难的就是寻找最大相容类的过程。由于表格法不如图形直观，所以可以用另外一种比较直观的办法，即利用**合并图**（Merger Graph）来寻找最大相容类集合。

合并图是将状态表中所有的状态以点的形式画在一个圆周上，然后将所有的相容状态对（包括潜在相容对）用直线连接起来。若在一组状态点中两两之间都有连线，表示该组状态中所有状态两两相容，可以形成最大相容类。在图形上，它们将形成一个内部两两相连的最大的多边形，该多边形的各个顶点就形成一个最大相容类集合。

在本例题中，共有 5 个状态，构成的相容状态对有：

$$\{S_1, S_2\}、\{S_1, S_3\}、\{S_1, S_5\}$$
$$\{S_2, S_3\}、\{S_2, S_4\}、\{S_2, S_5\}$$
$$\{S_3, S_4\}、\{S_3, S_5\}$$
$$\{S_4, S_5\}$$

根据合并图的作图法则，将每个状态画在一个圆周上，再将相容的状态用连线连接起来，可以得到图 4-44 所示的合并图。

在图 4-44 中，可以看到 $S_1、S_2、S_3、S_5$ 和 $S_2、S_3、S_4、S_5$ 构成了两个各顶点两两相连的多边形，所以得到两个同样的最大相容类集合：

$$\{S_1, S_2, S_3, S_5\} 和 \{S_2, S_3, S_4, S_5\}$$

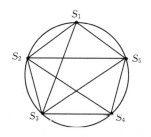
图 4-44　例 4-15 的合并图

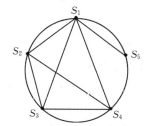
图 4-45　蜕化的合并图

需要说明的是，若在合并图中出现一个只有一根连线与别的状态相连的状态，可以将该连线看成蜕化了的多边形。例如在图 4-45 的合并图中，最大相容类集合是 $\{S_1, S_2, S_3, S_4\}$ 和 $\{S_1, S_5\}$。

步骤二　根据所得的最大相容类集合来构成简化状态表

由于相容状态有可能合并,所以例 4-15 中 2 个最大相容类集合有可能合并成 2 个简化状态. 但是从上面的结果看到,由第 1 步得到的最大相容类集合 $\{A\}$, $\{B\}$, $\cdots$, $\{K\}$ 可能有状态重叠,所以并不一定直接用每一个最大相容类构成一个简化状态,而可以用其中的一部分作为一个简化状态. 若用 $\{A'\}$ 表示 $\{A\}$ 的一个子集, $\{B'\}$ 表示 $\{B\}$ 的一个子集,等等,则可以用 $\{A'\}$, $\{B'\}$, $\cdots$, $\{K'\}$ 中的一部分 $\{A'\}$, $\{B'\}$, $\cdots$, $\{N'\}$ 作为化简后的状态,构成简化状态表. 其中 $\{A'\}$, $\{B'\}$, $\cdots$, $\{N'\}$ 应满足下列 3 个条件:

(1) 覆盖化　$\{A'\}$, $\{B'\}$, $\cdots$, $\{N'\}$ 中必须包含原状态表中所有的状态.

(2) 最小化　由 $\{A'\}$, $\{B'\}$, $\cdots$, $\{N'\}$ 构成的状态数目最少. 也就是说,若在第 1 步得到 k 个最大相容类集合,最后的简化状态个数可以小于 k.

(3) 闭合性　$\{A'\}$, $\{B'\}$, $\cdots$, $\{N'\}$ 中任何一个新状态,它所包含的几个原来的状态在一定的输入下对应的次状态必须属于合并后的同一状态. 否则简化表的次状态将无法确定.

根据上述规则从最大相容类中选择化简后的状态集合来构成简化状态表,其方法不是唯一的,部分地还要凭经验进行试验.

下面回到例 4-15 来进一步说明上述过程.

已经得到了 2 个最大相容类集合,分别是

$$\{S_1, S_2, S_3, S_5\} \text{ 和 } \{S_2, S_3, S_4, S_5\}$$

根据前面所说的 3 个条件中的前面两个——覆盖性和最小化,选取上述 2 个最大相容类集合中的部分子集,可以按下面的组合来选取简化后的状态组合:

(1) $\{S_1, S_5\}$、$\{S_2, S_3, S_4\}$

(2) $\{S_1\}$、$\{S_2, S_3, S_4, S_5\}$

(3) $\{S_1, S_2\}$、$\{S_3, S_4, S_5\}$

(4) $\{S_1, S_2, S_3\}$、$\{S_4, S_5\}$

上述 4 个组合,每个组合中都包含了原来的所有状态,都满足覆盖性要求. 这样组合以后的简化状态只有 2 个,并且不可能进一步减少,满足最小化要求.

但是,方案(1)和(3)均不满足闭合性. 从本例题开始画出的不完全描述状态表(表 4-26),可以知道 S_1、S_5 在输入 $X = 0$ 时对应的次状态分别为 S_3 和 S_5. 如果按照方案(1)简化以后, S_1 和 S_5 将合并成一个状态,而它们的次状态 S_3 和 S_5 分属于化简后的两个不同状态,这是不允许的. 因为这样一来,在化简后的状态表中新状态 $\{S_1, S_5\}$ 在输入 $X = 0$ 时的次态将无法选择. 同样在方案(3)中,状态 S_3 和

第 4 章 同步时序电路

S_5 属于化简后的同一个状态,而它们在输入 $X=1$ 时对应的次状态 S_2 和 S_4 也分别属于化简后的两个不同状态,因此也不满足闭合性.

反之,方案(2)和(4)则可以满足上述 3 个条件.所以这两种简化方案是可取的.假定取第 2 种方案,以 S_A 代替 $\{S_1\}$ 而以 S_B 代替 $\{S_2, S_3, S_4, S_5\}$,于是本问题的状态转换表便简化成只有两个状态,如表 4-28 所示.

表 4-28 例 4-15 的化简结果

状态	次 态		输出	状态	次 态		输出
	$X=0$	$X=1$			$X=0$	$X=1$	
S_A	S_B	d	1	S_B	S_B	S_B	0

§4.5 同步时序电路系统中的一些实际问题

现在的数字逻辑系统绝大部分都按照同步时序电路形式工作,所以是一种同步时序电路系统.触发器在同步时序电路中担任了记忆状态的功能.由于时序电路的逻辑功能要求系统状态在时钟驱动下逐次改变,所以一个同步时序电路系统内的所有触发器都必须在同一个时钟的驱动下同步改变.

前面的讨论都是基于理想条件进行的,但是在实际电路系统中,由于器件物理特性是非理想的,会产生许多实际问题.这些问题对于实际电路将会产生一些限制.本小节就一些涉及速度与驱动能力方面的基本问题作一些简单的介绍,目的是希望引起读者对这些实际问题的注意.

4.5.1 电路延时的影响

前面在分析同步时序逻辑时,认为所有触发器都满足同步改变的要求,或者说系统中没有任何延时.但是在实际电路中连接各触发器的组合电路会产生延时,甚至连接各组件的连线也会产生延时.另外,根据第 3 章的讨论,实际的触发器本身有建立时间、保持时间的要求以及传输延时.这些延时会产生以下几个问题:

第一,由于延时,系统中到达每个触发器的输入信号可能有先后,迟到的信号可能不能满足触发器对于信号建立时间和保持时间的要求.

第二,由于时钟信号也会产生延时,所以到达每个触发器的时钟信号也可能参差不齐,这将导致系统状态不能同步改变,其后果可能使输出产生冒险,更严重的后果是由于初态的不稳定,直接导致次态出错.这种时钟信号参差不齐的现象称为时钟扭曲(Clock Skew).

图 4-46　同步时序电路的结构

图 4-46 表示一个典型的同步时序电路的结构.触发器 A 的输出经过一个组合电路后作为触发器 B 的激励.由于触发器 A 在时钟信号的有效边沿后还要经过一个传输延时 t_{delay} 其输出才能发生改变,而触发器 B 的激励要求在下一个时钟的有效边沿之前达到稳定,稳定时间是 t_{setup},这些时间关系表示在图 4-47 中.由图 4-47可知,组合电路的延时(包括连线延时,这在集成电路设计中相当重要)必须小于 $T_{clock} - t_{delay} - t_{setup}$.或者反过来说,系统时钟频率的上限将由这些延时所确定.

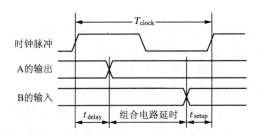

图 4-47　同步时序电路的时序关系

更精确的计算还要包括时钟扭曲与抖动.时钟扭曲已经在前面介绍过了,时钟抖动是时钟信号的周期可能由于各种原因而产生的微小变化.这两种情况都可能引起系统时序方面的余量减少.

由于延时大多发生在 ns 数量级或更低,所以上述讨论在时钟频率较低时几乎没有意义.但是随着现代数字技术的发展,时钟频率不断提高,它的重要性就日益显示出来.基本上当时钟频率在几十 MHz 以上时就已经应该考虑这个问题,更何况现代数字系统的时钟频率已经达到 GHz 数量级,所以上述问题已经成为现代高速数字系统设计的主要瓶颈之一.

即使不是在很高的速度下,若设计不当,延时仍然会带来许多问题.下面将结合一个计数器的实际问题,分析由于信号延时带来的影响.

用计数器模块(例如 74LS163)构成多位同步计数器时,通常的做法是将低位计数器模块的超前进位输出(RCO)连到高位计数器模块的计数允许(ENT),如图 4-48 所示.

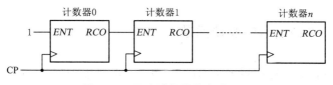

图 4-48 同步计数器的串联结构

但是这样连接会带来一个延时问题. 由于计数器的 $RCO = ENT \cdot Q_2 \cdot Q_2 \cdot Q_1 \cdot Q_0$, 第一个计数器模块的 RCO 输出要比输出 Q 延时一个与门的 t_{PD}, 而第二个计数器模块的 RCO 输出由于要等待前一个的 ENT, 再加上它自己的延时, 所以它的 RCO 输出还要增加延时 t_{PD}. 依此类推, 每多一级计数器模块, RCO 输出的延时将增加一个 t_{PD}. 当计数器的级数增加到总延时大于时钟周期后, 后级计数器模块实际上将无法得到前级送来的 RCO 信号, 所以就无法继续计数了. 例如, 假定计数器的时钟频率为 50 MHz, 则 $T_{clock} = 20$ ns, 再假定触发器要求的信号稳定时间 $T_{setup} = 2$ ns, RCO 的延时为 $t_{PD} = 3$ ns, 这样就很容易算出, 当计数器模块大于 6 个时, 计数器将无法正常工作. 实际上, 由于还要考虑时钟扭曲与抖动, 在这种情况下能够保证计数器稳定工作的计数器模块数量一定小于 6 个.

解决这个问题有两个办法:

第一, 改用第 3 章介绍的异步计数器. 由于异步计数器中触发器的时钟信号来自前级输出, 不存在由组合电路产生计数允许信号的延时问题, 所以无论何种长度的计数器都不会产生后级计数器不计数的问题. 但是这个方法的主要问题就是输出是异步的, 计数器前后两位的输出相差一个触发器的延时. 若一个计数器有 n 位, 则最高位和最低位的输出将相差 $(n-1)t_{delay}$ 时间. 若用这些计数器的输出进行组合将产生严重的冒险问题. 所以, 异步计数器通常用于只需要分频的场合, 而不再将它们的输出信号进行组合.

第二, 仍然使用同步计数器方案, 但是不用计数器模块的超前进位输出, 直接从每个计数器模块的 Q 输出通过外加的与门形成后级的计数允许信号, 即把串联的进位信号改成并联的进位信号. 这样做使得所有计数器模块的输出与计数允许信号之间只有一级延时, 所以无论多少级计数都不存在延时累加的问题. 但是这样做就部分失去了采用计数器模块的意义, 而且当计数器级数增加后, 后级的计数允许信号产生电路将变得异常复杂. 另一个折衷的方案则是将计数器分组, 组内每个触发器的输入直接来自各触发器的 Q 输出的组合, 组与组之间则还是利用原来串联形式的进位链, 实际上相当于将 4 位的同步计数器模块(74LS163)扩大为 8 位或 12 位等. 若用后面第 6 章介绍的可编程逻辑器件设计位数很长的同步计数器时, 这也不失为一种较好的折中方案.

4.5.2 时钟信号的驱动问题

在第 2 章曾讨论过逻辑电路的扇出,也就是驱动能力问题.在一般信号的连接上,由于接收信号的逻辑门数量有限,所以数字逻辑电路的驱动能力通常都没有问题.但是在同步时序系统中时钟信号是一个例外,由于系统中所有触发器都依赖同一个时钟的驱动,所以时钟信号的负载极为沉重.还要注意的一点是,第 2 章讨论的扇出只考虑了静态的情况.由于实际电路中每个逻辑门的输入端都存在分布电容,连接线对地也存在分布电容,所以当时钟信号频率很高时,流过这些电容的充放电电流会增加得很大,这也导致了驱动电流增加.所以在高速、大规模同步数字逻辑电路设计中,还必须考虑时钟信号的驱动能力问题.通常可以采用分片驱动方式来解决这个问题,即把整个系统分为若干区片,每个区片用一个时钟缓冲器(Clock Buffer)提供时钟信号,这些时钟缓冲器则由一个统一的中央时钟信号驱动.

本章概要

时序逻辑电路是具有记忆功能、输出不仅取决于当时的输入还与信号的历史有关的一类电路.时序逻辑电路一般分为同步时序逻辑电路和异步时序逻辑电路.同步时序逻辑电路的状态变化在一个统一的内部时钟信号下发生,系统的工作按照时钟节拍进行.

由于时序逻辑电路的记忆特点,使得对时序电路的分析和设计与组合逻辑电路有相当明显的不同.

时序电路的模型有两种:米利型电路和摩尔型电路.米利型电路的输出与即时状态以及即时输入有关,摩尔型电路的输出只与即时状态有关.两种模型可以相互转换.

描述一个同步时序电路可以用状态方程组、状态转换图、状态转换表以及时序图等多种形式.其中状态方程组包含次态方程和输出方程,用逻辑表达式直接描述时序电路,所以在时序电路的分析和设计中需要用到它;状态转换表和状态转换图则描述了状态的全部转移过程,能够直观地表示时序电路的全部逻辑功能,所以在设计时序电路时必须使用它;时序图是电路中各点逻辑电平的直接描述,最适宜在实验调试中使用.

分析一个同步时序电路的一般过程是:根据给出的逻辑图,写出它的状态方程组以及输出方程组,然后根据该状态方程组列出它的状态转换表或状态转换图,必要时还可以画出包括输出信号的时序图.再根据上述这些图表,结合问题的实际意义,分析电路的实际功能.

设计同步时序电路的过程大致上是上述分析过程的逆过程.

第1步从实际问题入手,分析问题的逻辑关系,得到问题的逻辑描述,即状态转换图或状态转换表.此过程需要设计人员进行逻辑思维,算法状态机方法是一个帮助思维的有用工具.

第2步对上述状态转换表或状态转换图进行化简,以得到一个最简单的状态机.在化简过程中,要注意区分完全描述状态表和不完全描述状态表的不同化简方法.本章介绍了这两种状态表的不同化简方法,这些方法不仅适用于同步时序电路,也同样适用于下一章将要介绍的异步时序电路.

第3步是状态编码,也就是给每一个状态赋予一个适当的二进制码.适当的编码可以简化最终的电路结构,本章介绍了一些常用的编码规则.

第4步是确定具体的触发器,并根据状态编码和触发器类型得到电路的状态激励表.在这个步骤中,可能要对冗余状态进行处理.要区分两种不同的冗余状态,进行两种不同的处理:一种是对所有的冗余状态有特定的次态和输出要求的,如本章举例的自动售饮料机.实际上在这种情况下并没有真正意义上的冗余状态.另一种只要求系统能够进入正常循环,如计数器中的自启动.这种情况可以按照冗余状态进行设计,但是要在设计后进行自启动检查.

设计过程的最后步骤是根据状态激励表得到触发器的激励方程,根据状态转换表得到电路的输出方程.并由上述两组方程得到最终的逻辑图.

在设计实际的同步时序电路尤其是大规模和高速电路时,需要注意同步时序电路对于时钟信号的速度限制以及驱动能力的限制.

思考题和习题

1. 在下图所示电路中,设初始状态为 $Q_1 = Q_2 = Q_3 = 0$.

   (1) 写出状态转换表,画出状态转换图.

   (2) 分别画出 $X = 0$ 和 $X = 1$ 的输出波形.

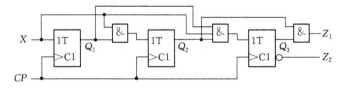

2. 分析下图电路,画出状态转换图并说明其逻辑功能.

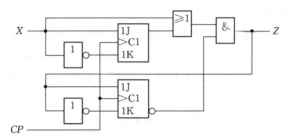

3. 分析下图电路,写出状态方程并检查其能否自启动.

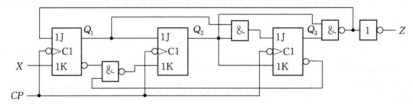

4. 试用 2 个 4 位二进制同步计数器构成 24 进制同步计数器. 画出电路图和状态转换图.

5. 试用 1 个 4 位二进制同步计数器构成一个可变进制同步计数器. 该计数器有一个控制端 S,要求当 $S = 0$ 时实现十进制计数功能, $S = 1$ 时实现十二进制计数功能.画出电路图和状态转换图.

6. 试用 1 个 4 位二进制同步计数器构成一个余 3 码十进制同步计数器,即按照余 3 码规律计数. 余 3 码参见附录 1. 画出电路图和状态转换图.

7. 化简下列状态转换表.

(1)

状 态	次 态		状 态	次 态	
	$X = 0$	$X = 1$		$X = 0$	$X = 1$
A	F/0	B/0	E	D/0	C/0
B	D/0	C/0	F	F/1	B/1
C	F/0	E/0	G	G/0	H/1
D	G/1	A/0	H	G/1	A/0

(2)

状 态	次 态			
	$X_1 X_2 = 00$	$X_1 X_2 = 01$	$X_1 X_2 = 11$	$X_1 X_2 = 10$
S_1	S_2/d	S_3/0	d/0	S_4/d
S_2	S_3/0	S_5/0	d/d	d/d
S_3	S_4/d	S_6/d	S_3/d	d/d
S_4	S_5/1	d/d	d/d	S_1/d
S_5	d/d	d/d	d/d	d/d
S_6	d/d	S_4/d	S_4/d	S_2/d

8. 设计一个"110"序列检测器.当连续输入"110"后输出为1,其余情况输出为0.
9. 设计一个串行3位数字比较器.它有3个输入端:X_1、X_2和X_3,2个输出端:Z_1、Z_2.数据从低位开始输入 X_1 和 X_2,X_3 是字同步信号.
   当 $X_1 > X_2$ 时,$Z_1 = 1$,$Z_2 = 0$;当 $X_1 < X_2$ 时,$Z_1 = 0$,$Z_2 = 1$;当 $X_1 = X_2$ 时,$Z_1 = 0$,$Z_2 = 0$.
   输入到第3个数码时,字同步信号 $X_3 = 1$,表示一个字(3位)比较结束,电路回到初态.
10. 设计一个串行4位奇偶校验电路.一组4位数码从 X_1 输入,输入到第4个数码时,字同步信号 $X_2 = 1$,表示一个字(4位)输入结束.当4个数码中的"1"的个数为奇数时,输出 $Z = 1$,否则输出为0.
11. 试用JK触发器设计一个同步四进制计数器,它有2个控制端,其功能如下:

$X_1 X_2$	功 能	$X_1 X_2$	功 能
00	保 持	10	减法计数
01	加法计数	11	本输入不允许出现

12. 试用JK触发器设计一个可控进制的同步计数器.当控制端 $M = 0$ 时为十进制计数器,控制端 $M = 1$ 时为十二进制计数器.完成设计并同第5题进行比较.
13. 试用3个JK触发器(每个只有1个J端和1个K端)构成一个同步模5计数器,不得增加其他门电路.提示:先构成有6个状态的扭环形计数器,再设法去除一个状态.
14. 设计一个串行码流转换电路.一组4位8421码(LSB 先输入)从 X_1 输入,在输入第1个数码(LSB)时,字同步信号 $X_2 = 1$,表示一个字(4位)输入开始.该电路能够将输入的8421码转换为余3码输出(LSB 先输出).
15. 试用D触发器设计一个同步时序电路,能够满足下列状态转换图要求.

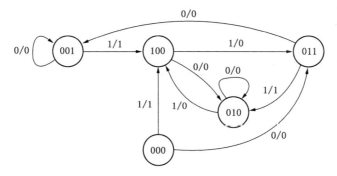

16. 完成例 4-11 的设计,给出最后的电路图.
17. 设计一个控制3相6拍步进电机的逻辑电路.设 A、B、C 为步进电机的3个绕组,则步进电机在正转和反转时的绕组通电顺序分别为:
    正转:$A \to AB \to B \to BC \to C \to CA \to A \cdots \cdots$

反转：$A \to CA \to C \to BC \to B \to AB \to A \cdots \cdots$

$A = 1$ 表示 A 绕组通电，$A = 0$ 表示 A 绕组断电；依次类推。用 2 个控制端 $M_1 M_2$ 控制电机的运转：当 $M_1 M_2 = 10$ 时电机正转，$M_1 M_2 = 01$ 时电机反转，$M_1 M_2 = 00$ 时电机停止，$M_1 M_2 = 11$ 是非法输入。

18. 设计一个单双脉冲发生电路，要求如下：

    当控制端 $M = 0$ 时，产生单脉冲序列，如下图(a)所示。其中脉冲宽度为 1 个时钟周期，间隔宽度为 10 个时钟周期。

    当控制端 $M = 1$ 时，产生双脉冲序列，如下图(b)所示。其中脉冲宽度均为 1 个时钟周期，两个脉冲之间的间隔为 1 个时钟周期，每组脉冲之间的间隔宽度为 10 个时钟周期。

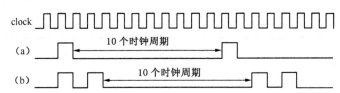

19. 用状态机方法设计第 3 章例 3-4 的问题。

20. 试用 JK 触发器(每个触发器只有一组 JK 输入)和必要的门电路设计一个满足下列状态关系的同步时序电路，要求电路尽可能简单。

现态	次态		输出	
	$X = 0$	$X = 1$	$X = 0$	$X = 1$
S_0	S_0	S_4	0	1
S_1	S_4	S_3	0	0
S_2	S_3	S_4	1	0
S_3	S_5	S_4	1	1
S_4	S_6	S_3	0	0
S_5	S_5	S_6	0	1
S_6	S_4	S_3	0	0

第 5 章 异步时序电路

在上一章已经讨论了同步时序电路,本章将讨论异步时序电路的分析和设计问题.异步时序电路与同步时序电路的根本区别在于对状态转换的处理.同步时序电路将所有的输入信号作为状态变化的条件,状态转换由统一的时钟来同步进行.异步时序电路没有统一的时钟信号,由输入信号直接引起电路状态变化.所以一般而言,异步时序电路对于输入信号的响应可能要快于同步时序电路.

根据输入信号和电路结构的不同,异步时序电路可以分成两种模式:基本型异步时序电路(Fundamental-mode Asynchronous Sequential Circuit)和脉冲型异步时序电路(Pulse-mode Asynchronous Sequential Circuit).这两种异步时序电路无论在分析还是在设计方面都有较大的差异,我们将分别讨论它们的分析和设计问题.

§5.1 基本型异步时序电路的分析

5.1.1 基本型异步时序电路的结构及其描述

基本型异步电路的输入信号为电平型信号,所以也可以称为电平型异步时序电路.图 5-1 是基本型异步电路的模型.

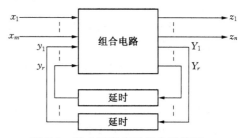

图 5-1 基本型异步时序电路模型

可以看到,基本型异步电路的模型与同步时序电路的模型(图 4-1)很相似,不同的是在同步时序电路中,电路有专门的记忆元件,一般是触发器,而在基本型异步时序电路中,电路的记忆功能是依靠电路的反馈来实现的.

为了更好地理解基本型异步电路,下面来举一个最简单的例子.

仔细观察图 5-2,可以发现它就是一个 R-S 触发器.异步输入 $x_1 x_2$ 就是 R-S 输入,反馈回路就是一根连接输出 Y 和输入 y 的连线.下面来分析它的工作过程.

假定在开始时刻，$x_1 x_2 = 00$，$Y = 0$. 显然此时 $y' = 1$，它进一步保证了 $Y = 0$. 如果在时刻 t_1 输入 x_1 由逻辑 0 变为逻辑 1，则经过一个门延时时间 t_{PD} 以后，$y' = 0$，此时第 2 个或非门的两个输入端都是逻辑 0，所以再经过一个门延时时间 t_{PD} 以后，$Y = 1$. 同样由于

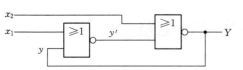

图 5-2　最简单的基本型异步时序电路

反馈的作用，这个输出将得到保持. 如果在这个状态下输入 x_1 再发生变化，输出将不再变化.

如果在时刻 t_2 输入 x_2 由逻辑 0 变为逻辑 1，则经过一个门延时时间 t_{PD} 以后，$Y = 0$. 这个信号反馈到第 1 个或非门，使得第一个或非门的两个输入端都是逻辑 0，所以再经过一个门延时时间 t_{PD} 以后，$y' = 1$. 由于反馈的作用，保证了输出 $Y = 0$ 得到保持.

将上述分析过程显示在图 5-3. 可以看到，在 t_1 前和 t_2 前的瞬间，尽管输入都是 $x_1 x_2 = 00$，但电路的输出不同. 这正反映了时序电路的特征——输出不仅取决于当前输入，还和输入的历史有关，即电路具有记忆功能.

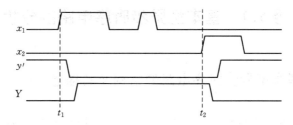

图 5-3　最简单的基本型异步时序电路的波形

图 5-3 是实际的波形图，图中不仅显示输入和输出的逻辑关系，还显示了门的延时和信号变化边沿的延时. 这是分析异步时序电路和同步时序电路的一个不同之处. 在分析同步时序电路时，总是假定电路的延时满足时钟稳定的条件，也就是说，总认为在时钟的有效边沿到来时电路已经达到稳定. 所以在分析同步电路时较少考虑器件延时问题. 在异步电路分析和设计中，由于没有统一的同步时钟，所以必须对电路的延时加以考虑.

很显然，在图 5-3 中，输入变化（譬如 x_1 从逻辑 0 变到逻辑 1）后，状态的变化要在两个门电路的延时时间（$2t_{PD}$）后才能达到稳定. 如果在这段时间内输入发生变化，状态的变化将不可预料. 所以，基本型异步时序电路的第 1 个限制条件就是：在电路达到稳定状态之前不允许输入发生变化. 实际上也就是在确定了电路结构

以及采用何种系列的门电路以后,对于输入信号的最小宽度(或者是最高信号频率)有限制.

对于基本型异步时序电路的第 2 个限制是:每个时刻只允许一个输入变量发生变化.因为如果发生几个输入信号同时变化的情况,电路按什么规律动作将难以确定.这一个限制为我们分析和设计电路提供了便利.实际上,外部输入信号可以在任何时刻发生变化.虽然实际电路的延时特性各不相同,使得几个信号精确地在同一个时刻变化的可能性极小,但是一个信号发生变化后,在电路还没有达到稳定之前又发生另一个信号的变化还是可能的.所以这一个限制多少有点人为规定的意味.

除了特别说明之外,假定以后讨论的异步时序电路均满足上述两个限制条件.

比较图 5-1 和图 5-2,可以发现两者存在一个显著的差别:在图 5-1 中,延时被显式地表示出来,而在图 5-2 中没有将延时环节明显地表示出来.图 5-1 中的延时通常并不是真正的延时器件,而是在实际逻辑电路中存在的器件延时.可以将这些延时抽象成一个延时器件,并集中显示在反馈回路中.如果采用图 5-1 的表示方法,可以将图 5-2 改画成图 5-4 所示的形式.

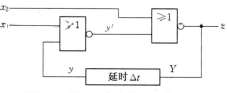

图 5-4 图 5-2 电路的另一种画法

在图 5-2 中,延时被显式地表示出来.在这种情况下,假定系统所有的延时可以归结为延时 Δt,而将逻辑电路看成是没有延时的理想逻辑电路.作这样假定的目的是为了更方便地处理逻辑信号之间的逻辑关系.在这个假设下,电路的时序图将不需要如同图 5-3 那样考虑所有门电路的延时情况,只要考虑延时 Δt 就可以了.由此得到的时序图如图 5-5 所示.

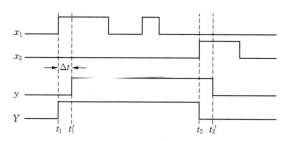

图 5-5 图 5-2 电路的时序

图 5-5 明显不同于实际的时序变化.但是如果只研究电路达到稳定的状态,而不研究电路转换期间(t_1 到 $t_1 + \Delta t$ 或者 t_2 到 $t_2 + \Delta t$ 期间)波形的变化过程,图 5-5

将与实际状态一致.根据对基本型异步时序电路的限制,每次只允许一个输入发生变化,并且在电路达到稳定之前不允许输入变化.可以证明,在这样的限制下两个图的实际结果相同.由于采用上述假设有利于分析时序电路,同时又不违背电路中存在延时的事实,所以在以后的分析中都将采用这一假设.为了方便,下面在画图时将省略延时环节,默认它的存在.

再回到图 5-1 的基本型异步时序电路模型上来.可以看到,图 5-1 正是基于上述假设作出的.根据上面的讨论,可以用下列逻辑方程组来描述这个模型.

$$
\begin{aligned}
Y &= f_1(x, y) \\
z &= f_2(x, y) \\
y(t + \Delta t) &= Y(t)
\end{aligned}
\tag{5.1}
$$

(5.1)式中用矢量记号来表示性质相同的逻辑变量组. x 称为电路的输入变量,z 称为电路的输出变量.下面来分析 Y 和 y 的状态关系.

在同步时序电路中,由于状态 Y 要在下一个时钟脉冲以后才到达 y,所以称 y 为现态,Y 为次态.但是在异步时序电路中,情况有所不同.由于 Y 经过 Δt 后将变为 y,所以基本型异步时序电路的稳定条件必然是 $y = Y$.换句话说,在系统达到稳定以后,Y 和 y 总是相同的.正因为如此,在基本型异步时序电路中不能将 y 和 Y 分别看作现态和次态.

观察图 5-5.如果将 t_1 以前一瞬间的状态定义为现态,那么次态应该是 t_1' 以后一瞬间的状态.可以看到,在这两个状态中,无论 Y 还是 y,它们的逻辑状态是一样的.在 t_1 到 t_1' 之间的状态,实际上是一个过渡状态.严格地说,图 5-5 中 Y 的波形只是在理论上存在,它反映的是在 x 和 y 共同作用下,经过 Δt 后 y 应该出现的波形.所以,可以将 Y 看成是一个激励变量,而 y 才是实际的系统输出.

根据上面的分析,可以明确基本型异步时序电路中 y 和 Y 的相互关系.将图 5-1 模型中的 y 称为系统状态,而将 Y 称为激励状态(Excitation State).为了描述电路的稳定情况,将 x 和 y 合称为电路的总态(Total State).所谓电路达到稳定,就是指电路的总态达到稳定.

状态的变化过程是:当输入状态 x 发生变化后,激励状态 Y 随之发生变化.经过延时 Δt 后,系统状态 y 跟着发生变化.由于激励状态取决于输入状态和系统状态的组合,所以激励态 Y 有可能再次发生变化.这个过程直到 $y = Y$ 时才会停止.在某些系统中,也许永远不能达到稳定.

5.1.2 基本型异步时序电路的一般分析过程

异步时序电路的工作过程也可以用电路状态来描述,所以在分析异步时序电路的过程中,与同步时序电路的要求相类似,也要求根据实际电路得到状态的转换关系,并且从中了解电路的工作过程以及电路功能.

以下将举例说明基本型异步时序电路的分析过程.

例 5-1 分析下面的电路,并说明它的功能.

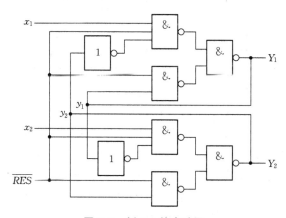

图 5-6 例 5-1 的电路图

基本型异步时序电路与同步时序电路不同的是,电路的状态函数不是现态与次态的关系,而是激励态与总态的关系以及输出与总态的关系,即(5.1)式所示.根据(5.1)式得到的基本型异步时序电路的状态转换关系一般称为状态流程表(State Flow Table).

基本型异步时序电路的分析过程是:首先根据电路关系写出状态流程表,然后分析在各种输入状态下总态是否能够达到稳定,最后得到状态转换图,并根据状态转换图分析电路的功能.下面按照这一步骤分析本例.

对于图 5-6,可以写出电路的激励函数如下:

$$Y_1 = \overline{\overline{x_1 \cdot \overline{y_2} \cdot \overline{RES}} \cdot \overline{y_1 \cdot \overline{RES}}} = x_1 \cdot \overline{y_2} \cdot \overline{RES} + y_1 \cdot \overline{RES}$$

$$Y_2 = \overline{\overline{x_2 \cdot \overline{y_1} \cdot \overline{RES}} \cdot \overline{y_2 \cdot \overline{RES}}} = x_2 \cdot \overline{y_1} \cdot \overline{RES} + y_2 \cdot \overline{RES}$$

当 $\overline{RES} = 0$ 时,$Y_1 = Y_2 = 0$,所以 $\overline{RES}$ 是系统复位信号.

当 $\overline{RES} = 1$ 时,有

$$Y_1 = x_1 \overline{y_2} + y_1$$

$$Y_2 = x_2 \overline{y_1} + y_2$$

根据上式,可以列出本例在 $\overline{RES} = 1$ 时的状态流程表,如表 5-1 所示.

表 5-1 例 5-1 的状态流程表

$y_1 y_2$	$Y_1 Y_2$			
	$x_1 x_2 = 00$	$x_1 x_2 = 01$	$x_1 x_2 = 10$	$x_1 x_2 = 11$
00	00	01	10	11
01	01	01	01	01
10	10	10	10	10
11	11	11	11	11

下面根据表 5-1 分析本例的状态转换过程.

在系统复位状态下,系统总态是 $x_1 x_2 y_1 y_2 = 0000$. 与此对应的激励态是 $Y_1 Y_2 = 00$,也就是表 5-1 中左上方第 1 个状态. 由于 $y_1 y_2 = Y_1 Y_2$,所以这是一个稳定状态.

当发生一个输入变化,例如 $x_1 x_2 = 01$ 时,首先影响激励态. 因为系统状态要在 Δt 以后才发生变化,所以这个瞬间的总态是 $x_1 x_2 y_1 y_2 = 0100$. 与此对应的激励态是 $Y_1 Y_2 = 01$. $y_1 y_2 \neq Y_1 Y_2$,这是一个非稳定状态. 经过延时 Δt 以后,系统状态将等于这个非稳定的激励态,即 $y_1 y_2 = 01$,系统总态将变为 $x_1 x_2 y_1 y_2 = 0101$. 与此对应的激励态是 $Y_1 Y_2 = 01$. 由于此时有 $y_1 y_2 = Y_1 Y_2$,这是一个稳定状态.

在系统到达稳定的总态 $x_1 x_2 y_1 y_2 = 0101$ 后,如果输入继续发生变化,例如变为 $x_1 x_2 = 11$,此时的总态变为 $x_1 x_2 y_1 y_2 = 1101$. 从状态流程表可以看到,这个总态对应的激励态 $Y_1 Y_2 = 01$,仍然是一个稳定态. 在这个状态下无论输入如何变化,总有 $y_1 y_2 = Y_1 Y_2$,输出将不再发生变化.

根据上述分析得到的状态转换图见图 5-7. 图中圆圈内标示的是到达稳定态以后的系统总态 $x_1 x_2 y_1 y_2$. 根据基本型异步时序电路的限制条件,不应该出现输入 $x_1 x_2$ 从 00 到 11 的转换情况. 所以尽管在状态流程表中列出了输入 $x_1 x_2 = 11$ 的状态,但是在状态转换图中并没有画出此状态转换过程.

由图 5-7 可以来猜测这个电路的功能:当系统复位后,系统的状态是 $y_1 y_2 = 00$. 在没有输入的情况下,系统将停留在

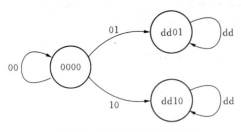

图 5-7 例 5-1 的状态转换图

该状态. 当输入 $x_1x_2 = 01$ 时,系统进入 $y_1y_2 = 01$ 状态;输入 $x_1x_2 = 10$ 时,系统进入 $y_1y_2 = 10$ 状态. 在上述两个状态下,系统均不再接受新的输入,直到系统复位为止. 所以这个电路具有一种类似"抢答器"性质的功能.

在上面的分析中,从系统复位时的稳定总态 $x_1x_2y_1y_2 = 0000$ 到下一个稳定的总态 $x_1x_2y_1y_2 = 0101$,系统经历了一个非稳定的过渡态. 其过程如下:

$$y_1y_2 = 00 \xrightarrow{x_1x_2 = 01} Y_1Y_2 = 01 \longrightarrow y_1y_2 = 01 \longrightarrow Y_1Y_2 = 01$$

其实这是基本型异步时序电路中的一个普遍现象. 为了更方便地分析基本型异步时序电路,通常是在状态流程表中将稳定状态圈出,例如可以将例 5-1 的状态流程表改画成类似卡诺图的表 5-2 的形式. 确定稳定总态的方法是:根据基本型异步时序电路稳定的要求 $y = Y$,将状态流程表中所有与系统状态 y_1y_2 相同的激励态 Y_1Y_2 圈出,对应的总态 $x_1x_2y_1y_2$ 就是稳定总态.

表 5-2　例 5-1 的状态流程表的另一种形式

y_1y_2 \ x_1x_2	00	01	11	10
00	(00)	01	11	10
01	(01)	(01)	(01)	(01)
11	(11)	(11)	(11)	(11)
10	(10)	(10)	(10)	(10)

在表 5-2 中,箭头所示就是上面讨论过的由于输入变化引起的状态转换过程,从中可以清晰地看到系统经历非稳定态的过程.

例 5-2　分析图 5-8 的异步时序电路,其中 z 是输出变量. 假定在开始时系统总态为 $x_1x_2y_1y_2 = 0000$,作出输入 $x_1x_2 = 00, 01, 11, 10, 00, 01, 11, 01, 11, 10, 00, 10, 00$ 序列下的输出波形,并简要描述其功能.

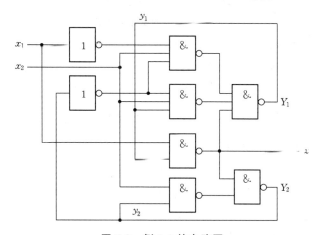

图 5-8　例 5-2 的电路图

在这个电路中,Y_1Y_2 是激励状态,y_1y_2 是系统状态. 首先写出电路的激励函数:

$$Y_1 = \overline{x}_1 x_2 \overline{y}_2 + x_2 y_1 \overline{y}_2 + x_1 y_1$$

$$Y_2 = x_1 y_1 + x_2 y_2$$

根据此激励函数,可以写出它的状态流程表并确定其中的稳定状态如表 5-3.

表 5-3 例 5-2 的状态流程表

$y_1 y_2$ \ $x_1 x_2$	00	01	11	10
00	⓪⓪	10	⓪⓪	⓪⓪
01	00	⓪①	⓪①	00
11	00	01	①①	①①
10	00	①⓪	11	11

根据题目要求,需要作出在输入 $x_1 x_2 = 00, 01, 11, 10, 00, 01, 11, 01, 11, 10, 00, 10, 00$ 序列下的输出波形. 为此可以先作出本例的状态转换图. 在状态转换图中应该包含所有的稳定总态. 然后从每个稳定总态出发,根据本章开始提到的限制,每次只考虑一个输入变量的变化,在状态流程表中找到状态转换途径和下一个稳定总态. 例如,输入 $x_1 x_2$ 从 00 到 01,总态的变化过程是 $x_1 x_2 y_1 y_2 = 0000 \rightarrow 0100 \rightarrow 0110$,最后的稳定总态是 $x_1 x_2 y_1 y_2 = 0110$. 作出状态转换图如图 5-9 所示,图中状态圈内标注的是系统总态 $x_1 x_2 y_1 y_2$.

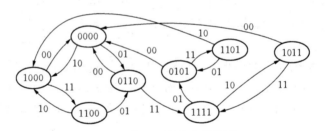

图 5-9 例 5-2 的状态转换图

根据上述状态转换图,可以知道在输入 $x_1 x_2 = 00, 01, 11, 10, 00, 01, 11, 01, 11, 10, 00, 10, 00$ 序列下,从总态 $x_1 x_2 y_1 y_2 = 0000$ 出发的总态转换过程为

$$x_1 x_2 y_1 y_2 = 0000, 0110, 1111, 1011, 0000, 0110, 1111, 0101,$$
$$1101, 1000, 0000, 1000, 0000$$

由图 5-8 可以写出系统的输出方程:

$$z = \overline{x_1 y_1}$$

根据上述总态转换过程和输出方程,可以得到在题目规定的输入序列下的激励状态、系统状态以及输出波形,如图 5-10 所示. 从该图可以得到本电路的功能描述:在输入 x_2 为逻辑 1 期间,检测输入 x_1 的第一个上升沿. 即在此期间若输入 x_1 发生 0 到 1 的变化(上升沿),在随后的 x_1 第 1 个逻辑 1 期间输出逻辑 0,其余时间均输出逻辑 1.

第 5 章 异步时序电路

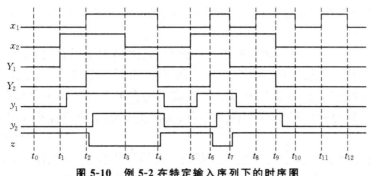

图 5-10 例 5-2 在特定输入序列下的时序图

图 5-10 并没有仔细地研究输入与输出之间的具体延时关系. 图中的延时仅仅是概念性的. 但是有时候我们要讨论电路的输出可能会涉及电路的具体延时关系. 在这种情况下, 仍然可以根据前面的讨论来分析电路的状态转换关系, 但是在作出电路的输出波形时要特别注意实际的时间关系.

例 5-3 分析图 5-11 的电路, 作出在输入 $x_1x_2 = 00, 10, 11, 01, 00, 01, 11, 10, 00, 01, 00, \cdots$ 序列下的输出波形, 并研究它与输入信号之间的延时关系.

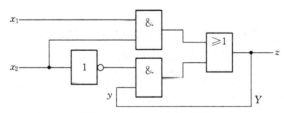

图 5-11 例 5-3 的电路图

根据图 5-11 可以写出它的激励方程:

$$Y = x_1 x_2 + \overline{x}_2 y$$

根据上述激励方程可以作出本例的状态流程表如图 5-12(a) 所示.

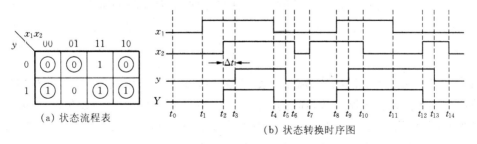

(a) 状态流程表

(b) 状态转换时序图

图 5-12 例 5-3 的状态流程表和状态转换时序图

仿照例 5-2 的分析过程,可以得到本例的时序图如图 5-12 所示.在这里省略了状态转换图.

在图 5-12 中,并没有画出输出 z 的波形.从电路图上看,输出 z 和激励态 Y 以及系统状态 y 实际上都在同一个节点,应该具有同一个波形.只是由于图 5-12 中将门电路的延时 Δt 抽象出来以后才造成激励态 Y 和二次态 y 之间存在延时.所以激励态 Y 的波形只是在理论上存在,实际的输出 z 应该是图 5-12 中 y 的波形.

若要精确地计算输出对于输入的延时 Δt,可以根据实际电路的延时情况得到:例如在图 5-11 中,若每个与门的延时为 8 ns,或门的延时为 10 ns,非门的延时为 6 ns,则从 x_1 到 z 的延时是 $8+10=18$ ns,从 x_2 到 z 的最大延时是 $6+8+10=24$ ns.实际上还要考虑系统稳定必须依赖从 Y 到 y 的反馈,所以达到系统稳定的延时还要加上反馈延时 $8+10=18$ ns.

通过上面几个例题,可以对基本型异步时序电路的一般分析过程进行归纳:

(1) 写出电路的激励方程和输出方程.这一步骤要注意基本型异步时序电路的特点,正确区分输入变量、输出变量、激励状态和系统状态.

(2) 由电路的激励方程,写出电路的状态流程表,并在状态流程表中找出所有的稳定状态.

(3) 根据状态流程表,按照问题的要求作出状态转换图或时序图.有可能的话,可以根据上述结果进一步描述电路的功能.

最后来讨论一个有趣的电路,作为本节的结束.

例 5-4 环型振荡器(Ring Oscillator).

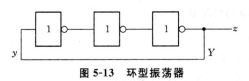

图 5-13 环型振荡器

环型振荡器由奇数个非门构成,可以看作一个没有输入的基本型异步时序电路.由图 5-13 可以写出它的激励方程是:$Y=\bar{y}$.显然,这个方程没有稳定解.所以,该电路只要一通电就会自动产生振荡信号输出.其振荡频率为

$$f_{OSC}=\frac{1}{2n\cdot t_{pd}} \tag{5.2}$$

其中 n 是振荡器中非门的个数(必须是奇数),t_{pd} 是非门的传输延时.可以利用环型振荡器来测量门电路的传输时间,也可以用作电路中的时钟信号发生器.若要降低振荡频率,除了增加非门的数量外,还可以通过在回路中增设延时环节来达到.常用的延时环节是 RC 充放电回路,如图 5-14 所示.

图 5-14 所示的环型振荡器的振荡频率为

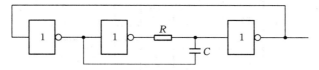

图 5-14 增设延时环节的环型振荡器

$$T_1 \approx RC\ln\frac{2V_{OH} - V_{TH}}{V_{OH} - V_{TH}}$$

$$T_2 \approx RC\ln\frac{V_{OH} + V_{TH}}{V_{TH}} \tag{5.3}$$

$$f_{OSC} = \frac{1}{T_1 + T_2}$$

其中 T_1 是电容 C 充电时间,T_2 是电容 C 放电时间.V_{OH} 是非门的输出高电平,V_{TH} 是非门的阈值电平.同时还有以下几个近似条件:$V_{OL} \approx 0$、逻辑门电路的输入电流很小以致可以忽略不计、逻辑门电路的输出电阻很小以致可以忽略不计.在这些近似条件下,利用 RC 充放电的时间关系可以得到(5.3)式,具体推导请读者自己进行.

§5.2 基本型异步时序电路中的竞争与冒险

5.2.1 临界竞争与非临界竞争

从上一节的讨论可以知道分析异步时序电路也像同步时序电路一样,无非是从给定的电路出发,写出电路的状态和输出的逻辑表达式,并进一步列出其状态表(或状态图),由此分析出电路的逻辑功能.然而,由于异步电路具有稳定状态和非稳定状态,其状态转换的过程与同步时序电路有所不同.下面将通过一个具体例子的分析来观察异步时序电路的状态转换过程.

例 5-5 分析图 5-15 的电路,研究在不同输入状态下的状态转换关系.

本例题的激励函数是

$$Y_1 = \overline{x}_1 x_2 y_1 + x_1 y_1 y_2 + x_1 \overline{x}_2$$

$$Y_2 = x_2 \overline{y}_1 + x_1 y_1$$

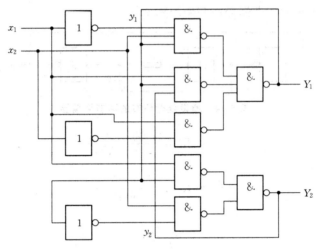

图 5-15　例 5-5 的电路图

根据激励函数,可以写出表 5-4 所示的状态流程表,表中已经将稳定总态全部圈出.

下面来分析此状态流程表中可能发生的状态转换.

假定系统在复位状态时的总态是 $x_1 x_2 y_1 y_2 = 0000$,即状态流程表左上角第 1 个稳定态. 根据基本型异步时序电路对于输入的限制,下一个输入只能是 $x_1 x_2 = 01$ 或 $x_1 x_2 = 10$. 下面分别对这两种输入情况进行考察.

若下一个输入是 $x_1 x_2 = 01$,总态的变化将是 $x_1 x_2 y_1 y_2 = 0000 \rightarrow 0100 \rightarrow 0101$. 其中 $x_1 x_2 y_1 y_2 = 0100$ 是一个非稳定状态,$x_1 x_2 y_1 y_2 = 0101$ 是最后到达的稳定状态.

若下一个输入是 $x_1 x_2 = 10$,则总态的变化是 $x_1 x_2 y_1 y_2 = 0000 \rightarrow 1000 \rightarrow 1010 \rightarrow 1011$. 其中 $x_1 x_2 y_1 y_2 = 1000$、1010 都是非稳定状态,$x_1 x_2 y_1 y_2 = 1011$ 是最后到达的稳定状态.

在上述两种输入情况下,系统在状态转换中都经历了多个非稳定状态. 如果系统最终能够到达一个确定的稳定态,如同上述两个输入的情形,可以认为这种情况属于电路的正常状态转换.

下面再来看一个输入序列:$x_1 x_2 = 00, 10, 11, 01, 11$.

在这个输入序列下,前 4 个输入的总态变化是 $x_1 x_2 y_1 y_2 = 0000 \rightarrow 1000 \rightarrow 1010 \rightarrow 1011 \rightarrow 1111 \rightarrow 0111 \rightarrow 0110$. 前 4 个输入以后系统已经达到的总态

表 5-4　例 5-5 的状态流程表

$y_1 y_2$ \ $x_1 x_2$	00	01	11	10
00	⓪⓪	01	01	10
01	00	⓪①	⓪①	10
11	00	10	①①	①①
10	00	①⓪	01	11

是0110,这是一个稳定状态.

再来关注下一次状态转换.

输入序列中的下一个输入是 $x_1x_2 = 11$. 在这个输入下,系统总态将变成 $x_1x_2y_1y_2 = 1110$, 这是一个不稳定总态,所以还会继续转换. 由于这个不稳定总态的激励状态为 $Y_1Y_2 = 01$,系统状态 y_1y_2 将从10变为01. 但是,实际的状态转换不可能直接从10变为01. 这是因为任何实际的门电路器件,其传输时间不可能做到完全一致,所以虽然激励状态为 $Y_1Y_2 = 01$,但是系统状态 y_1y_2 的变化不会同时发生,或者是 y_1 先于 y_2 发生变化,或者出现相反的情形,y_2 先于 y_1 发生变化. 因此 y_1y_2 从10变为01的过程,实际上可以分成 10→00→01 或 10→11→01 这两种情况.

假如系统状态变化为 10→00→01,那么系统总态将首先从 $x_1x_2y_1y_2 = 1110$ 变为 $x_1x_2y_1y_2 = 1100$,然后再变为1101,达到稳定状态.

假如系统状态变化为 10→11→01,那么系统总态将首先从 $x_1x_2y_1y_2 = 1110$ 变为 $x_1x_2y_1y_2 = 1111$. 但是从表5-4可以看到,$x_1x_2y_1y_2 = 1111$ 已经是一个稳定状态,此时的系统将不再变化. 也就是说,这样转换的结果将不会达到 $x_1x_2y_1y_2 = 1101$ 的状态.

上述情况可以这样描述:在状态转换过程中,由于器件特性的不同,使得状态转换可以循不同的转换途径进行. 由于转换途径的不同可能使电路出现不同的最终稳定状态. 显然,这种情况使电路产生不确定的动作,是一种不允许出现的现象. 通常称这种现象为临界竞争(Critical Race).

下面再来看另一个输入序列: $x_1x_2 = 00, 10, 00$.

在这个输入序列下,前2个输入引起的总态变化是 $x_1x_2y_1y_2 = 0000 → 1000 → 1010 → 1011$,系统到达的总态是 $x_1x_2y_1y_2 = 1011$,这是一个稳定状态.

下一次状态转换是在系统总态 $x_1x_2y_1y_2 = 1011$ 的稳定状态下,输入 x_1x_2 从10转换为00. 在这个情况下,系统总态将首先变为 $x_1x_2y_1y_2 = 0011$. 由于这是个不稳定总态,它的激励是 $Y_1Y_2 = 00$, 所以也会产生两种不同的 y_1y_2 转换途径: 11→10→00 或 11→01→00. 然而,由表5-4可以得到,从总态 $x_1x_2y_1y_2 = 0011$ 出发,无论 y_1y_2 循上述哪条途径进行转换,最后总是能够到达 $x_1x_2y_1y_2 = 0000$ 这个稳定总态.

对这个情况可以这样描述:在状态转换过程中,虽然由于器件特性的不同,使得状态转换可以循不同的转换途径进行,但是状态转换的最终稳定状态是一致的. 通常称这种现象为非临界竞争(Non-critical Race). 在通常情况下,对于状态转换途径不会作特别的要求,所以允许非临界竞争的存在,因为它并不影响电路最终状态的一致性.

仔细研究上面讨论的 3 种状态转换过程,可以发现:在正常的状态转换过程中,激励态的变化都是相邻的,即每次只有一个状态变量发生变化.如果在某个输入序列下,激励态的变化不相邻,即有多于一个的状态变量同时发生变化,就会产生竞争.至此,可以对竞争作出如下定义:

基本型异步时序电路在某个输入作用下,从一个稳定状态转换到另一个稳定状态时,如果有多于一个的状态变量需要同时发生变化,则称电路存在竞争.如果电路最终达到的稳定状态依赖于状态变量变化的次序,则称为临界竞争;如果最终达到的稳定状态相同,则称为非临界竞争.

5.2.2 临界竞争的判别

为了更好地揭示竞争发生的原因,将上例中发生临界竞争和非临界竞争的状态转换途径画在表 5-5 所示的状态流程表中.

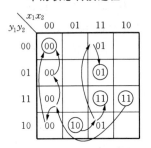

表 5-5 例 5-5 状态流程表中的状态转换过程

可以观察到,状态转换过程一定是从某个稳定状态出发,改变一个输入变量(输入相邻)后转入相邻的列,而接着的所有转换过程一定是在该列内进行(因为输入不再变化).所以,可以有如下判别法则:

(1) 在状态转换表中选择一个稳定总态,然后从这个稳定状态向某个相邻列转移.

(2) 考察在该列内的状态转换过程.若此转换过程中所有的转换途径都能够到达同一个稳定状态,则此转换过程不发生临界竞争.

(3) 改变输入变量以及稳定总态,重复第 1、2 步的判别.直至遍历从所有的稳定总态出发的每种可能的转换途径.

上述法则中提到的转换途径遵循以下规律:状态转换一定沿着最短的距离进行.所谓两个状态之间的距离,是指它们之间发生变化的变量个数.例如 000→101 的距离为 2,11→10 的距离为 1.

下面将通过几个例子来说明竞争的判别.

例 5-6 下面是一个说明竞争判别法则的例子,其中包含了以上法则中的几种不同情况.

在表 5-6 所示的状态流程表中,有 6 个稳定总态.在检验时必须逐个检查.
从稳定总态 $x_1 x_2 y_1 y_2 = 0100$ 出发,可以有两种输入改变:$x_1 x_2 = 00$ 和 $x_1 x_2 = 11$.

第 5 章 异步时序电路

当输入改变为 $x_1 x_2 = 00$ 时，$y_1 y_2$ 将从 00 转换到 11，转换距离等于 2，存在两条不同的转换途径. 但是由表 5-6 可知，最后转换结果都到达稳定总态 $x_1 x_2 y_1 y_2 = 0010$，所以此转换过程无临界竞争.

当输入改变为 $x_1 x_2 = 11$ 时，$y_1 y_2$ 同样将从 00 转换到 11，存在两条转换途径. 其中一条为 $y_1 y_2 = 00 \to 01$；另一条为 $y_1 y_2 = 00 \to 10 \to 11$. 与前面情况不同的是，由于在此列存在 2 个稳定总态 $x_1 x_2 y_1 y_2 = 1101$ 和 1111，导致上述两条途径到达两个不同的稳定态，所以发生了临界竞争.

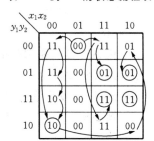

表 5-6 例 5-6 的状态流程表

可以同样考察从其余 5 个稳定总态出发的转换过程，都没有发生临界竞争. 但是由于已经存在一个临界竞争，所以此状态转换表的转换过程是临界竞争的.

在上面的例子中，可以发现以下两个规律：

(1) 当某列只有一个稳定总态时，这一列一般无临界竞争.

(2) 当从相邻列的稳定总态进入该列后，若系统状态的转换过程中始终只有一个状态变量改变（即转换距离始终等于 1）时，此转换过程一般无临界竞争.

上述规律在一般情况下是正确的，但也有例外，这将在以后展开讨论. 灵活运用上述规律，可以使得临界竞争的判断更加便捷.

在运用上述规则时，有时候会遇到多个稳定态、多条路径的例子. 这时候必须按照最短距离原则，遍历每条路径，以确定是否存在临界竞争.

例 5 7 下面是一个在一列中具有多个稳定态，转换距离又大于 1，但是却没有临界竞争的例子.

表 5-7 例 5-7 的状态流程表

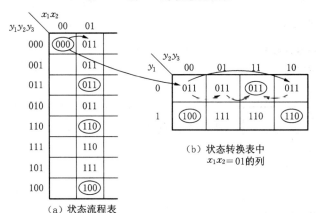

在表 5-7 中,图(a)是状态流程表的一部分,显示了一个具有多个稳定态的列.为了更好地显示该列中的状态相邻关系,将此列单独以类似卡诺图的形式画在图(b).

状态转换从相邻列的稳定总态 00000 转入本列.激励态从 000 到 011,距离为 2.两条最短途径分别是 000→010→011 和 000→001→011,途中都没有其他稳定状态,所以不发生临界竞争.

例 5-8 下面是一个具有多个转换途径的例子.

表 5-8 例 5-8 的状态流程表

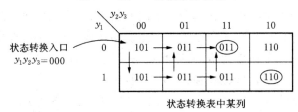

在表 5-8 中,状态转换从相邻列的稳定态转入本列.激励态从 000 到 101,距离为 2.由 000 到 101 的两条最短途径分别是 000→001→101 和 000→100→101.但是,当沿着 000→001→101 的途径转换时,在状态 001 时转向了稳定态 011.当沿着 000→100→101 的途径转换时,由于状态 101 不是稳定状态,所以在状态 101 又产生了两条分支,如图中箭头所示.当然,在图中所有的转换途径最后都到达稳态 011,所以本例没有临界竞争.在分析时必须遍历可能的途径.譬如,若在上图的状态 111 存在稳定状态,而在分析时又遗漏了这一个分支,就有可能使最后的电路发生误动作.

最后来分析一个特殊的例子.在表 5-9 中,当系统从稳定总态 $x_1 x_2 y_1 y_2 = 0100$ 出发,输入变为 11,则系统总态进入 $x_1 x_2 = 11$ 的列.此列只有一个稳定

表 5-9 特殊的临界竞争的例子

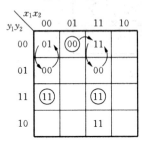

总态,但是由于从非稳定态 1100 出发,$y_1 y_2$ 将从 00 变为 11.如果 y_2 先于 y_1 变化,即 $y_1 y_2$ 先经过 01,则由于总态 $x_1 x_2 y_1 y_2 = 1101$ 对应 $Y_1 Y_2 = 00$,系统将发生振荡,如表 5-9 中箭头所示.振荡的结果是使系统的输出无法确定,所以它也是一种临界竞争.

同样,若系统总态进入 $x_1 x_2 = 00$ 的列,虽然从非稳定态 0000 出发只有一个状态变量发生变化,但是由于出现了状态循环,所以也发生了临界竞争.

5.2.3 临界竞争的消除

电路中存在的临界竞争必须设法消除。消除临界竞争的方法，大致有以下4种。

方法一 在电路中插入可控延迟元件

对于电路内部延迟特性不一致引起的竞争，可以人为地加入可控延迟元件来改变电路的延迟特性，以达到消除竞争的目的。一般可用电容或单稳态电路等作为延迟元件。由于它们的加入，可以使状态变量的变化按一定的顺序进行。

例如在表 5-10 的第 3 列中存在临界竞争，如果希望电路能从状态 00 稳定地到达状态 11，可在 Y_2 到 y_2 的反馈支路中插入延迟元件，使得 y_1 总是先于 y_2 发生变化，这样转换途径必然是 $x_1x_2y_1y_2 = 0100 \rightarrow 1100 \rightarrow 1110 \rightarrow 1111$，避免了由于竞争而产生的误动作。

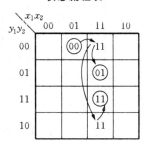

表 5-10 临界竞争的状态流程表

这个方法简单易懂，但是它存在着严重的缺陷：第一，它是以牺牲系统速度为代价来获得无临界竞争的。在越来越追求速度的今天，除了对速度要求不高的场合，一般不会采用这个办法。第二，这个办法对于集成化设计来说，比较难以接受。

也是因为上述缺陷，这个方法只是用于一些简单场合，大部分情况下将采取下面要介绍的其他几种消除临界竞争的方法。

方法二 修改状态流程表中的非稳定状态，使得循环的结果到达目标状态

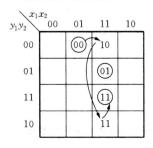

表 5-11 利用修改状态来消除临界竞争的例子

这种方法是在电路结构上进行一些改变，使得电路在状态转换的过程中经过一些没有竞争的中间状态，以保证最终达到所需要的稳定状态。为了说明这种方法，仍以表 5-10 为例。在表 5-10 中，总态 $x_1x_2y_1y_2 = 0100$ 时输入 $x_1x_2 = 11$ 会引起临界竞争。为了消除这个临界竞争，可以将 00 行 11 列对应的激励态 11 改成 10，如表 5-11 所示。

之所以允许这样代替，是因为在这一列中，11 是对应于 10 的次状态，它能使最终结果转换到 11 上去。

也就是说,最终结果并不改变.由于对状态表进行了这样的改动,原来从状态 00 出发到 11 状态可能有两种不同的途径,现在却只可能是下面的一条途径:$x_1x_2y_1y_2 = 0100 \to 1100 \to 1110 \to 1111$. 所以这样做能使电路保证达到确定的稳定状态,因而消除了临界竞争.

这个方法同样也有限制,那就是被修改后的非稳定状态必须能够正确地到达目的状态. 为了说明这一点,来看下面的例子.

表 5-12 是一个无法利用修改状态来消除临界竞争的例子. 在表 5-12 中,若在总态 $x_1x_2y_1y_2 = 0001$ 时输入 $x_1x_2 = 01$,由于输入 $x_1x_2 = 01$ 的那一列在总态 $x_1x_2y_1y_2 = 0101$ 的上下两侧都是稳定总态,所以无论怎样修改总态 $x_1x_2y_1y_2 = 0101$ 的激励态,都不可能使最终状态进入需要的稳定总态 $x_1x_2y_1y_2 = 0110$. 在这种情况下,就不能采用修改状态的方法来消除临界竞争.

表 5-12 无法利用修改状态来消除临界竞争的例子

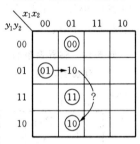

这里只是通过这个例子说明修改状态的方法会具有一定的局限性. 关于这种情况下的消除临界竞争问题,将在稍后再作讨论.

方法三 采用相邻的状态分配来消除临界竞争

由于引起临界竞争的原因是在状态转换中出现了同时有多个状态变量变化,如果能够保证在采用二进制码进行状态分配时,每次状态转换前后的状态编码是相邻的,就可以消除临界竞争. 对于非临界竞争则可以不必消除,因为它不影响电路的正确动作.

对于一个具有 n 个状态的状态表,对它编码时所用的最少状态变量数为 $S = [\log_2 n]$,其中 $[\log_2 n]$ 表示大于等于 $\log_2 n$ 的最小正整数. 对于这 n 个状态来说,每个状态可能得到的最大相邻状态数等于 S. 例如 4 个状态要采用 2 个状态变量对它们进行编码,编码后每个状态的相邻状态数等于 2. 若是 8 个状态,则状态变量数等于 3,允许的最大相邻状态数也是 3. 可以用图 5-16 的示意图来说明这一点.

如果在一个状态流程表中,每个状态对应的激励态(不包括与自身相同的状态)的数量(即相邻状态数)不超过所采用的状态变量的数量,可以利用上述相邻状态编

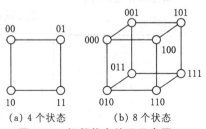

(a) 4 个状态   (b) 8 个状态

图 5-16 相邻状态编码示意图

码来获得无临界竞争状态表. 下面用一个例子来说明具体作法.

例 5-9 为下列状态流程表分配状态编码,使之达到无临界竞争.

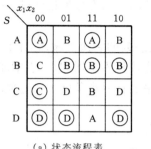
(a) 状态流程表

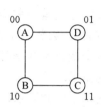
(b) 状态相邻图

图 5-17 例 5-9 的状态流程表和状态相邻图

为了利用相邻状态编码来获得无临界竞争的状态分配,首先应该确定状态的相邻关系. 为此可以先将状态流程表中所有的状态用字母表示,并画在一张图上. 然后从某一个稳定状态开始,查询与它相关的激励态,并将它与它的所有激励态用线连起来.

例如在图 5-17(a) 的状态流程表中,稳定状态 A 的激励态只有 B,用直线把 A 与 B 连接起来;稳定状态 B 的激励态只有 C,用直线把 B 与 C 连接起来;稳定状态 C 的激励态为 D,用直线把 C 与 D 连接起来;稳定状态 D 的激励态只有 A,用直线把 D 与 A 连接起来. 最后得到图 5-17(b),称为相邻状态图.

在相邻状态图中可以得到每个状态的相邻状态数. 本例的相邻状态数均为 2. 由于有 4 个状态,2 个状态变量,满足相邻状态分配的要求,可以进行相邻状态分配. 一种可能的分配方案如图 5-17(b) 所标示的状态编码,按照此编码完成的状态流程表如表 5-13 所示. 可以看出,这张状态流程表完全消除了临界竞争.

表 5-13 利用相邻状态分配来消除临界竞争的状态转换表

x_1x_2 S	00	01	11	10
00	⓪⓪	10	⓪⓪	10
10	11	⑩	⑩	⑩
11	⑪	01	10	01
01	⓪①	⓪①	00	⓪①

上述方法在满足相邻状态分配要求的条件下,不失为一种好办法. 但是如果有一个状态的相邻状态数大于状态变量数,就不能使用此法. 所以这是一个有使用条件的好方法.

方法四 增加状态变量的方法

通过上面各种状态分配方法的讨论,可以看到在状态分配中受到制约的是状态变量的数目. 如果增加了状态变量的数目,对这些状态编码的灵活性就增加了.

显而易见,只要状态变量数目足够多,并进行合理的状态分配,是可以完全消除临界竞争的.所以,采用增加状态变量的方法,可以找到一些消除临界竞争问题的"通解".下面,将讨论共享行状态分配和单活跃态状态分配这两种"通解".

(1) 共享行状态分配

共享行状态分配方法是一种增加状态数的解决方案.由于在状态流程表中每个状态占一行,增加状态数相当于在状态流程表中增加行,当增加的行能够被原来发生临界竞争的两个状态所共享时,原来的临界竞争就可以避免.这就是共享行状态分配方法名称的由来.

下面将用例题来说明此方法的运用.

例 5-10 试用共享行状态分配方法对图 5-18(a)的状态流程表进行状态分配.

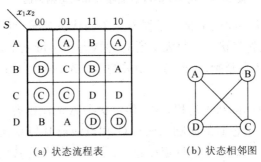

(a) 状态流程表　　　　(b) 状态相邻图

图 5-18 例 5-10 的状态流程表和状态相邻图

本例题的相邻状态图见图 5-18(b),显然由于最大相邻数为 3,至少要 3 个状态变量才能做到相邻状态分配.

下面用共享行状态分配方法来解决临界竞争.首先确定用 3 个状态变量为原来的状态分配状态变量,在分配时尽量考虑状态相邻.例如,可以给状态 A 分配 000,再考虑状态 B、C、D 均要与状态 A 相邻,可以作如下分配: B = 001, C = 010, D = 100.

作完上述分配后,发现状态 B 和 C、C 和 D、B 和 D 都不相邻,这和原来的要求不符合.为此,需要在 B 和 C、C 和 D、B 和 D 之间都插入一个过渡状态,使得它们通过该状态的过渡成为相邻.例如 B = 001, C = 010,可以在 BC 之间插入过渡状态 E = 011.由于 B 与 E 相邻,E 与 C 相邻,状态 B 可以通过过渡状态 E 过渡到状态 C.按照这个方法作出的相邻状态图和状态流程表如图 5-19 所示.

可以看到,在表中原来可能发生临界竞争的激励态,现在都由插入的过渡状态替换,而在过渡状态相应的位置中填入了原来的激励态.例如在状态表中 $x_1 x_2 =$ 00 列第 4 行(D 行),原来填的激励态是 B,现在改为过渡态 G,而在 G 行 $x_1 x_2 = 00$

列则填上激励态 B. 这样改动后的状态转换从状态 G 过渡, 避免了临界竞争. 转换过程已经在表中画出.

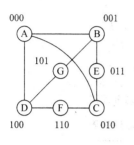

$y_1y_2y_3$		$Y_1Y_2Y_3$			
		$x_1x_2=00$	$x_1x_2=01$	$x_1x_2=11$	$x_1x_2=10$
A	000	C 010	A 000	B 001	A 000
B	001	B 001	E 011	B 001	A 000
C	010	C 010	C 010	F 110	F 110
D	100	G 101	A 000	D 100	D 100
E	011		C 010		
F	110			D 100	D 100
G	101	B 001			

(a) 状态相邻图　　　　　　　　(b) 状态流程表

图 5-19　用共享行分配解决例 5-10 问题的状态流程表和状态相邻图

在表中未填任何状态的位置, 可以作为任意态处理, 因为那些状态在实际状态转换中是不会经过的.

当采用共享行状态分配办法时, 如果原来的状态表中列出了输出函数, 则新增加进的过渡状态所对应的输出函数可取过渡前后对应的输出中任意一个. 例如在上述例子中, 若原来在 $x_1x_2 = 00$ 列 D 行有输出 0, 在 $x_1x_2 = 00$ 列 B 行有输出 1, 则在过渡态 $x_1x_2 = 00$ 列 G 行可以填 0 也可以填 1. 因为这是一个过渡态, 存在时间极短, 对输出的影响不大.

(2) 单活跃态状态分配

单活跃态状态分配也是一种增加状态的方法. 与上面共享行方法不同的是, 它不是根据最大相邻数确定状态变量数目, 而是根据原来状态表的状态数确定状态变量数目. 若原来的状态表具有 n 个状态, 就采用 n 个状态变量. 具体的做法如下:

首先用 n 个状态变量对原来状态表中的状态进行编码, 每个编码中只包含一个 1. 例如, 原来的状态表若有 5 个状态, 这 5 个状态的编码就是 00001、00010、00100、01000、10000. 这就是单活跃状态名称的由来.

这样编码分配以后, 原来的状态都成为不相邻的, 所以对每一个状态转换过程都要设置一个过渡态. 过渡态的状态编码是转换前后两个状态编码的"按位或". 例如要从状态 0001 转换到状态 0100, 增加的过渡状态是 0101.

还是以例 5-10 的问题来说明单活跃态状态分配方法, 图 5-20 说明了状态编码过程.

表 5-14 是用单活跃态状态分配方法得到的状态流程表. 与共享行方法一样, 在状态流程表中空缺的位置是任意态. 过渡态的输出可以是过渡前后两个状态输出中的任意一个.

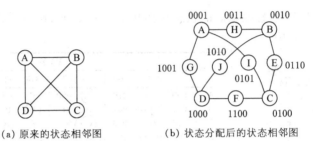

(a) 原来的状态相邻图   (b) 状态分配后的状态相邻图

图 5-20 用单活跃态方法解决例 5-10 问题的状态分配图

表 5-14 用单活跃态方法解决例 5-10 问题的状态转换表

$y_1y_2y_3y_4$		$Y_1Y_2Y_3Y_4$			
		$x_1x_2=00$	$x_1x_2=01$	$x_1x_2=11$	$x_1x_2=10$
A	0001	I 0101	A 0001	H 0011	A 0001
B	0010	B 0010	E 0110	B 0010	H 0011
C	0100	C 0100	C 0100	F 1100	F 1100
D	1000	J 1010	G 1001	D 1000	D 1000
E	0110		C 0100		
F	1100			D 1000	D 1000
G	1001		A 0001		
H	0011			B 0010	A 0001
I	0101	C 0100			
J	1010	B 0010			

显然,与共享行方法相比,这种方法要机械得多. 它可以避免上一种方法中人为分配状态变量的步骤,因此更适合于用计算机来进行状态分配. 然而这种方法的缺点也是明显的: 它比共享行方法增加了更多的状态变量,构成电路时采用的元件也就比较多,电路动作的时间可能延长,降低了电路的速度.

5.2.4 基本型异步时序电路中的冒险

关于组合电路中的冒险,已经在组合电路一章中讨论过. 基本型异步时序电路的结构实际上是组合电路加上反馈. 如果在构成基本型异步时序电路的组合电路中存在冒险,那么将对时序电路带来灾难性的结果.

例如,图 5-21 是一个具有静态 1 冒险的组合电路,在输入 x_2 发生变化时可能产生负尖脉冲. 如果将图 5-21 稍加改变,可以构成图 5-22 所示的异步时序电路,再来分析该电路的工作过程.

图 5-22 电路的激励方程是

$$Y = x_1x_2 + \overline{x_2}y$$

第5章 异步时序电路

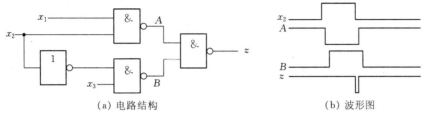

(a) 电路结构　　　　　　　　　(b) 波形图

图 5-21　带有冒险的组合电路

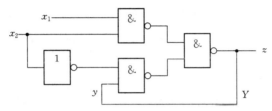

图 5-22　带有冒险的异步时序电路

由该激励方程得到表 5-15 所示的状态流程表. 试看此电路在 x_2 变化时的动作过程.

表 5-15　带有冒险的异步时序电路的状态转换表

y	Y			
	$x_1x_2=00$	$x_1x_2=01$	$x_1x_2=11$	$x_1x_2=10$
0	0	0	1	0
1	1	0	1	1

设电路原来处于 $x_1x_2=11$, $y=1$ 状态. 这时, x_2 由 1 变为 0. 根据上面的状态表, 总态 $x_1x_2=10$, $y=1$ 对应的激励态为 1, 这是一个稳定态, 所以在上述输入下, 输出应该维持 $z=1$ 不变. 但是, 在图 5-21 的波形图中可以看到, 在 x_2 由 1 变为 0 的过程中, 可能出现 $z=0$ 的尖脉冲干扰. 这个干扰反馈到输入, 使得系统总态进入 $x_1x_2=10$, $y=0$. 这个总态也是稳定状态, 所以就可能维持在这个状态, 即输出 $z=0$. 显然这是一个错误的状态转换过程.

由此可见, 冒险现象在组合电路中只是一个瞬时的错误. 但是在时序电路中, 瞬时的错误可能铸成大错. 所以, 在时序电路中必须避免冒险现象的出现. 关于冒险的检测和消除, 已经在组合电路的讨论中予以解决, 这里就不再赘述.

§5.3　基本型异步时序电路设计

根据前面的讨论可知, 基本型异步时序电路存在一些特殊的问题, 因此, 它的

设计问题一般也比同步时序电路要复杂一些. 对于基本型异步时序电路的要求或限制,大致可以归纳为如下 4 点:

(1) 每次动作只允许一个输入变量发生改变;

(2) 每次输入发生改变后,必须等待电路进入稳定后方可允许下一个输入发生变化;

(3) 电路中的组合电路部分应该是无冒险的;

(4) 电路应该没有临界竞争.

根据上述几点要求,基本型异步时序电路的设计大致可以按照以下步骤进行:

(1) 根据问题规定的逻辑要求(该要求可以是用自然语言描述,也可以用波形图或其他方式描述),画出问题的状态转换图或状态流程表.

(2) 化简状态流程表,得到它的最简表示.

(3) 对状态表进行状态分配(编码). 在分配过程中,要注意状态转换的相邻性,使得状态转换不发生临界竞争.

(4) 根据编码后的状态表,写出激励函数和输出函数. 检查其中是否存在冒险. 若有冒险则消除之.

(5) 根据无冒险的激励函数和输出函数,得到最终的电路图.

应当指出,上述步骤是原则性的,具体实行时具有相当大的灵活性. 下面将结合具体的例题来讨论基本型异步时序电路的设计.

例 5-11 试用逻辑门电路实现一个下降沿触发的 T 触发器.

这里的 T 触发器与触发器一章中讨论过的 T 触发器略有不同,它只有一个输入端 T,在 T 端发生负跳变引起触发器翻转. 图 5-23 画出该触发器的输入输出波形.

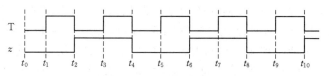

图 5-23 T 触发器的波形图

时刻 t_0 是触发器的初始状态. 以后随着输入信号的变化,在每个输入脉冲的下降沿输出状态翻转一次. 根据图 5-23 所示的波形,可以列出电路内部的几个不同状态.

显然,触发器的初始状态是一个内部状态. 然后当输入 $T=1$ 时,系统应该记忆此输入的变化,电路应该进入另一个状态. 根据同样道理,每当输入发生变化,系统状态也应发生转换,即记住输入的历史. 输入序列可以是无限的,但电路只能用有限状态来实现,即只能记忆有限长度的输入序列,所以必须研究电路的行为,并从中找出状态的重复规律. 从波形图中可以看到,在时刻 t_4 以后,电路的行为同 t_0 以后的行为一致,或者说重复了 t_0 以后的行为. 所以有理由认为电路的内部状态只要记忆 t_0 到 t_4 的输入序列就可以了.

根据上面的讨论,可以这样安排系统的状态:时刻 $t_0 \sim t_1$(或 $t_4 \sim t_5$)为状态 A, $t_1 \sim t_2$ 为状态 B, $t_2 \sim t_3$ 为状态 C, $t_3 \sim t_4$ 为状态 D, 一共 4 个状态. 由此得到的状态转换图和状态流程表如图 5-24 所示.

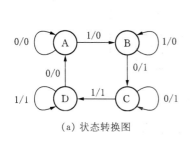

状态	激励态/输出	
	$T=0$	$T=1$
A	A/0	B/0
B	C/1	B/0
C	C/1	D/1
D	A/0	D/1

(a) 状态转换图　　(b) 状态流程表

图 5-24　T 触发器的状态转换图和状态流程表

该状态图实际上已经无法化简. 由于此状态图的最大相邻数等于 2,状态数等于 4,所以可以用相邻状态分配原则进行状态分配,例如令 A=00, B=01, C=11, D=10. 编码后的状态流程表见表 5-16.

表 5-16　T 触发器的状态流程表

状态	激励态/输出	
	$T=0$	$T=1$
00	00/0	01/0
01	11/1	01/0
11	11/1	10/1
10	00/0	10/1

为了得到激励函数和输出函数并对它们化简,可以进一步将上面状态流程表中的激励态和输出的卡诺图画出. 由于在状态流程表中可以明显地看出输出 z 等于激励态 Y_1,所以在图 5-25 的卡诺图中将它们合并.

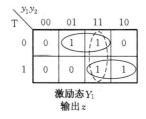 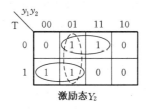

图 5-25　T 触发器的卡诺图

检查上面的卡诺图,可以发现其中存在冒险. 图中虚线表示的卡诺圈就是为了消除冒险而增加的蕴涵项. 由卡诺图可以得到消除冒险后的激励函数和输出函数:

$$Y_1 = \overline{T}y_2 + Ty_1 + y_1y_2$$

$$Y_2 = \overline{T}y_2 + T\overline{y_1} + \overline{y_1}y_2$$

$$z = Y_1$$

根据上述函数可以得到 T 触发器的电路图如图 5-26.

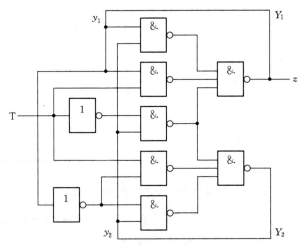

图 5-26　T 触发器的电路图

例 5-12　设计一个异步时序电路,它有两个输入端 x_1x_2,一个输出端 z. 当输入 $x_1x_2 = 00$ 时,输出 $z = 0$. 若在 x_1 由 0 变 1 时 x_2 已经是逻辑 1,即 x_2 在 x_1 之前变为 1,则输出 $z = x_1x_2$. 若 x_1 在 x_2 之前变为 1 则输出 $z = 0$.

设计时序电路的第 1 步就是要得到状态流程表. 为了从问题的自然语言要求中归纳出满足要求的状态表,可以有两种办法. 一种办法就是上一个例题使用的办法:根据问题的要求画出相应的波形图,然后从波形图上找出系统的行为特点,并确定状态. 另一种比较直观的方法是由问题出发画出系统的算法状态机(ASM)图,然后根据 ASM 图来确定系统的状态结构. 下面分别用这两种方法对本例进行分析.

本例的典型波形如图 5-27 所示. 因为波形图不可能穷尽所有的输入序列,同样状态机也不可能存在无穷多个状态,所以分析时还要对波形图的行为特点作研究.

由于本问题只涉及输入 x_1x_2 的先后,没有涉及输入的次数(比如:输入变化 2 次以后如何、变化 3 次以后又如何等等),并且当输入 $x_1x_2 = 00$ 时,输出 $z = 0$. 所以可以认为,只要输入 $x_1x_2 = 00$,系统就回到同一个状态——初始状态. 在画图 5-27 的波形图时,事实上就是这么做的. 定义该初始状态为状态 A. 在上述波形

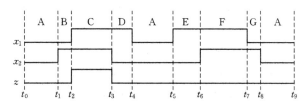

图 5-27 例 5-12 的典型波形图 1

图中,时刻 $t_0 \sim t_1$、$t_4 \sim t_5$、$t_8 \sim t_9$ 都是状态 A.

对于波形图中其余的时间间隔,目前只知道它们的输入输出组合以及输入序列的历史是不同的,并不知道它们的状态是否等价(或相容),所以暂时只能作为不同的状态处理.如图中标示,将它们分别记为状态 B 到状态 D 以及状态 E 到状态 G.

对上述时间间隔定义了状态以后,可以由上述波形图作出本问题的状态转换图和状态流程表如图 5-28.

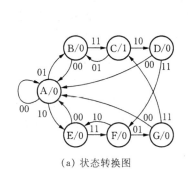

状态	激 励 态				输出
	$X=00$	$X=01$	$X=11$	$X=10$	
A	Ⓐ	B	—	E	0
B	A	Ⓑ	C	—	0
C	—	B	Ⓒ	D	1
D	A	—	F	Ⓓ	0
E	A	—	F	Ⓔ	0
F	—	G	Ⓕ	E	0
G	A	Ⓖ	C	—	0

(a) 状态转换图   (b) 状态流程表

图 5-28 例 5-12 的状态转换图和状态流程表

在上面的状态表中,凡是标记为"—"的项表示是任意项.由于在基本型异步时序电路中,限制每次只能有一个输入变量发生改变,所以表中标记为"—"的那些总态是不可能经过的.同样,在异步时序电路的状态转换图中,从一个状态出发的状态转换,也不包含多个输入同时变化的情况.读者一定记得,同步时序电路的状态转换图要求在状态转换中包括所有的输入组合.这是基本型异步时序电路的状态转换图与同步时序电路的状态转换图的一个重要不同.

还要说明的是:在图 5-28 的状态图和状态表中,某些状态转换并没有在波形图中得到表达.例如,在稳定状态 B,若输入 $x_1x_2 = 00$,状态图中画着转换到状态 A,这个转换不是从图 5-27 中得到的.因为波形图表示的是时间序列,而时间是无法倒流的,所以在图 5-27 中没有表示出这个输入序列的情况.实际上这个转换是根据开始的分析,认为只要输入 $x_1x_2=00$ 系统就回到初始状态而得到的. E 到 A 的转换同样如此.

类似的转换过程还有 C 到 B 的转换、F 到 E 的转换、G 到 C 的转换和 D 到 F 的转换. 这几个转换也不是从图 5-27 得到的. 用波形图方法得到这几个转换, 需要作出相应的输入序列, 以 C 到 B 的转换为例, 见图 5-29.

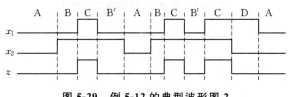

图 5-29 例 5-12 的典型波形图 2

在图 5-29 中, B′ 就是在状态 C 输入 $x_1x_2=01$ 所转换过来的状态. 作出在状态 B′ 以后得到不同输入组合情况的波形. 由于状态 B′ 的后续输入只能是 $x_1x_2=00$ 或 $x_1x_2=11$, 所以也只作出这两种输入组合的后续输入序列. 每个序列都转换到初始状态 $x_1x_2=00$ 为止. 从图 5-29 可以知道, 这两种后续输入序列得到的输出都和状态 B 在同样的后续输入序列下得到的输出一致, 所以状态 B′ 等效于状态 B.

对图 5-28 的状态流程表进行状态化简. 本例的状态流程表是一个不完全描述状态表, 所以还要研究状态的相容问题. 按照上一章关于不完全描述状态表的化简方法, 列出本例的隐含表和合并图如图 5-30, 并从合并图得到了 3 个最大相容类: {A, B, G}、{C} 和 {A, D, E, F}.

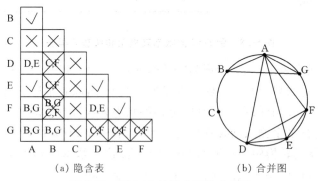

(a) 隐含表 (b) 合并图

图 5-30 例 5-12 的隐含表和合并图

根据满足最小化、覆盖化和闭合性 3 个条件的要求, 可以从上述 3 个最大相容类中选择 3 个子集 {A, B, G}、{C} 和 {D, E, F} 来作为化简后的状态. 用 S_0、S_1 和 S_2 分别表示这 3 个状态, 可以得到化简后的状态流程表见表 5-17.

第 5 章 异步时序电路

表 5-17 例 5-12 化简以后的状态流程表

状态	激励态				输出
	$x_1 x_2 = 00$	$x_1 x_2 = 01$	$x_1 x_2 = 11$	$x_1 x_2 = 10$	
S_0	ⓢ₀	ⓢ₀	S_1	S_2	0
S_1	—	S_0	ⓢ₁	S_2	1
S_2	S_0	S_0	ⓢ₂	ⓢ₂	0

下一个步骤是给上面的状态流程表分配状态变量,为此应该作出状态相邻图. 图 5-31 就是本问题的状态相邻图. 从状态相邻图中可以看到,状态 S_0、S_1 和 S_2 两两相邻,这是无法做到的,所以必须在某两个状态之间插入一个过渡态. 假定在状态 S_1 和 S_2 之间插入 S_3 作为过渡态,那么可以用 2 个状态变量给予状态分配.

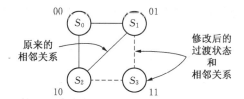

图 5-31 例 5-12 的状态相邻图

表 5-18 例 5-12 编码以后的状态流程表

状态 $y_1 y_2$	激励态 $Y_1 Y_2$				输出 z
	$x_1 x_2 = 00$	$x_1 x_2 = 01$	$x_1 x_2 = 11$	$x_1 x_2 = 10$	
S_0 00	⓪⓪	⓪⓪	01	10	0
S_1 01	—	00	⓪①	11	1
S_3 11	—	—	—	10	1
S_2 10	00	00	①⓪	①⓪	0

表 5-18 就是按照上述分配方案 $S_0 = 00$、$S_1 = 01$、$S_2 = 10$、$S_3 = 11$ 进行编码以后的状态流程表. 按照此状态流程表,列出激励变量 Y_1、Y_2 和输出变量 z 的卡诺图,可以得到本问题的激励方程、输出方程如下:

$$Y_1 = x_1 y_1 + x_1 \overline{x_2}$$

$$Y_2 = x_1 x_2 \overline{y_1} + x_1 \overline{y_1} y_2$$

$$z = y_2$$

最后得到电路图如图 5-32.

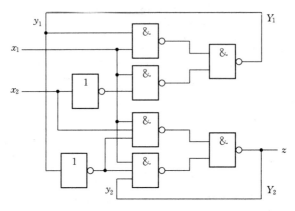

图 5-32　例 5-12 的电路图

以上是用波形图方法解决例 5-12 的全过程. 下面再用 ASM 图方法进行同一个问题的设计过程.

图 5-33 就是例 5-12 的 ASM 图. 先来说明作图过程：

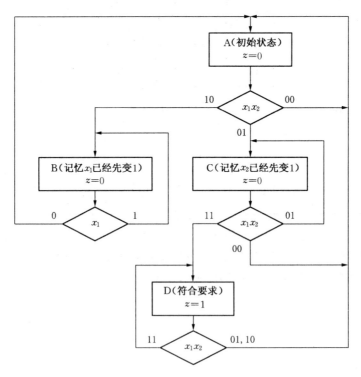

图 5-33　例 5-12 的 ASM 图

第 5 章 异步时序电路

根据问题的要求,首先设置系统复位状态为 A.

由于系统要记忆输入信号 x_1x_2 孰先孰后,可在系统中设置两个状态 B 和 C,B 记录 x_1 先变 1,C 记录 x_2 先变 1.

当 x_1 先变 1 以后,无论 x_2 如何变化,系统都不应该输出,直到 x_1 恢复为 0 以后,系统重新进入一个循环.所以在状态 B 的框底下,只对 x_1 进行判断. $x_1 = 1$ 保持原来状态, $x_1 = 0$ 则退回复位状态 A.

当 x_2 先变 1 以后,系统进入状态 C.在状态 C 的框底下,对 x_1x_2 进行判断: $x_1x_2 = 00$ 退回复位状态, $x_1x_2 = 01$ 保持原来状态, $x_1x_2 = 11$ 表示符合输出条件,进入状态 D.在状态 D,输出等于 1,同时继续判断输入 x_1x_2, $x_1x_2 = 11$ 保持原来状态, $x_1x_2 \ne 11$ 则退回复位状态 A,进行下一个循环.

根据这个 ASM 图,可以得到它的状态转换图和状态流程表如图 5-34 所示.

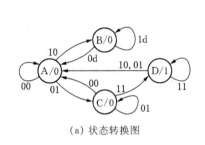

状态	激励态				输出
	$X = 00$	$X = 01$	$X = 11$	$X = 10$	
A	Ⓐ	C	—	B	0
B	Ⓐ	A	Ⓑ	Ⓑ	0
C	A	Ⓒ	D	—	0
D	—	A	Ⓓ	A	1

(a) 状态转换图

(b) 状态流程表

图 5-34 例 5-12 的状态转换图和状态流程表

下面对状态流程表进行化简.由于状态数很少,可以不作蕴涵表,直接通过观察来确定相容关系.

由于状态 D 输出为 1,所以它肯定与其他状态不相容.在剩下的 3 个状态中,B 与 C 由于在 $x_1x_2 = 11$ 时的激励态不同(其中包含一个 D)而肯定不相容.所以最大相容类只有 {A, B} 和 {A, C}.由于 B 与 C 不相容,所以 A 与 B 不能合并(如果 A 与 B 合并,则 $x_1x_2 = 01$ 时的激励态不满足闭合性要求).最后能够合并的只有 {A, C}.

令 {A,C} 为状态 S_0,D 为状态 S_1,B 为状态 S_2.作出的状态流程表见表 5-19.将表 5-19 与表 5-18 比较,可以发现,除了状态 S_1 在 $x_1x_2 = 10$ 时的激励态有差别外,其余状态完全一样.但是由于在 $x_1x_2 = 10$ 的一列中只有一个稳定态 S_2,所以在表 5-19 中,状态 S_1 输入 $x_1x_2 = 10$ 的最后结果仍然是 S_2,只是中间经过一个过渡状态而已.由此可见,用 ASM 方法得到的状态流程表与用波形分析方法得到的结果完全一致.以后的设计过程也与波形分析方法的过程相同.

表 5-19 用 ASM 图得到的例 5-12 的状态流程表

状态	激励态				输出
	$x_1 x_2 = 00$	$x_1 x_2 = 01$	$x_1 x_2 = 11$	$x_1 x_2 = 10$	
S_0	ⓢ₀	ⓢ₀	S_1	S_2	0
S_1	—	S_0	ⓢ₁	S_0	1
S_2	S_0	S_0	ⓢ₂	ⓢ₂	0

比较上述两种方法,可以看到,ASM 方法得到的状态流程表要比波形分析简单一些.

§5.4 脉冲型异步时序电路的分析与设计

另一大类异步时序电路是脉冲型异步时序电路. 脉冲型异步时序电路的结构与同步时序电路相类似,其记忆电路为触发器. 可以用图 5-35 来描述脉冲型异步时序电路.

图 5-35 与同步时序电路的结构基本一致,唯一的区别是:在同步电路中,Y 不包括触发器的时钟输入,而异步时序电路的 Y 包括触发器的时钟输入. 所以在用状态方程描述脉冲型异步时序电路时,在方程中必须包括触发器的时钟输入.

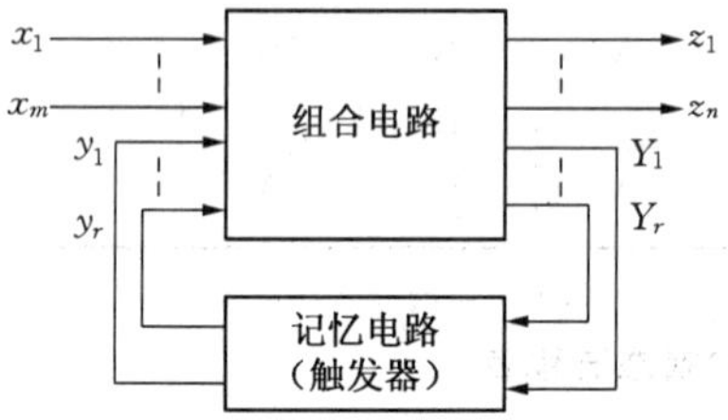

图 5-35 脉冲型异步时序电路模型

根据输出与输入的关系,可以将脉冲型异步时序电路分成米利型电路和摩尔型电路两类. 图 5-36 显示了这两者结构的区别.

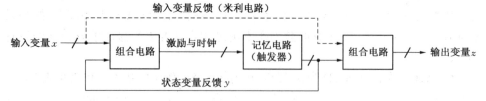

图 5-36 两种脉冲型异步时序电路模型

与基本型异步时序电路一样,在讨论脉冲型异步时序电路时,也必须对输入信号作出一定的限制.

第 1 个限制 当一个输入脉冲信号使得电路发生状态变化之后,在电路未达到稳定的次态之前,不允许第 2 个输入脉冲出现.

第 2 个限制 引起记忆单元状态转换的输入脉冲信号不能同时在多个输入端发生.

在本书中除了特别说明外,假定以下要讨论的脉冲型异步时序电路都满足上述限制条件.

5.4.1 脉冲型异步时序电路的分析

脉冲型异步时序电路的典型例子就是在第 3 章曾经讨论过的异步计数器,而脉冲型异步时序电路又不止于包括异步计数器.

在分析异步计数器时,使用了波形分析的办法,直接用触发器的输出波形对电路的工作过程进行分析. 其实除了波形分析以外,与同步时序电路的分析过程相同,也可以用状态转换表或状态转换图对脉冲型异步时序电路进行分析.

为了让读者对脉冲型异步时序电路的分析过程有一个完整的了解,下面将举一些脉冲型异步时序电路分析的例子.

例 5-13 分析图 5-37 所示的脉冲型异步时序电路.

本例是一个典型的脉冲型异步时序电路,它由两个 D 触发器和与门构成. 其中 D 触发器的时钟输入端由输入 x 及其组合信号提供.

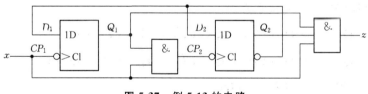

图 5-37 例 5-13 的电路

首先写出触发器的激励方程和输出方程:

$$D_1 = \overline{Q_2},\ D_2 = \overline{Q_2},\ z = xQ_1Q_2$$

脉冲型异步时序电路与同步时序电路的一个最大区别,就是对触发器触发输入端的处理. 在同步时序电路中,触发器的触发信号是时钟信号,它只是作为一个定时基准,是一个隐含的输入,在分析电路时不必关心时钟信号. 但是在脉冲型异步时序电路中,触发器的触发输入不是一个统一的定时信号,而是一个与输入有关的信号,所以必须将它显式地写出来.

$$CP_1 = x,\ CP_2 = xQ_1$$

另一方面，图 5-37 中的 D 触发器是下降沿触发的边沿触发器，有效的触发信号只是加在触发输入端信号的下降沿。所以必须对上面写出的图 5-37 中两个触发器触发输入的逻辑表达式作如下的修正：

在脉冲型异步时序电路中触发器的 CP 表达式中，只有当表达式右端的逻辑函数产生对该触发器有效的触发时，表达式左边的 $CP = 1$。

对于本例题来说，只有 x 的负跳变才能使 $CP_1 = 1$，xQ_1 的负跳变才能使 $CP_2 = 1$。

有了上面关于触发器触发输入的定义以后，再来讨论触发器的状态方程。

在第 3 章，曾经给出 4 种触发器的状态方程，以 JK 触发器为例，状态方程是

$$Q_{n+1} = J\overline{Q}_n + \overline{K}Q_n$$

此状态方程中没有出现触发输入，只适用于同步时序电路的分析。对于异步时序电路来说，必须将触发输入考虑在内。上述状态方程实际考虑了有效触发脉冲前后的状态变化，在没有触发脉冲时触发器的状态应该不变，所以按照前面对于 CP 的定义，可以将 JK 触发器的状态方程改写为

$$Q_{n+1} = (J\overline{Q} + \overline{K}Q) \cdot CP + Q \cdot \overline{CP} \quad (5.4)$$

同样，可以将 D 触发器的状态方程改写为

$$Q_{n+1} = D \cdot CP + Q \cdot \overline{CP} \quad (5.5)$$

下面写出图 5-37 的状态方程：

$$Q_{1(n+1)} = D_1 \cdot CP_1 + Q_1 \cdot \overline{CP_1} = \overline{Q_2} \cdot CP_1 + Q_1 \cdot \overline{CP_1},$$

$$Q_{2(n+1)} = D_2 \cdot CP_2 + Q_2 \cdot \overline{CP_2} = \overline{Q_2} \cdot CP_2 + Q_2 \cdot \overline{CP_2},$$

$$CP_1 = x, \quad CP_2 = xQ_1$$

按照这个状态方程，可以作出本例题的状态转换表 5-20、状态转换图 5-38 和波形图。在下面的状态转换表和状态转换图中，$I = 1$ 表示输入 x 的下降沿，$I = 0$ 表示除了输入 x 下降沿以外的所有时刻。

表 5-20　例 5-13 的状态转换表

Q_2Q_1	CP_2CP_1		$Q_{2(n+1)}Q_{1(n+1)}$	
	$I = 0$	$I = 1$	$I = 0$	$I = 1$
00	00	01	00	01
01	00	11	01	11
11	00	11	11	00
10	00	01	10	10

列出上述状态转换表的步骤是:先列出系统状态的所有组合,然后根据前面的状态方程,写出在每个状态下的时钟.该时钟可以这样定义:当状态方程中时钟方程右边的逻辑函数发生负跳变时该时钟为逻辑1.例如,当 x 发生负跳变即 $I=1$ 时,由 $CP_1 = x$ 得到 $CP_1 = 1$.而由 $CP_2 = xQ_1$,可以知道在 $Q_1 = 1$ 时 $CP_2 = 1$.最后将时钟 CP 代入状态方程,就得到了系统的次态.

由状态转换表得到状态转换图和波形图.在图 5-39 的波形图中,假定系统开始时的状态为 $Q_1 = Q_2 = 0$.图中 CP_1 和 CP_2 是实际的波形,它们的下降沿就是触发器的有效时钟边沿 CP_1 和 CP_2.

由图 5-38 所示的状态图可以看到这个电路的功能:输入 3 个脉冲就输出 1 个脉冲,可以说是将脉冲数除以 3.同样从状态图中也看到这个电路存在这样一个问题:冗余状态 10 没有处理好,一旦进入 10 状态,系统将被"挂起",即永远无法脱离这个冗余状态.值得注意的是,如果单用波形分析的方法就有可能发现不了这个问题.

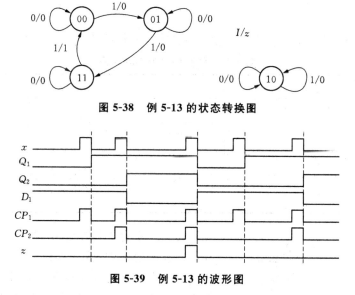

图 5-38 例 5-13 的状态转换图

图 5-39 例 5-13 的波形图

例 5-14 分析一个具有两个输入端的脉冲型异步时序电路.

图 5-40 是由两个 T 触发器构成的异步时序电路.仿照上一个例题的做法,写出这个电路的状态方程如下.其中触发输入 t_1、t_2 都是下降沿有效.

$$Q_{1(n+1)} = \overline{Q_1} \cdot t_1 + Q_1 \cdot \overline{t_1}$$

$$Q_{2(n+1)} = \overline{Q_2} \cdot t_2 + Q_2 \cdot \overline{t_2}$$

$$t_1 = x_1 Q_1 + x_2 Q_2$$

$$t_2 = x_1 Q_2 + x_2 \overline{Q_1}$$

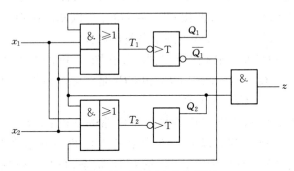

图 5-40 例 5-14 的电路图

同样可以写出电路的输出方程

$$z = x_2 Q_2$$

根据上面两组方程,可以得到表 5-21 所示的状态转换表.

表 5-21 例 5-14 的状态转换表

$Q_1 Q_2$	$t_1 t_2$		$Q_{1(n+1)} Q_{2(n+1)}$	
	x_1	x_2	x_1	x_2
00	00	01	00	01
01	01	11	00	10
11	11	10	00	01
10	10	00	00	10

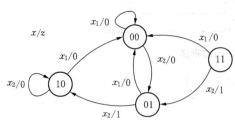

图 5-41 例 5-14 的状态转换图

需要说明的是:在表 5-21 所示的状态转换表中,输入条件 x_1、x_2 的定义都是指信号的有效触发边沿,即下降沿. 另一方面,根据本节开始时指出的限制条件,不可能出现多个有效触发同时输入的情况,所以可以将两个输入条件分开考虑,不必考虑 $x_1 x_2$ 同时有效的情况.

由上面状态转换表得到本例的状态转换图如图 5-41.

由图 5-41 可以看到,状态 11 只有从它出发的状态转换,没有流向它的状态转

第 5 章 异步时序电路

换箭头,所以这是一个正常循环以外的冗余状态.正常循环为状态 00、01 和 10.对电路的功能描述是:只有当输入序列为 $x_1 \to x_2 \to x_2$ 的情况下,在输入第 2 个 x_2 的同时输出 z;其余情况下都没有输出.本例的典型波形图如图 5-42 所示.

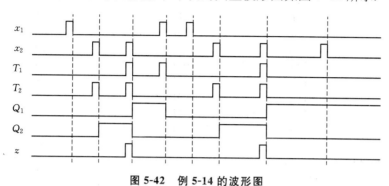

图 5-42 例 5-14 的波形图

例 5-15 用状态分析的方法分析一个十进制异步计数器(见图 5-43).

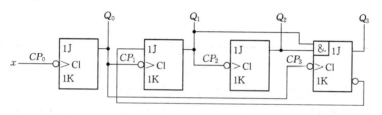

图 5-43 例 5-15 的电路图

为了图面清晰,图中默认 JK 触发器中没有画出的 JK 端为逻辑 1.

仿照前两个例题的做法,先写出电路的状态方程:

$$Q_{0(n+1)} = (J_0 \overline{Q_0} + \overline{K_0} Q_0) \cdot CP_0 + Q_0 \cdot \overline{CP_0} = \overline{Q_0} \cdot CP_0 + Q_0 \cdot \overline{CP_0}$$

$$Q_{1(n+1)} = \overline{Q_3} \cdot \overline{Q_1} \cdot CP_1 + Q_1 \cdot \overline{CP_1}$$

$$Q_{2(n+1)} = \overline{Q_2} \cdot CP_2 + Q_2 \cdot \overline{CP_2}$$

$$Q_{3(n+1)} = Q_1 Q_2 \cdot \overline{Q_3} \cdot CP_3 + Q_3 \cdot \overline{CP_3}$$

$$CP_0 = x, \ CP_1 = Q_0, \ CP_2 = Q_1, \ CP_3 = Q_0$$

由于本例的输出是状态变量,可以看成是摩尔型电路.按照上述状态方程可以写出它的状态转换表见表 5-22.由于在输入 x 不产生有效脉冲边沿的情况下,电路始终处于稳定状态,在状态转换表中不再列出输入无效的情况.

表 5-22　例 5-15 的状态转换表

计数	$Q_3 Q_2 Q_1 Q_0$	$CP_3\ CP_2\ CP_1\ CP_0$	$Q_{3(n+1)} Q_{2(n+1)} Q_{1(n+1)} Q_{0(n+1)}$
0	0000	0001	0001
1	0001	1011	0010
2	0010	0001	0011
3	0011	1111	0100
4	0100	0001	0101
5	0101	1011	0110
6	0110	0001	0111
7	0111	1111	1000
8	1000	0001	1001
9	1001	1011	0000
10	1010	0001	1011
11	1011	1111	0100
12	1100	0001	1101
13	1101	1011	0100
14	1110	0001	1111
15	1111	1111	0000

在写这个状态转换表的时候要比较小心，因为除了 CP_0 是与输入 x 有关的以外，其余的 CP 都与状态变量有关．所以需要先写出 CP_0，将 CP_0 代入状态方程写出 $Q_{0(n+1)}$．再根据 Q_0 到 $Q_{0(n+1)}$ 的变化(是否 1→0)决定 CP_1 和 CP_3，再将 CP_1 代入状态方程，可以得到 $Q_{1(n+1)}$．下一步将根据 Q_1 到 $Q_{1(n+1)}$ 的变化(是否 1→0)决定 CP_2．最后将 CP_2 和 CP_3 代入状态方程，得到 $Q_{2(n+1)}$ 和 $Q_{3(n+1)}$．

从上述状态转换表可以看出，此计数器的前 10 个状态构成十进制计数器的计数循环，后 6 个冗余状态至多在两个脉冲以后可以进入正确的计数循环。

5.4.2　脉冲型异步时序电路的设计

由上面几个例子的分析，可以得到脉冲型异步时序电路的 3 个特点：
(1) 采用触发器(锁存器)作为电路的记忆元件；
(2) 没有统一的时钟信号．触发器的时钟可以直接是输入信号，也可以是输入信号与系统状态的组合函数；
(3) 对于输入信号有两个限制．不能同时存在多个引起系统状态变化的输入；必须在系统到达稳定以后才能输入第 2 个脉冲。

根据上述特点，脉冲型异步时序电路的设计大致可以按照以下步骤进行：

(1) 根据问题规定的逻辑要求(该要求可以是用自然语言描述,也可以用波形图或其他方式描述),画出问题的状态转换图或状态转换表.
(2) 化简状态转换表,得到它的最简表示.
(3) 对状态表进行状态分配(编码),写出编码后的状态表.
(4) 确定采用何种类型的触发器.然后根据选用的触发器和编码后的状态表,写出包括触发器的时钟输入在内的激励函数.在某些情况下,还要确定每个触发器的时钟信号的选择.
(5) 写出电路的输出函数.
(6) 画出最终的电路图.

上述步骤与同步时序电路的设计步骤十分接近,其中某些步骤略有差异.下面将结合具体的例题讨论脉冲型异步时序电路的设计问题.

例 5-16 试用 T 触发器设计满足下列功能的脉冲型异步时序电路.电路的功能描述是:只有当输入脉冲序列为 $x_1 \to x_1 \to x_2$ 的情况下,在输入 x_2 的同时输出 z;其余情况下都没有输出.

本问题显然是一个米利模型.要解决上述设计问题,首先要对系统状态进行定义.可以定义以下 3 个状态.

状态 A:原始状态;

状态 B:已经输入序列为 x_1;

状态 C:已经输入序列为 $x_1 \to x_1$,在此状态下输入 x_2 可以产生输出.

可以作出本问题米利模型的状态转换图如图 5-44.

若定义状态编码为 A = 00、B = 01、C = 10,则由此状态转换图可以写出表 5-23 所示的状态转换表. 表 5-23(a) 是编码前的状态转换表;表 5-23(b) 是编码以后的状态转换表.

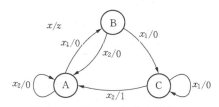

图 5-44 例 5-16 的状态转换图

表 5-23 例 5-16 的状态转换表

现 态	次态/输出		$y_1 y_2$	$Y_1 Y_2 / z$	
	x_1	x_2		x_1	x_2
A	B/0	A/0	00	01/0	00/0
B	C/0	A/0	01	10/0	00/0
C	C/0	A/1	10	10/0	00/1

(a) 编码前   (b) 编码后

下面讨论如何从表 5-23(b)得到 T 触发器的激励输入函数.为此可回忆一下在同步时序电路的设计中是如何得到激励函数的.

在设计同步时序电路时,是根据编码后的状态表,观察状态变量从初态到次态的转换情况,到相应的触发器激励表中去找相应的激励函数,得到状态激励表.然后将状态激励表画成卡诺图形式进行化简,得到触发器的激励函数.

在设计异步时序电路时,得到激励函数的步骤与设计同步时序电路的过程基本一致.存在的唯一不同之处是:在异步时序电路中,触发器的时钟输入要显式地表示出来,所以触发器的激励表中要包含时钟输入.

在例 5-16 的这个问题中,采用的 T 触发器是指只有一个 T 输入端的触发器(即例 5-11 所设计的触发器),所以它只有一个时钟输入端 t.该触发器的状态方程是

$$Q_{n+1} = \overline{Q} \cdot t + Q \cdot \overline{t} \tag{5.6}$$

表 5-24　T 触发器的激励表

Q	Q_{n+1}	t	Q	Q_{n+1}	t
0	0	0	1	1	0
0	1	1	1	0	1

该触发器的激励表见表 5-24,将这个激励表与表 5-23(b)相结合,仿照同步时序电路设计中得到激励函数和输出函数的过程,可以得到本例的激励卡诺图和输出卡诺图如图 5-45.必须注意的是:由于在异步时序电路中规定每次只能有一个输入变量发生变化,所以在图 5-45 中,只有输入 x_1 和 x_2 单独的列,没有类似 $x_1x_2=11$ 这样的组合.

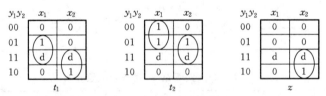

图 5-45　例 5-16 的激励卡诺图和输出卡诺图

由上面的卡诺图,可以得到本例的激励函数和输出函数:

$$t_1 = x_1 y_2 + x_2 y_1$$

$$t_2 = x_1 \overline{y_1} + x_2 y_2$$

$$z = x_2 y_1$$

下面列出本例的电路和波形图,分别见图 5-46 和图 5-47. 注意实际的激励输入发生在 T_1 和 T_2 的下降沿.

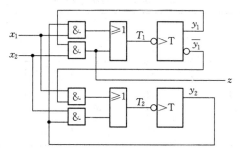

图 5-46　例 5-16 的电路图

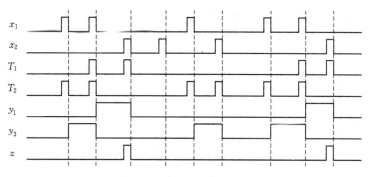

图 5-47　例 5-16 的波形图

上面的例题采用触发器作为存储元件,下面再举一个采用锁存器的例子.

例 5-17　试用 RS 锁存器设计满足下列功能的脉冲型异步时序电路. 电路的功能描述是:在 $z=0$ 情况下,当输入脉冲序列为 $x_1 \to x_2 \to x_3$ 时,输出 z 从 0 变为 1;在 $z=1$ 情况下,当输入 x_2 时,输出 z 返回到 0.

本问题有 3 个输入、1 个输出. 由于输出由 0 变为 1 以后要保持到输入 x_2,本问题一定是摩尔模型. 根据问题的功能描述,可以确定系统的状态如下:定义状态 A 为初始状态,状态 B 为已经输入 x_1,状态 C 为已经输入 $x_1 \to x_2$,状态 D 为已经输入 $x_1 \to x_2 \to x_3$. 由以上定义可以作出图 5-48 所示的状态图.

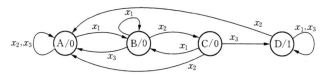

图 5-48　例 5-17 的状态转换图

若定义状态编码为 A = 00, B = 01, C = 11, D = 10, 可以写出状态转换表如表 5-25 所示.

表 5-25 例 5-17 的状态转换表

状态	y_1y_2	Y_1Y_2			z
		x_1	x_2	x_3	
A	00	01	00	00	0
B	01	01	11	00	0
C	11	01	00	10	0
D	10	10	00	10	1

下面要得到激励函数. RS 锁存器的激励表已经在第 3 章给出, 可以将表 5-25 所示的状态表拆分成 Y_1 和 Y_2 两部分, 分别代入 RS 锁存器的激励表, 可以得到如图 5-49 所示的激励卡诺图.

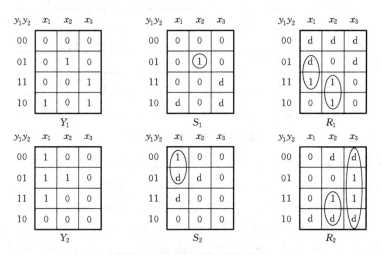

图 5-49 例 5-17 的激励卡诺图

由此可得本例的激励函数和输出函数分别为

$$S_1 = x_2 \overline{y_1 y_2}, R_1 = x_1 y_2 + x_2 y_1$$

$$S_2 = x_1 \overline{y_1}, R_2 = x_2 y_1 + x_3$$

$$z = y_1 \overline{y_2}$$

由上面的激励函数得到最终的电路如图 5-50 所示.

第5章 异步时序电路

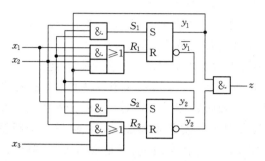

图 5-50 例 5-17 的电路图

从上面两个例题,可以看到设计脉冲型异步时序电路的一些特殊之处.

(1) 在状态图中,由于输入是独立的(每次只能有一个),从一个状态出发的状态转换线与输入的个数相同而不是它们的组合.

(2) 在作激励卡诺图的时候,同样只要考虑独立输入而不必考虑它们的组合.

(3) 在卡诺图上得到蕴涵项(卡诺圈)时,一般只能在一个输入下考虑.例如在图 5-49 中,R_2 的右下方似乎有 4 个最小项相邻,但实际上由于输入独立,它们并不相邻,不能圈成包括 4 个最小项的大圈.

(4) 所有的设计中,都必须考虑触发器的时钟输入.

关于这最后一点,似乎在上面的两个例题中还没有充分体现.下面再举一个异步计数器的例子.

例 5-18 试用 JK 触发器设计一个 12 进制异步加法计数器.

在设计同步时序电路时,由于时钟是隐含的,所以不必考虑时钟.但是在设计异步时序电路时,时钟是显式的,所以必须考虑时钟.

在类似异步计数器这一类问题中,多个触发器采用的时钟信号不同,所以在设计时还有一个步骤,就是为触发器选择时钟信号.选择时钟信号有几种方法,比较直观的方法是利用波形图来观察.所以在下面先画出 12 进制加法计数器的波形图,如图 5-51 所示.

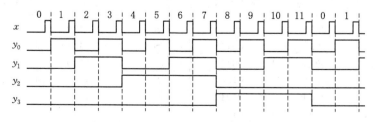

图 5-51 12 进制加法计数器的波形图

为触发器选择时钟信号的原则是：

(1) 在触发器的状态发生改变时必须有时钟信号，并且该时钟信号具有相同的极性(即都是正跳变或者都是负跳变)。

(2) 在触发器不发生状态改变时的时钟信号越少越好。

显然，按照上述原则观察图 5-51，可以知道触发器 0 的有效时钟信号一定是 x 的下降沿，触发器 1 的有效时钟信号一定是 y_0 的下降沿，触发器 2 的有效时钟信号一定是 y_1 的下降沿。对于触发器 3 来说，似乎 y_2 是一个理想的时钟，但是由于在状态 11 到状态 0 之间 y_3 有状态改变，但是没有 y_2 的跳变，所以只能选用最接近的信号 y_1 的下降沿作为触发器 3 的有效时钟。

在所有触发器的时钟输入选定之后，就要确定每个触发器的激励函数。

对于触发器 0 和触发器 1，从波形图上可以看到，每个有效时钟输入它们的状态都发生改变，这正是 JK 触发器的 JK 输入都为逻辑 1 的情况，所以它们的激励已经确定了，即：

$$J_0 = K_0 = 1$$

$$J_1 = K_1 = 1$$

对于触发器 2 和触发器 3，由于在有效时钟输入下具有不同的状态改变情况，所以必须用状态转换表来确定它们的激励函数。

与同步时序电路设计相类似，先将 JK 触发器的激励表和 12 进制加法计数器的状态转换表写在表 5-26 和表 5-27 中。

表 5-26 JK 触发器的激励表

Q	Q_{n+1}	J, K	Q	Q_{n+1}	J, K
0	0	0, d	1	1	d, 0
0	1	1, d	1	0	d, 1

表 5-27 12 进制加法计数器的状态转换表

状态	$y_3 y_2 y_1 y_0$	$Y_3 Y_2 Y_1 Y_0$	状态	$y_3 y_2 y_1 y_0$	$Y_3 Y_2 Y_1 Y_0$
S_0	0000	0001	S_6	0110	0111
S_1	0001	0010	S_7	0111	1000
S_2	0010	0011	S_8	1000	1001
S_3	0011	0100	S_9	1001	1010
S_4	0100	0101	S_{10}	1010	1011
S_5	0101	0110	S_{11}	1011	0000

然后,根据编码后的状态表,观察状态变量从初态到次态的转换情况,到相应的触发器激励表中去找相应的激励函数,得到状态激励表.然后将状态激励表画成卡诺图形式进行化简,得到触发器的激励函数.

上述过程与同步时序电路的相应设计过程类似,但也有以下重大的不同:在同步时序电路中,由于每个触发器的时钟是统一的,在每个状态下都要考虑激励问题;在异步时序电路中,不是在每个状态下都有时钟,所以只要考虑具有有效时钟信号那些状态下的激励情况就可以了.

例如在本例中,触发器2和触发器3的时钟信号是 y_1,而 y_1 只是在状态3、状态7和状态11才出现有效时钟(负跳变),所以在分析触发器2和触发器3的激励函数时,也只要考虑状态3、状态7和状态11时的状态变化情况即可.例如在状态3,$y_2 \rightarrow Y_2$ 为 0→1,所以状态3的激励是 $J_2 = 1$, $K_2 = d$. 这样得到的激励卡诺图如图5-52所示.图中已经填入逻辑变量的位置,就是对应着具有有效时钟输入的状态.

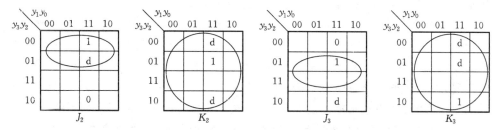

图 5-52 12进制加法计数器中触发器2和触发器3的激励卡诺图

由于在图5-52中未填逻辑变量的位置是没有时钟的状态,都可以作为任意状态处理.这样得到化简以后的激励函数为:

$$J_2 = \overline{y_3}, K_2 = 1$$

$$J_3 = y_2, K_3 = 1$$

根据上述激励函数得到最后的逻辑图如图5-53所示,图中悬空的 JK 端默认输入为逻辑1.

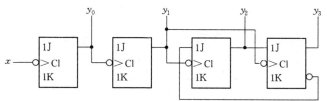

图 5-53 12进制加法计数器的逻辑图

本章概要

按照输入信号类型和系统结构的不同,可以将异步时序电路分成基本型异步时序电路和脉冲型异步时序电路两大类.

基本型异步时序电路没有触发器,依靠反馈实现记忆功能.在描述系统状态时没有现态与次态的概念,代之以系统状态与系统激励.当状态与激励相同时系统达到稳定状态.系统的稳定状态不仅与系统状态有关,还与输入有关,所以要用系统总态来描述一个基本型异步时序电路的状态,总态包含输入与系统状态.

基本型异步时序电路的一般分析过程是:首先写出电路的激励方程和输出方程.然后根据电路的激励方程,写出电路的状态流程表.并在状态流程表中找出所有的稳定状态.再根据状态流程表,按照问题的要求作出状态转换图或时序图.有可能的话,可以根据上述结果进一步描述电路的功能.

在基本型异步时序电路中,当系统从一个稳定状态向另一个稳定状态转换时,可能由于转换路径的不一致,引起异步时序电路的竞争.若这种不一致并不引起最后稳定状态的不同,则称这种竞争为非临界竞争;若这种不一致引起最后稳定状态的不同,则称这种竞争为临界竞争.一般情况下,非临界竞争不会对电路的输出造成太大的影响,而临界竞争必须加以解决.本章具体讨论了一些解决的办法.

由于基本型异步时序电路的结构是组合电路加上反馈,电路存在记忆功能,所以在构成基本型异步时序电路的组合电路中不能存在冒险.

设计基本型异步时序电路大致遵循"问题→状态转换图(或状态流程表)→化简状态流程表→状态分配(编码)→激励函数和输出函数→最终的逻辑图"这样一个流程.其中特别要注意的两点是:一、在状态分配时务必使得状态转换不发生临界竞争;二、在生成激励函数和输出函数时不得产生冒险.

脉冲型异步时序电路的结构特征是:电路中包含触发器,但是触发器的时钟信号是不统一的.

在分析脉冲型异步时序电路时,整个分析过程与同步时序电路的过程相同,但是必须在激励方程和输出方程中显式地包含时钟输入,并写出时钟的逻辑表达式.尤其要注意在时钟的逻辑表达式中,只有当表达式右端的逻辑函数产生对触发器有效的触发时,才有表达式左边的 $CP=1$.

在注意了以上几点以后,可以用与同步时序电路相类似的分析方法分析脉冲型异步时序电路.

同样,在设计脉冲型异步时序电路时,除了整个设计过程与同步时序电路的设

计过程类似之外,主要的不同之处是必须注意触发器时钟的处理.该处理过程主要包括下列两点:

一是触发器时钟信号的选择.一般的原则是在触发器的状态需要改变时,必须有合适的时钟信号,在触发器的状态不需要改变时,时钟信号尽可能不出现.

二是在生成激励函数和输出函数时,必须显式地包含触发器的时钟输入.

思考题和习题

1. 分析下图所示电路.
   (1) 写出状态流程表,画出状态转换图.
   (2) 假定系统初始状态为 $Y_1 = 0$,画出下图所示输入波形对应的输出波形,并据此分析电路功能.

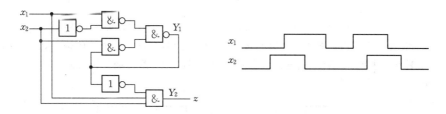

2. 分析下图所示电路.
   (1) 写出状态流程表,画出状态转换图.
   (2) 假定系统初始状态为 $Y_1Y_2 = 00$,画出在下图所示输入波形下的输出波形,并据此分析电路功能.

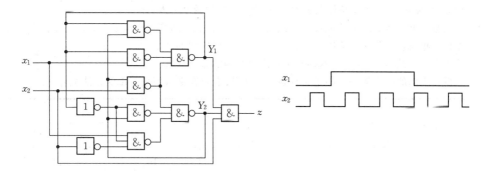

3. 设计一个基本型异步时序电路,输入 x_1、x_2,输出 z.如果输入变量个数按二进制增加,则输出为 1,反之输出为 0.所谓按二进制增加是指 $x_1x_2 = 00 \to 01 \to 11$ 或 $00 \to 10 \to 11$.

4. 设计一个单脉冲发生器.两个输入为 x_1、x_2,输出 z.其中 x_1 为连续的脉冲信号,x_2 为一个开关信号. 要求当 x_2 从高跳变到低后, z 输出一个完整的 x_1 脉冲. 并只有在输出 z 变低以后, x_2 才能再次由低到高. 其波形如下图所示.

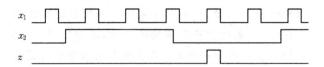

5. 设计一个基本型异步时序电路, 用来分拣两种不同宽度的物体. 物体在传送带上运动, 两个间距固定的光电管检测物体的宽度. 若物体宽度大于两个光电管的间距, 则输出波形如下图(a)所示, 反之如下图(b)所示. 要求出现宽度大于两个光电管间距的物体时产生输出 $z = 1$, 并保持到下一个物体来到.

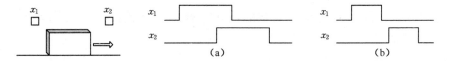

6. 一种检测物体转动(例如计算机鼠标)装置的工作原理如下: 通过两个稍稍错开一点距离的光电管检测一个带有许多透光条纹的转盘. 当转盘正转时, 两个光电管的输出如下图(a)所示; 反转则如下图(b)所示. 试设计一个基本型异步时序电路检测此转盘的转动方向, 正转时输出为 1, 反转时输出为 0.

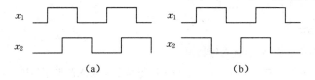

7. 试用基本型异步时序电路的设计方法设计一个负边沿触发的 D 触发器, 要求写出详细的设计过程. 提示: 将时钟 CP 与激励 D 作为异步电路的两个输入.
8. 试用基本型异步时序电路的设计方法设计一个正边沿触发的 JK 触发器, 要求写出详细的设计过程. 提示: 将时钟 CP 与激励 J、K 作为异步电路的 3 个输入.
9. 请用你自己的语言, 描述基本型异步时序电路中的竞争现象.
10. 分析在下面的状态流程表中是否存在临界竞争. 若存在则试用最简单的方法消除之.

$y_1 y_2$	$Y_1 Y_2$			
	$x_1 x_2 = 00$	$x_1 x_2 = 01$	$x_1 x_2 = 10$	$x_1 x_2 = 11$
00	00	01	10	11
01	00	01	01	01
11	01	00	11	10
10	10	11	11	10

11. 试分析下图电路的可靠性,并在不改变电路逻辑功能的前提下修改电路,以确保工作稳定.

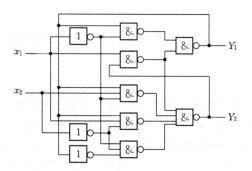

12. 分析下图异步时序电路,描述它的工作过程.

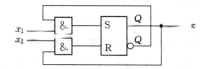

13. 试用 D 触发器设计一个 13 进制异步计数器.
14. 试用脉冲型异步时序电路设计第 6 题的问题.
15. 已知异步时序电路的框图与真值表如下图所示.若此电路的输入每次只有一个发生变化,试指出其中所有发生临界竞争的状态改变过程.

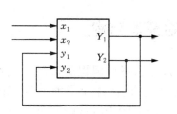

$y_1 y_2$ \ $x_1 x_2$	00	01	11	10
00	00	11	00	11
01	10	01	00	11
11	11	01	01	10
10	11	10	11	10

16. 试用基本型异步时序电路的设计方法设计一个边沿触发的 RS 触发器如下图. 该触发器的 S 端检测到输入上升沿时输出置 "1", R 端检测到输入上升沿时输出置 "0". 假设两个输入不会同时发生改变.

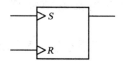

第6章 可编程逻辑器件与数字系统设计初步

传统的通用逻辑器件有许多不尽如人意的地方,如逻辑规模小、占用印制板面积大、功耗大、可靠性低等.随着电子技术的飞速发展,数字系统的规模越来越大、功能越来越强.所以在当今的电子设计领域,针对某个特定用途的专用集成电路(Application Specific Integrated Circuit,简称 ASIC)得到了广泛的应用.对系统的设计要求越来越高,设计周期却要求越来越短,因而随着微电子技术的发展出现了可编程逻辑器件(Programmable Logic Device,简称 PLD).广义地说,可编程逻辑器件是庞大的 ASIC 家族中的一员.

可编程逻辑器件由设计者自己完成其逻辑功能,所以采用 PLD 进行数字系统设计,具有系统集成度高、可靠性高、设计过程灵活、可以用软件进行仿真等等许多优点.现代数字系统设计藉此由以前的"通用器件+印制板+焊接调试"模式发展到"可编程逻辑器件+计算机+仿真软件"模式.

本章将介绍可编程逻辑器件的结构以及如何用可编程逻辑器件进行数字系统设计.

§6.1 可编程逻辑器件的基本结构

按照目前可编程逻辑器件中可编程部分的结构,可以将可编程逻辑器件大致分成两大体系.一类以与或阵列构成可编程结构,由于它的结构特点是依据逻辑函数的乘积项展开的,所以称为基于乘积项(Product-Term)的 PLD 结构.另一类以存储器方式将逻辑函数的真值表存储在一个称为"查找表"的存储器(RAM)中,所以称为基于查找表(Look-Up-Table,简称为 LUT)的 PLD 结构.

6.1.1 基于乘积项的可编程逻辑器件

任何组合逻辑函数可以表达成最小项之和的形式.一个具有 n 个输入变量的逻辑函数可以写成

$$F = \sum_{i=0}^{2^n-1} m_i = \sum_{i=0}^{2^n-1} \left(\alpha_i \prod_{j=0}^{n-1} x_j \right), \ \alpha_i = 0 \ \text{或} \ 1 \tag{6.1}$$

基于乘积项的 PLD 结构中,可编程的逻辑结构由一个"与"门阵列和一个"或"门阵列组成.根据(6.1)式,任意一个组合逻辑都可以用"与-或"表达式来描述,所以,PLD 能以积之和的形式完成任意组合逻辑功能.

为了说明基于乘积项的 PLD 的编程原理,先来介绍在 PLD 内部的可编程"与-或"阵列结构.

图 6-1 是基于乘积项的 PLD 内部的可编程"与-或"阵列结构的示意图.在图 6-1中,A、B、C、D 由 PLD 芯片的管脚输入后,在内部产生 A, $\overline{A}$, B, $\overline{B}$, C, $\overline{C}$, D, $\overline{D}$ 8 个互补信号,然后进入可编程连线阵列.图中与门的画法是一种在 PLD 行业中的约定俗成,每个与门实际上具有多个输入端,只是为了简化才将它们画成一个(在本例中每个与门应该有 8 个输入端,对应 A, $\overline{A}$, B, $\overline{B}$, C, $\overline{C}$, D, $\overline{D}$ 8 个互补信号).所有与门的输入同器件的外部输入信号形成一个可编程的矩阵,称为可编程连线区(PIA).在这个矩阵的每个交点都有一个可编程的"熔丝",当这个"熔丝"导通时,外部输入信号就同与门的输入端连接,如果"熔丝"不通,信号和与门就没有连接.

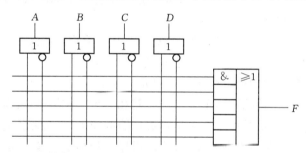

图 6-1 可编程逻辑器件的可编程"与-或"阵列

下面以一个简单电路为例,具体说明基于乘积项的 PLD 是如何利用以上结构实现组合逻辑的.

假定要实现一个组合逻辑 $f = ABC + A\overline{C}D + B\overline{D}$,基于乘积项的 PLD 将以下面的方式来实现这个组合逻辑:

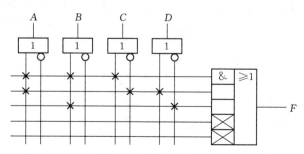

图 6-2 用可编程"与-或"阵列实现逻辑 $f = ABC + A\overline{C}D + B\overline{D}$

图 6-2 中每一个交点处的"×"表示相连(可编程熔丝导通),交点处没有"×"表示可编程熔丝不通.在与门符号内部画"×"也是在 PLD 行业中的约定俗成,表示该与门同所有的输入都相连.同所有输入相连以后,该与门的输出将是 $z = A\bar{A}B\bar{B}C\bar{C}D\bar{D} = 0$,相当于该与门无效,所以最后得到 $f = ABC + A\bar{C}D + B\bar{D}$,这样就实现了上述组合逻辑.

以上逻辑实现的过程是通过计算机软件进行的,设计人员只要通过原理图或 HDL 语言等方式将所需要的逻辑正确输入计算机,其余工作将全部由计算机完成.关于用计算机完成编程的过程,在稍后将作介绍.

图 6-1 的结构只适合于完成组合逻辑.在实际的 PLD 中,为了达到输出信号的反馈以及乘积项的共享,需要将组合逻辑的输出送回到可编程的连线矩阵;为了更方便地实现同步时序逻辑,需要在电路中增加触发器;在考虑整个系统时还必须考虑输入输出的特性等等.所以在一个完整的 PLD 中除了可编程的连线矩阵外,另外还有两个重要的逻辑单元——可编程的逻辑宏单元(Macro Cell)和可编程的输入输出控制单元(IOC).

可编程的逻辑宏单元是 PLD 的逻辑核心,从可编程连线区来的信号通过这个单元完成基本的逻辑功能,包括组合逻辑和时序逻辑.

图 6-3 是一个典型的可编程逻辑宏单元的例子.在这个宏单元中,除了与或门外,主要包含一个 D 触发器、两个多路选择器和一个三态输出门.与或门输出的组合逻辑信号送到 D 触发器和 4 选 1 多路选择器的输入端.多路选择器的两个选择端可以分别编程为逻辑 0 或者逻辑 1,所以可以选择最后的输出是 D 触发器的输出还是可编程与或阵列的输出,亦即是时序逻辑输出还是组合逻辑输出.时钟信号 CLK 由 I/O 脚输入后进入芯片内部的全局时钟专用通道,直接连接到 D 触发器

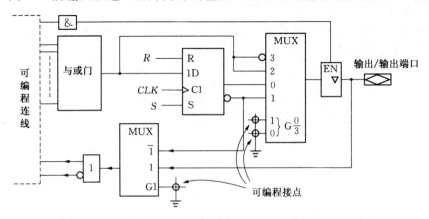

图 6-3 可编程逻辑宏单元

的时钟端.D触发器的异步置位S和异步复位R全局有效,它们来自另外一组可编程的与门(图中未画出).通过对2选1多路选择器选择端的编程可以选择反馈到可编程连线区的信号是来自D触发器的输出还是来自输入/输出端口.三态输出的控制来自一个可编程与门,可以由外部输入来确定三态门的状态.

应用图6-3所示的可编程逻辑宏单元可以相当方便地实现一个组合逻辑函数或者时序逻辑函数,所有的逻辑设计可以通过对可编程连线区和可编程逻辑宏单元的编程来实现.

对于一个复杂的电路,一个宏单元是不能实现其功能的,这时就需要通过并联扩展和共享扩展将多个宏单元相连,宏单元的输出可以连接到可编程连线阵列,再作为另一个宏单元的输入,这样的PLD就可以实现更复杂的逻辑.

以上介绍了基于乘积项的PLD器件的主要结构,但是不同型号的器件在集成规模上有很大的不同.早期出现的PLD是一种规模相对较小的器件,其典型代表有可编程阵列逻辑(PAL)、通用阵列逻辑(GAL)等.它们的共同特点是集成度较低、器件引脚数较少.图6-4显示了一个典型的GAL器件的内部结构.该器件具有10个逻辑宏单元、24个引脚.除了电源和地占用两个引脚外,其余22个引脚都被用作输入或输出.所以这种结构可以满足用户实现不是很复杂的逻辑.

图6-4所示的PLD只有22个引脚,内部的乘积项只有120个,D触发器只有10个,可以用于比较简单的逻辑问题.对于复杂的数字逻辑问题,类似图6-4的PLD就显得力不从心了.所以在PLD发展的后期,出现了大规模的基于乘积项的PLD.一般将具有这种结构的产品称为复杂的可编程逻辑器件(Complex Programmable Logic Device,简称CPLD).

由于CPLD的结构是在中规模PLD的基础上发展起来的,它的结构同前面介绍过的中规模PLD的结构相当接近.为了说明CPLD的结构,先来介绍一个典型的CPLD的总体结构,如图6-5所示.

由图6-5可以看到,CPLD的内部结构大致可分为3块:宏单元、可编程连线区和I/O控制块.其中可编程连线区处于器件的中心位置,宏单元和I/O控制块则分布在器件周围靠近引脚的区域.

宏单元是CPLD的核心,它的基本结构已经在前面介绍过.不同厂商生产的CPLD的可编程逻辑宏单元都有些不同,但是它们的基本原理同前面的介绍一致,结构上也有许多类似的地方.图6-5中斜线部分是多个宏单元的集合.可编程连线负责信号传递,连接所有的宏单元.I/O控制块负责输入输出的电气特性控制,比如可以设定集电极开路输出、三态输出、压摆率控制等.图6-5中左上角的$GCLK_1$、$GCLR_n$、OE_1、OE_2是全局时钟、全局清零和全局输出使能信号.这几个

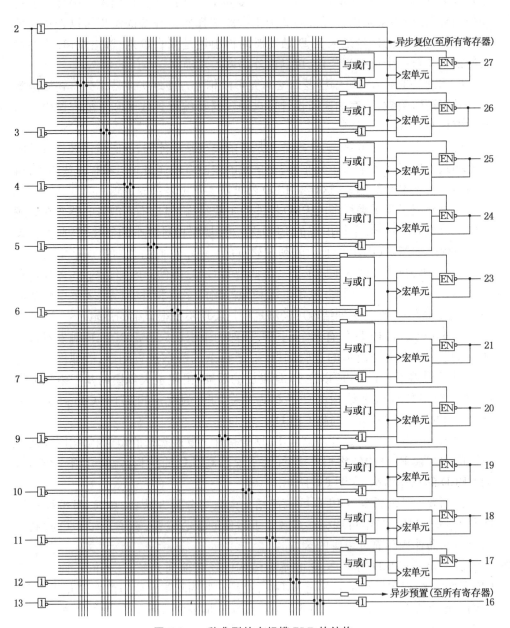

图 6-4 一种典型的中规模 PLD 的结构

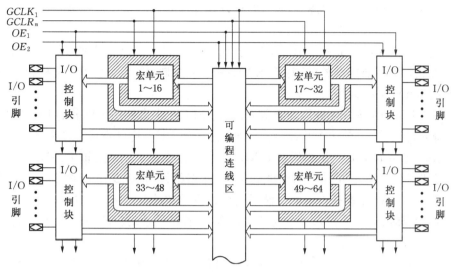

图 6-5 基于乘积项的 CPLD 内部结构

信号由专用连线与 CPLD 中的每个宏单元相连,信号到每个宏单元的延时相同并且延时最短.

通过上面的结构介绍,可以看到 CPLD 类似多个中规模 PLD 的合成,只是系统的集成度大大提高了.这也是将它们称为复杂的可编程逻辑器件的原因.

由于 CPLD 的可编程连线区处于器件的中心位置,宏单元和 I/O 控制块分布在器件周围靠近引脚的区域,所以当一个信号从某个引脚输入到另一个引脚输出时,它的传输路径基本上是固定的,传输延时基本上也是固定的.在某些需要严格定时的系统中,这一点非常重要.

6.1.2 基于查找表的可编程逻辑器件

另一种大规模 PLD 的结构与前面所述的 CPLD 的结构明显不同,这就是基于查找表的 PLD 结构.与 CPLD 以 PIA 为中心、宏单元分布在引脚附近的结构不同,这种 PLD 的结构以一个二维的逻辑块阵列构成 PLD 器件的逻辑核心,可编程的连线分布在逻辑块和逻辑块、逻辑块和输入输出块之间.在逻辑块内部则以查找表方式实现逻辑功能.采用这种结构的 PLD 芯片一般称之为 FPGA(Field Programmable Gate Array,现场可编程门阵列).

查找表实际上是一个随机读写存储器.

一个 1 位随机读写存储器(RAM)是这样一种逻辑器件:它可以在任何时候被

写入一个逻辑值 0 或 1(随机写入),并可以在任何时候将这个逻辑值读出(随机读出).在本质上它是一个 1 位的数据锁存器.

当多个 RAM 构成一个 RAM 阵列时,为了选择写入和读出的 RAM,通常采用类似数据选择器的结构,给每个 RAM 赋予一个地址.通过地址的选择,可以对指定的 RAM 进行读写.

在 FPGA 中,RAM 被用作查找表.目前 FPGA 中多使用 4 输入的 LUT.由于 4 位输入可以有 16 种输出状态,每一个 4 输入的 LUT 可以看成一个有 4 位地址线的 16×1 位 RAM.当用户通过 FPGA 开发软件描述了一个逻辑电路以后,开发软件会自动计算逻辑电路所有可能的结果,并把结果(也就是逻辑函数的真值表)写入 RAM.这样在查找表中就存储了这个逻辑函数的真值表.当输入一个信号进行逻辑运算时,就等于输入一个地址进行查表,找出地址对应的内容也就是找到函数的值,然后输出即可.

例如要实现函数 $f = ABC + A\overline{C}D + B\overline{D}$,若以 A 作为地址的最高位,D 作为最低位,可以得到此函数的真值表如表 6-1 所示.

表 6-1 函数 $f = ABC + A\overline{C}D + B\overline{D}$ 的真值表

A	B	C	D	f	A	B	C	D	f
0	0	0	0	0	1	0	0	0	0
0	0	0	1	0	1	0	0	1	1
0	0	1	0	0	1	0	1	0	0
0	0	1	1	0	1	0	1	1	0
0	1	0	0	1	1	1	0	0	1
0	1	0	1	0	1	1	0	1	1
0	1	1	0	1	1	1	1	0	1
0	1	1	1	0	1	1	1	1	1

在 FPGA 编程时,将这个真值表的内容写入 LUT.0 号单元写 0,1 号单元写 0,…,14 号单元写 1,15 号单元写 1,等等.

在 FPGA 工作时,A、B、C、D 由 FPGA 芯片的管脚输入后进入可编程连线,然后作为地址线连到 LUT.由于 LUT 中已经事先写入所有可能的逻辑结果,通过地址可以查找到相应的数据输出,这样组合逻辑就实现了.

以上述查找表为基础,加上触发器和可编程的控制逻辑,就构成了逻辑块.在逻辑块内部可以实现组合逻辑或时序逻辑.将许多逻辑块组合在一起就形成了 FPGA 结构.不同的生产厂商和不同型号的 FPGA 的内部结构都会有些不同,对于逻辑块的名称也有所不同,但是总体结构大体一致.

下面将介绍几个典型的 FPGA 器件结构.

图 6-6 是一种典型 FPGA 器件的内部结构,主要包括逻辑块(CLB)、I/O 控制块、RAM 块和可编程连线. 逻辑块的作用已经在上面介绍过,I/O 控制块的作用类似 CPLD 中控制单元的功能. RAM 块是 FPGA 独有的结构,可以为用户在设计类似计算机中央处理单元(CPU)之类的逻辑时提供合适的存储器. 可编程连线分布在上述逻辑块、I/O 块、RAM 块之间,在图中没有具体地表示. 在图 6-6 所示的 FPGA 结构中,一个 CLB 包括两个片段(Slice). 图 6-7 展示了 CLB 一个片段的内部结构.

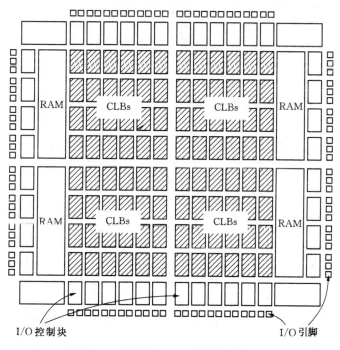

图 6-6 一种典型 FPGA 芯片的内部结构

从图 6-7 中可以看到,图 6-6 所示典型 FPGA 的逻辑块每个片段包括两个查找表、两个触发器和相关逻辑. 通过对查找表的编程,可以实现最基本的逻辑函数,所以这是 FPGA 最基本的逻辑结构.

与图 6-6 稍有不同,另一种典型的 FPGA 芯片的内部结构如图 6-8 所示. 主要包括逻辑块(LAB)、I/O 块、RAM 块(未表示出)和可编程连线. 在图 6-8 中,一个 LAB 包括 8 个逻辑单元(LE)、每个 LE 包括一个 LUT、一个触发器和相关的控制逻辑. LE 是该芯片实现逻辑的最基本结构. LE 的内部结构见图 6-9.

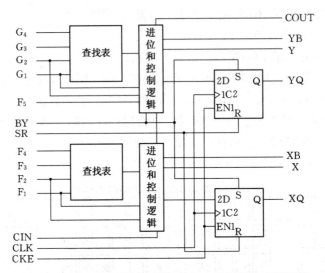

图 6-7 图 6-6 所示典型 FPGA 芯片中的逻辑块内部结构

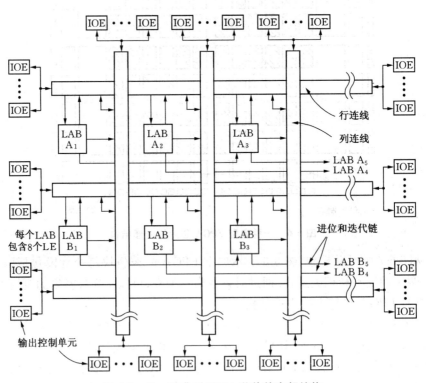

图 6-8 另一种典型 FPGA 芯片的内部结构

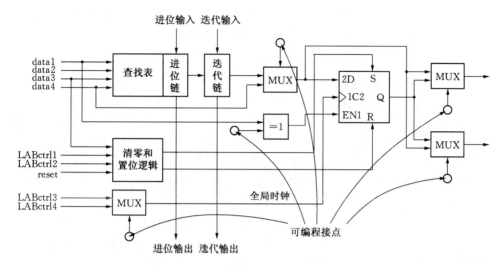

图 6-9　图 6-8 所示典型 FPGA 芯片中逻辑单元(LE)的内部结构

由于 FPGA 结构以二维的逻辑块阵列作为系统的核心,在系统设计的灵活性方面要比 CPLD 优秀一些,但是在信号的延时特性方面不像 CPLD 那样具有固定的延时.这两种结构的 PLD 各有特色,目前都得到了广泛的应用.

另外要指出的是,以上只是按照可编程逻辑器件的逻辑结构进行的一种分类.当前世界上绝大部分可编程逻辑器件产品集中在几个大公司中,以上的分类可以涵盖绝大多数可编程逻辑器件.但是也有一些公司的产品难以归纳到上述分类之中.即使可以归纳到上述分类的产品,也还会有不同的系列.不同结构、不同系列的产品在许多特性上差别较大,读者在具体应用可编程逻辑器件产品时还需要仔细了解它们的具体特性.

6.1.3　可编程逻辑器件中的"熔丝"

从上面的介绍中,可以看到"熔丝"是可编程器件的关键部件,正是"熔丝"的可编程性质使得逻辑器件的可编程性质成为可能.可编程逻辑器件中,扮演"熔丝"角色的部件可以有许多种,从工作原理上区分大致有熔丝和反熔丝、具有浮置栅极的 MOS 场效应管和 SRAM 结构 3 种类型.

类型一　熔丝和反熔丝

熔丝(Fuse)和反熔丝(Anti-fuse)是可编程逻辑器件中最具有真正"熔丝"意

义的可编程结构.熔丝结构是由一个晶体管和一根串联在发射极的快速熔丝组成,快速熔丝由低熔点合金丝或多晶硅导线构成.在编程时,让需要断开的熔丝中流过大电流使它熔断,保留需要连接的熔丝,就可完成编程任务.

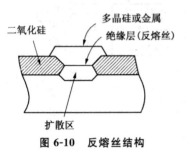

图 6-10 反熔丝结构

反熔丝结构如图 6-10 所示,是在需要"熔丝"的位置由两层导体(一般是金属或多晶硅)中间夹一层绝缘材料构成一个高阻层,在未编程时它是不通的.在编程时,给需要连接的熔丝两端导体加上高压,使得绝缘层发生永久性击穿,从而达到连接的效果.这个过程与通常意义上的熔丝熔断过程恰巧相反,所以被称为反熔丝.

熔丝和反熔丝结构的物理特性最接近真正的"熔丝",导通电阻很低,分布电容也较小,所以这种结构具有很高的工作速度.由于反熔丝结构的集成度远大于熔丝,目前已经取代了熔丝结构.

熔丝和反熔丝结构的缺点是只能完成一次编程,一旦编程结束就无法再次修改,是所谓的一次性编程(One Time Programmable,简称 OTP)产品,所以熔丝和反熔丝结构除了应用于对速度或其他特性有特殊要求的场合外,大部分应用场合已逐渐被其他形式的熔丝结构所取代.

类型二 具有浮置栅极的 MOS 场效应管

具有浮置栅极的 MOS 场效应管是另一种"熔丝"结构.在第 2 章已经讨论了 MOS 场效应管的开关作用,当场效应管处于关断状态时,其源极和漏极之间具有极大的内阻,相当于开路;当场效应管处于导通状态时,其源极和漏极之间内阻极小,相当于短路.所以可以用 MOS 场效应管来构成"熔丝".

MOS 场效应管的导通或关断状态取决于其栅极的电位,所以充当"熔丝"的 MOS 场效应管的关键结构是一个埋在高度绝缘的二氧化硅中的"浮置"栅极,它不与其他任何导体有接触.当这个浮置栅极带电(正电荷或负电荷)以后,该场效应管就将永远处于导通或者关断状态,从而起到"熔丝"的作用.

使得浮置栅极带上电荷(也就是对它编程)以及消除浮置栅极上的电荷(可称为擦除)的方法随着集成电路制造工艺的不同而不同,目前在 PLD 制造中一般采用两种浮置栅极 MOS 结构——E^2PROM 结构和闪烁存储器结构.

在 E^2PROM(Electric Erasable Programmable Read Only Memory,电可擦除的可编程只读存储器)结构中采用的 MOS 场效应管称为浮栅隧道氧化层 MOS 管,结构中有两个栅极——控制栅极和浮置栅极,见图 6-11 所示.控制栅极可以通电,浮置栅极夹在控制栅极和场效应管的沟道中间,被 SiO_2 团团包围. 在浮置栅极与漏区之间有一个氧化层极薄的隧道区. 当隧道区的电场强度大到一定程度时,在漏区和浮置栅极之间便会出现隧道效应,电子可以双向通过,形成电流. 利用隧道效应,可以向浮置栅极注入电子或空穴,使得浮置栅极带负电或正电,从而达到熔断或接通"熔丝"的目的.

闪烁存储器(Flash Memory)则是另一种 MOS 场效应管结构,它也有两个栅极,结构上也是浮置栅极夹在控制栅极和场效应管的沟道中间,被 SiO_2 团团包围,见图 6-11(b)所示. 它的浮置栅极与源区之间有一个很小的重叠区,其间的氧化层厚度仅为 10~15 nm. 编程过程是在源漏之间加上高压从而在沟道内产生雪崩击穿,此时在控制栅极加上脉冲,可以利用雪崩注入的方法使浮置栅极充电. 擦除过程是令控制栅极处于 0 电平,同时在源极加入高压正脉冲,则在浮置栅极与源区间产生隧道效应,使浮置栅极上的电荷经隧道区释放. 在闪烁存储器内所有 MOS 管的源极连在一起,全部存储单元将同时被擦除. 这是它不同于 E^2PROM 的一个特点.

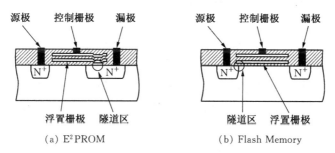

图 6-11 E^2PROM 和 Flash Memory 的 MOS 管结构

在目前的 PLD 中,上述两种结构都被采用. 由于浮置栅极上的电荷不会消除,所以这种器件一旦完成编程就几乎可以永久保存(一般保存寿命可达 100 年). 另外,它们的擦写寿命也很长,一般都可以重复擦写几万次以上.

类型三 SRAM 结构

SRAM(Static Random Access Memory,静态随机存取存储器)结构是基于查找表的可编程逻辑器件的基本"熔丝"结构. SRAM 结构的基本原理可以参见图 6-12. 其中每一个 1 位 SRAM 由若干个场效应管构成.

由图 6-12 可知,实际上 SRAM 可以看成一个 RS 锁存器,对它写入数据就是置位或复位该锁存器. 由于 RS 锁存器在断电以后无法保存数据,所以采用这种结构的 FPGA 一般要将数据保存在另外一个 E^2PROM 或 Flash memory 中,在系统上电的时候,将所有数据转移到 SRAM 中去.这个过程称为上电自举.

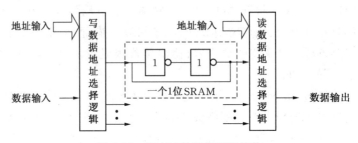

图 6-12　SRAM 的逻辑原理结构

图 6-12 中的写数据地址选择逻辑是在将数据写入 SRAM 中时用来选择写在哪个 SRAM 的,读数据地址选择逻辑的地址输入就是查找表的地址输入,数据输出就是查找表的数据输出.

6.1.4　可编程逻辑器件的编程过程

用可编程逻辑器件设计逻辑电路的大致过程如下:

(1) 逻辑设计

这一步需要将设计目标转换成逻辑图或硬件描述语言程序,然后在可编程逻辑器件设计软件环境下将逻辑图或硬件描述语言程序输入计算机.关于这个步骤的详细过程在下面还要展开介绍.

(2) 综合与仿真

综合(Synthesis)的意义是将逻辑图或硬件描述语言程序进行翻译、优化,转换成可编程逻辑器件的实际结构,这个过程是可编程逻辑器件设计软件自动完成的.

仿真(Emulation)是可编程逻辑器件设计软件根据综合的结果,在计算机上以向量表、时序图等方式显示出在给定输入情况下的输出.它的意义是使设计者可以在没有实际完成逻辑器件之前预先在计算机上看到设计的逻辑结果,并通过这个结果来验证逻辑设计的正确性.

通常第 2 步过程和第 1 步过程之间会有多次反复,不断修改设计直至设计结果完全达到预期目的.

(3) 下载

通过仿真得到一个预期的逻辑设计以后,设计者就得到了一份综合后的数据文件.这份数据文件就是该设计的可编程逻辑器件的编程数据.设计者可以根据这份数据对可编程逻辑器件进行编程,这个过程称为下载(Download),也是在计算机上进行的.

早期的下载工作要在特定的编程器上进行,目前的可编程逻辑器件大部分支持在线下载,就是设计者可以通过一根专用的下载电缆,将计算机和已经安装在用户电路板上的要编程的可编程逻辑器件联系起来,在计算机上运行下载程序完成下载任务.

§6.2 数字系统设计初步

在前面的章节中,已经介绍了数字电路的各种分析和设计方法.虽然其中某些手段(例如算法状态机)可以用于系统设计,但是总体上这些方法基本只适合于局部单元电路的设计.

通常一个数字系统包含大量的单元电路,很难再用真值表、状态图等工具来描述一个数字系统.本节向读者初步介绍数字系统设计的一些基本原理和方法,限于篇幅不可能展开得太深,有兴趣的读者可以在此基础之上参阅其他相关资料,并在实际的设计工作中加深对系统设计的了解.

目前的数字系统设计已经大量采用可编程逻辑器件作为设计的基本手段,在这一节也将以可编程逻辑器件作为数字系统设计的基本平台.

6.2.1 数字系统

数字系统是指由数字逻辑部件构成并且能够传送和处理数字信息的设备. 一般完整的数字系统应该包括输入、输出和数字逻辑处理3个部分,前两个部分相对独立,并涉及 ADC、DAC 等超出本书讨论范围的内容,所以这里只讨论数字逻辑处理部分.

根据现代数字系统设计理论,任何数字系统都可以从逻辑上划分为数据子系统(Data Sub-system)和控制子系统(Control Sub-system)两个部分,如图6-13所示.

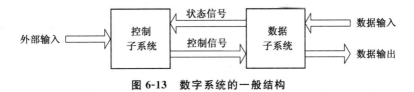

图 6-13 数字系统的一般结构

数据子系统是数字系统的数据存储和数据处理单元.这个子系统接受控制子系统的控制信息,根据控制信息将输入的数据进行数据处理和传送,并将处理过程中的状态信息反馈给控制子系统.一般将它称为数据处理器.

控制子系统一般称为控制器,它是数字系统的核心.数据子系统只能确定数字系统能够完成何种操作,至于如何完成操作则取决于控制子系统.控制子系统接收外部输入信号,并根据外部输入信号和数据子系统的状态信号决定系统的每一步操作过程.

一个数字系统必须具有控制子系统,并能在其控制下进行操作.否则无论数字系统的规模有多大,也都只能称为数字逻辑部件.

6.2.2 数字系统设计的一般过程

目前的数字系统设计普遍采用自顶向下(Top-down)的设计方法.该方法的核心就是首先将一个数字系统的功能要求分析清楚,然后根据系统功能将系统层层分解,直到可以用基本模块实现.

一般而言,用硬件实现一个数字系统不外乎以下几种方法:全部用标准的数字逻辑模块器件实现、全部用 PLD 实现、用标准模块器件和 PLD 混合实现.

标准的数字逻辑模块器件由于其集成规模较小,一般适用于系统规模不大的场合.可编程逻辑芯片具有集成规模大、可以反复编程、设计工具完善等一系列优点,所以在进行数字系统(尤其是大规模数字系统)设计时,一般都采用可编程逻辑器件进行.

采用不同的实现方法,其实现过程也不同,自顶向下的设计过程也略有差别.一般而言,按照自顶向下的设计方法,大致上可以将数字系统设计分成以下 3 个步骤.

步骤一 系统功能级设计

在系统功能级(System Function Level)进行设计的第 1 步是系统需求分析.系统的任务、要求、功能等统称为系统需求,只有彻底搞清楚系统需求以后才能进行下一步设计工作,所以系统功能级设计的工作至关重要.

系统需求明确以后,可以确定系统的总体设计方案.同一个任务可能有多种不同的实现方案.例如对于一个数字系统而言,总可以用可编程逻辑器件或传统的数字逻辑器件来实现,这种实现方案被称为硬件(Hardware)实现,也可以借助于计算机用软件(Software)实现,还可以用微程序实现,这被称为固件(Firmware)实现.这里就存在一个合理选择实现方案的问题.后面两种实现方法已经超出本书的讨论范围,这里不作讨论.但是即使只用硬件实现,也还可能有许多不同的方案.例如实现一个加法就可能有并行加法和串行加法两种选择,前者速度快但结构复杂,后者则恰恰相反.由于总体方案涉及系统的速度、复杂度、性能价格比等诸多因素,所以必须认真进行选择.

功能级设计的结果是得到一份设计说明书.该说明书需详细记录系统的需求以及实现这些需求的系统总体方案.

步骤二　行为级设计

行为级(Behavior Level)设计是在系统方案确定之后,从逻辑结构上对系统进行划分,确定系统的结构以及系统的控制算法的过程.

系统的划分过程是由粗到细层层进行.开始可能只有控制子系统和数据子系统两个大模块,然后根据逻辑功能将两个模块进一步细分,细分的依据是按照系统的工作原理进行的.逻辑划分结束后,应该得到系统的逻辑框图.

数据子系统的内部功能是人们熟悉的功能电路,如加法器、寄存器、比较器等等,所以在系统逻辑划分后,数据子系统往往可以得到一个比较详细的逻辑图.

但是控制子系统则不然,因为它涉及各种特定的输入输出信号、特定的状态转换条件,没有一般的设计模块可以套用.所以在系统逻辑划分以后,控制子系统一般只能得到一个系统控制算法.

系统的控制算法反映了系统控制子系统对数据子系统的控制过程,同系统的数据子系统密切相关,是系统设计中的重要环节.正因为如此,设计一个数字系统的主要任务就是设计一个符合要求的、性能良好的控制子系统.算法设计的最终结果一般是得到系统的控制状态图.

行为级设计总的结果是得到系统的行为级模型.当采用PLD方法进行设计时,可以借助计算机设计软件对系统的行为级模型进行模拟验证,从而可以及早确定上述模型是否存在系统级的错误.这也是大型系统采用PLD进行设计的优点之一.

步骤三　系统仿真与实现

在系统设计的最后,就是如何实现设计的数字系统.

对于采用标准的数字逻辑模块器件实现方法来说,在具体实现电路之前,先要将前面得到的逻辑框图分解成电路上能够实现的器件,将算法设计的结果(控制状态图)用时序电路描述出来,并进一步选用电路上能够实现的器件来实现.最后得到整个系统的电原理图,然后根据电原理图用具体器件搭接电路,进行调试.如果可能,可以在具体搭接电路之前用软件进行电路仿真以检查逻辑设计是否正确.

对于采用 PLD 实现的方法来说，这一步骤称为寄存器传输级（Register Transmission Level，RTL）设计。由于所有逻辑都在 PLD 器件内部，没有必要将逻辑框图进行分解，可直接对通过验证的行为级设计模型加以修改，变成可综合的设计模型（源代码文件），然后进行逻辑综合（编译）、仿真、下载就可以获得所需要的系统。

对于混合设计（在一个系统中既有标准的数字逻辑模块器件又有 PLD 实现）来说，设计过程将介于上述两者之间。即：部分子系统需要用具体器件搭接电路后进行调试，部分子系统可以直接在计算机中仿真后下载。（如果计算机辅助设计软件的功能足够强大，也可以全部在计算机中预先进行仿真。）

但是不管采用哪种实现方法，最后都必须在实际的电路中进行调试。任何软件都可能有缺陷，并且在实际情况中会发生许多无法预料的变化，只有通过实际测试的电路才能认为是最后成功的电路。

6.2.3 用可编程逻辑器件进行数字系统设计

上面讨论了数字系统设计的一般过程。在本小节将基于可编程逻辑器件，通过几个设计的实例来介绍数字系统设计过程。

用可编程逻辑器件设计数字系统一般都由计算机辅助进行，通常称之为电子设计自动化（Electronics Design Automation，简称 EDA）。在一般 EDA 设计工具中可以采用逻辑图方式进行设计，更为通用的设计方法则是采用硬件描述语言（Hardware Description Language，简称 HDL）来描述系统的硬件结构。逻辑图方式比较直观，但是可能会十分复杂，不利于系统的分析，对于大型系统尤其严重。HDL 方式比较抽象的同时比较简洁，便于多人协同开发，适合于大型系统的实现。

常用的 HDL 有 VHDL 和 Verilog HDL 两种。目前这两种语言都已经成为国际标准（IEEE STD 1076-1993 和 IEEE STD 1364-1995）。在下面的例子中主要使用 VHDL 进行设计。本书中不可能全面介绍 VHDL，仅对使用到的语句进行解释，并用逻辑图或逻辑框图加以辅助说明。有关 VHDL 的全貌请读者自行参考有关书籍。

例 6-1 设计一个乘法器，该乘法器采用移位相加的方法完成两个 4 位无符号二进制数的乘法。

这是一个典型的数字系统，按照前面介绍的方法进行自顶向下设计。

系统的需求在题目中表达得很清楚：要求完成一个采用移位相加方法的乘法器，字长 4 位乘以 4 位。为了进行设计，首先必须弄清楚移位相加的乘法是如何

第 6 章 可编程逻辑器件与数字系统设计初步

实现的. 为此先来看一个乘法的例子: $14 \times 11 = 154$.

```
            1110     被乘数
      ×     1011     乘数
            1110     部分积
            1110     部分积
            0000     部分积
      +     1110     部分积
        11011010     积
```

在上述的 14×11 二进制乘法中,每次的部分积是被乘数和 1 位乘数相乘的积. 二进制的乘法特别简单,当乘数等于 0 时,部分积为全 0;当乘数等于 1 时,部分积就是被乘数,但是部分积的位置在乘法进行中不断移位. 最后的积等于所有部分积的累加. 所以可以这样来完成移位相加的乘法过程:

(1) 整个乘法过程可以分成若干次进行,每次只对 1 位乘数进行乘法运算. 可以用一个移位寄存器保存相乘后的积,该寄存器在开始时应被全部清零.

(2) 用另一个移位寄存器保存乘数,用一个寄存器保存被乘数.

(3) 乘数寄存器内的最低位就是当前需要相乘的位. 当乘数寄存器的最低位等于 1 时,将积寄存器的内容同被乘数相加以后再送回到积寄存器,以便下一位可以继续相加,否则保持积寄存器的内容不变(或加 0).

(4) 做完 1 位乘法以后,控制子系统产生移位信息,将乘数寄存器右移并丢弃原来的最低位,这样它的最低位就是下一次要做乘法的位.

(5) 由于下一次的部分积要左移 1 位后同原来的部分积相加,相当于将原来的部分积右移 1 位同下一次的部分积相加,所以在乘数右移的同时,将积寄存器右移 1 位.

(6) 重复第 3 到第 5 步的操作,并记录操作次数. 当 4 位乘数的操作都结束后,积寄存器的内容就是最后的结果.

根据上面的分析,可以画出这个乘法器的逻辑结构框图如图 6-14 所示. 由于 4 位乘以 4 位的结果最大可以达到 8

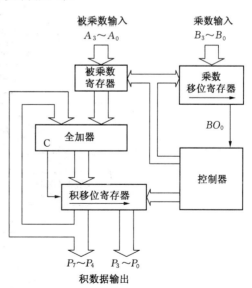

图 6-14 移位相加的乘法器结构

位,所以在图 6-14 中,乘数寄存器、被乘数寄存器和加法器都只要 4 位即可,但是积寄存器应该是 8 位的.

下面继续讨论控制器的行为.

当得到启动乘法的命令后,控制器首先应该对积寄存器清零,同时加载被乘数和乘数.乘数寄存器的最低位输出为 BO_0.

接下来无条件进入部分积移位相加的循环.当 $BO_0 = 1$ 时全加器输出的部分积加载到积寄存器的高 4 位(同时保持低 4 位不变),当 $BO_0 = 0$ 时,不必进行加载(积寄存器保持数据不变).第 1 次相加时由于积寄存器已经被清零,相当于将被乘数加载到积寄存器.加载以后应当右移 1 位,将加法器的进位移入积寄存器.适当地设计移位寄存器的结构,可以使加载和移位在一个时钟节拍内完成.

为了确定循环次数,在控制器中应该包含一个计数器.循环 4 次就可以完成全部乘法.完成乘法以后应该给出结束信号并等待下一次操作,同时将操作计数器清零.

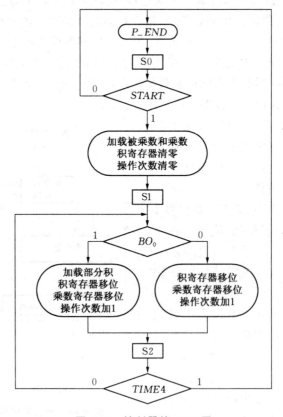

图 6-15　控制器的 ASM 图

第6章 可编程逻辑器件与数字系统设计初步

上述所有过程可以用图 6-15 所示的 ASM 图加以描述.为了提高运行速度,采用的是米利结构.其中输入 $START$ 是启动信号,$TIME4$ 是循环操作 4 次的标志信号(由循环次数计数器输出).输出 P_END 是乘法操作完毕信号.

从图 6-15 可以看到,积寄存器同步清零、被乘数和乘数的同步加载以及循环计数器的同步清零操作在同一个节拍进行,所以可以合并为一个控制信号 LCE.积寄存器加载另外需要一个控制信号 PLE.积寄存器的移位、乘数寄存器的移位和循环计数器的计数允许也总是同步进行的,所以可以合并为一个控制信号 SCE.据此可以得到控制状态机的状态转换图(见图 6-16).

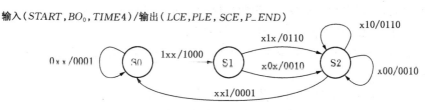

图 6-16 控制状态机的状态转换图

对于本例来说,问题比较简单,可以认为以上过程已经完成系统的行为级设计.对于一个大系统,还应该将上述行为模型进行系统行为级仿真,用来验证其行为的正确性.

如果采用标准的数字逻辑模块器件实现上述系统,下一步的设计工作是选择合适的寄存器、加法器、移位寄存器、计数器等,用来实现系统中除了有限状态机之外的部分,再用同步时序电路中的状态机设计对控制状态机进行设计.这些步骤在以前的章节中均有叙述,这里就不再赘述.下面讨论如何用可编程逻辑器件实现上述系统.

在前面曾提到,EDA 软件一般支持逻辑图输入,但是 HDL 语言更通用.以下的设计将主要用 VHDL 进行.

在 VHDL 中,用元件(component)这个名称来表示一个设计,可以大到一个完整的系统,也可以小到一个类似计数器这样的部件.一个用 VHDL 说明的元件的总体结构应该具有如下的形式:

    library 〈库名〉;
    use 〈库名〉.〈包名〉.**all**;
    entity 〈实体名〉 **is**
      〈接口信号说明部分〉
    end [〈实体名〉];

architecture 〈结构体名〉 **of** 〈实体名〉 **is**
　　[〈结构体说明部分〉]
begin
　　〈结构体语句部分〉
end [**architecture**] [〈结构体名〉];

其中,尖括号表示的部分是必须具有的内容,方括号表示的部分是在需要时出现、不需要时可以省略的内容.

〈库名〉是设计库的名字,通常是 ieee.

〈包名〉是程序包的名字,常用的程序包是 std_logic_1164.

〈实体名〉和〈结构体名〉由用户自行定义.

〈接口信号说明部分〉描述这个元件对外联系的端口的命名以及它们的模式和类型.

[〈结构体说明部分〉]用来描述内部信号、函数、元件、子程序等.

〈结构体语句部分〉是整个程序中用来真正描述元件功能的部分. 通常由多个并行语句和进程组成.

在本例中,定义元件实体名为 mul44,结构体名为 mul44_arch. 以下部分就是 VHDL 程序的概貌,其中用尖括号括起的结构体语句部分将在后面给出具体内容.

```
library ieee;
use ieee.std_logic_1164.all;
use ieee.std_logic_unsigned.all;
entity mul44 is
    port (CLK, RESET:     in       std_logic;
          START:          in       std_logic;
          A, B:           in       std_logic_vector(3 downto 0);
          P:              buffer   std_logic_vector(7 downto 0);
          P_END:          buffer   std_logic);
end mul44;
architecture mul44_arch of mul44 is
    signal    AO, BO:         std_logic_vector(3 downto 0);
    signal    SUM:            std_logic_vector(4 downto 0);
    signal    LCE, PLE, SCE:  std_logic;
    signal    TIME_CNTR:      std_logic_vector(2 downto 0);
```

signal　　　TIME4：　　　　　std_logic；
　　　signal　　　state：　　　　　　std_logic_vector(1 downto 0)；
begin
〈结构体语句部分〉
　　end mul44_arch；

　　上面的 VHDL 程序中使用了 ieee.std_logic_unsigned 库,这是加法器设计的需要.
　　实体接口信号说明部分描述整个乘法器的输入输出信号.
　　CLK、RESET 和 START 都是输入信号,数据类型是标准逻辑类型.
　　A 和 B 也都是输入信号,数据类型是标准逻辑向量类型,下标为 3～0.
　　P 是积寄存器的输出,由于内部逻辑要用(具有反馈),数据模式是缓冲模式,数据类型是标准逻辑向量类型,下标为 7～0.
　　P_END 是输出信号,也是缓冲模式,数据类型是标准逻辑类型.
　　结构体说明部分描述了在系统内部的信号.
　　AO 和 BO 是被乘数和乘数的寄存器输出,数据类型是标准逻辑向量类型,下标为 3～0.
　　SUM 是加法器的和输出,数据类型是标准逻辑向量类型,考虑到有进位,所以下标为 4～0. 图 6-14 中的进位输出 C 相当于 SUM(4).
　　LCE、PLE 和 SCE 的定义已经在前面讲过,数据类型是标准逻辑类型.
　　TIME_CNT 是循环次数计数器,数据类型是标准逻辑向量类型,由于要计数到 4,所以下标为 2～0.
　　TIME4 是循环次数计数器计数到 4 的标志,数据类型是标准逻辑类型.
　　State 是状态机的状态变量.由于有 3 个状态,要用 2 位逻辑向量来表示.
　　VHDL 的结构体语句部分,就是描述系统的主体部分.为了便于初学者入门,下面将整个系统分成几个单元,分别给出它们的 VHDL 程序.但是读者要记住,这些语句描述的是系统的硬件单元,所以它们在上面的程序中先后次序无关紧要,关键是它们都应该出现在上述程序中〈结构体语句部分〉的位置.
　　首先看系统中唯一的一个组合逻辑部件 4 位加法器.两个加数分别是被乘数寄存器的输出 AO 和积寄存器输出 P 的高 4 位 P(7)～P(4).它的程序只有 1 句：

　　　　　SUM <= ('0' & AO) + P(7 **downto** 4)；

　　上述语句的加法意义已经很明确,不用再解释,需要解释的是('0' & AO)的用意.由于在 ieee.std_logic_unsigned 库中规定加法结果(向量)长度必须等于函数输入参数(向量)中的最大长度, SUM 的长度为 5 位, 而输入 AO 和 P(7~4) 的长度都是 4 位, 所以必须用('0' & AO)的形式使 AO 的长度增加为 5 位. 符号 & 在 VHDL 中用作连接符.

一般而言, 上述对于加法器的描述用于加法器的行为描述. 虽然它可以被综合(即编译成硬件结构), 但是综合成何种结构的加法器取决于编译软件内部的元件库以及在综合时设计者施加的约束条件. 如果不加约束, 大部分编译软件会将它编译成串行进位的加法器. 如果设计对运行速度有特别的需求, 可以在综合时施加时间约束, 或者干脆根据 2.10 式将超前进位加法器的结构用 VHDL 描述出来, 如下列程序所示. 这样的描述称为寄存器传输级(RTL)描述.

```
SUM(0) <= A(0) xor B(0) xor Ci;
G(0) <= A(0) and B(0);
P(0) <= A(0) or B(0);
C(0) <= G(0) or (P(0) and Ci);
SUM(1) <= A(1) xor B(1) xor C(0);
G(1) <= A(1) and B(1);
P(1) <= A(1) or B(1);
C(1) <= G(1) or (P(1) and C(0)) or (P(1) and P(0) and Ci);
SUM(2) <= A(2) xor B(2) xor C(1);
……
```

下面再来讨论时序电路的 VHDL 描述. 一般可以用进程(Process)来描述一个时序电路, 下面还是结合例题首先来介绍进程.

先讨论比较简单的寄存器——被乘数寄存器. 可以定义进程名为 Multiplicand, 该进程程序如下:

```
Multiplicand: process (CLK)
begin
  if (CLK 'event) and (CLK = '1') then
    if LCE = '1' then
      AO <= A;
    end if;
  end if;
end process;
```

进程的语法结构已经在上例中得到充分体现. 在关键字 process 后面括号中

第6章 可编程逻辑器件与数字系统设计初步

的是该进程的敏感变量表.所谓敏感变量是指该变量发生变化才能引起该进程的执行.在同步时序电路中,敏感变量一般就是系统时钟.如果有异步复位(Reset)或者其他异步输入信号能够引起电路动作,那么这些信号也必须列入敏感变量表.

进程中几个 IF 语句说明了执行进程的条件."(CLK 'event) and (CLK = '1')"定义了只有在 CLK 的上升沿才能引起进程执行(即电路在 CLK 的上升沿动作).第 2 个 IF 则规定了同步时序电路的动作条件(控制输入),只有 LCE='1'才能引起动作,动作结果是 AO <= A,也就是将输入写入寄存器.若不满足条件(LCE='1'),IF 语句不被执行,寄存器内容不变.这个进程由 VHDL 综合以后得到的是一个同步寄存器,它的结构如图 6-17 所示.

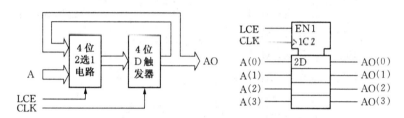

图 6-17 被乘数寄存器结构

下面再来讨论移位寄存器.本例中有乘数寄存器和积寄存器两个移位寄存器.它们都有两个控制输入,一个控制输入引起数据的加载动作,另一个控制输入引起数据的移位操作.在积寄存器中还有第 3 个控制输入,即:清零控制输入.乘数寄存器的加载控制信号是 *LCE*,移位控制信号是 *SCE*.积寄存器的清零控制信号是 *LCE*,加载控制信号是 *PLE*,移位控制信号是 *SCE*.乘数寄存器的 VHDL 程序如下:

```
Multiplier: process (CLK)
begin
  if (CLK 'event) and (CLK = '1') then
    if LCE='1' then
      BO <= B;
    elsif SCE='1' then
      BO(0) <= BO(1);           --shift right
      BO(1) <= BO(2);
      BO(2) <= BO(3);
      BO(3) <= '0';
    end if;
```

end if;

end process;

下面是积寄存器的 VHDL 描述.

Product: **process** (CLK)
begin
  if (CLK 'event) **and** (CLK = $'1'$) **then**
    if LCE=$'1'$ **then**
      P <= (**others** => $'0'$);   --clear
    elsif (SCE=$'1'$) **and** (PLE=$'1'$) **then**
      P(7) <= SUM(4);   --load and shift right
      P(6) <= SUM(3);
      P(5) <= SUM(2);
      P(4) <= SUM(1);
      P(3) <= SUM(0);
      P(2) <= P(3);
      P(1) <= P(2);
      P(0) <= P(1);
    elsif (SCE=$'1'$) **and** (PLE=$'0'$) **then**
      P(7) <= $'0'$;   --shift right only
      P(6) <= P(7);
      P(5) <= P(6);
      P(4) <= P(5);
      P(3) <= P(4);
      P(2) <= P(3);
      P(1) <= P(2);
      P(0) <= P(1);
    end if;
  end if;
end process;

上面两个进程的执行情况已经在程序的注释(在 VHDL 中,符号"--"后面的任何文字都被看作注释)中进行了说明,需要解释的是 "**others** => $'0'$". 这是 VHDL 中的一种通用写法,当一个向量的所有位等于同一个值时,这个写法可以避免写成一串 0 或 1 的形式. 另一点需要说明的是, 由于进程是一个逻辑硬件的描述, 在程序中描述移位过程的语句实际上并没有先后次序. 这一点同任何计算机程序语言 (例如 C 语言) 截然不同.

最后来讨论控制单元. 在前面的讨论中已经明确, 控制单元包含一个有限状态机以及一个计数器.

用 VHDL 描述一个状态机一般需要两个进程, 一个进程用来描述状态转换, 另一个用来描述输出. 下面就是这个控制单元的状态转换进程. 由于同步时序电路的状态转换同系统时钟有关, 系统时钟是敏感变量. 另外, 为了在系统刚上电时可以初始化, 状态机一般总是与系统复位有关, 系统复位也是敏感变量.

在下面的进程中, 进行状态分配如下: S0 = 00, S1 = 01, S2 = 10.

```
State_machine: process(CLK,RESET)
begin
    if RESET = '1' then
        state <= "00";                          --S0
    elsif (CLK 'event) and (CLK = '1') then
        case state is
            when "00" =>  if  START = '1' then
                              state <= "01";    --S0 to S1
                          end if;
            when "01" =>      state <= "10";    --S1 to S2
            when "10" =>  if  TIME4 = '1' then
                              state <= "00";    --S2 to S0
                          end if;
            when others =>    state <= "00";    --to S0
        end case;
    end if;
end process;
```

下面的进程描述了这个状态机的输出. 由于米利型状态机的输出不仅与即时状态有关, 还与即时输入有关, 所以在这个进程中, 状态机的状态变量和状态机的输入变量都是敏感变量. 实际上这个进程描述了一个组合电路, 所以称为组合进程 (前面带有时钟敏感变量的进程称为时钟进程).

```
State_machine_output: process (state,start,BO(0),time4)
```

```vhdl
begin
    case state is
        when "00" => if START = '0' then          -- S0
                        LCE <= '0';
                        PLE <= '0';
                        SCE <= '0';
                        P_END <= '1';
                     else
                        LCE <= '1';
                        PLE <= '0';
                        SCE <= '0';
                        P_END <= '0';
                     end if;
        when "01" => if BO(0) = '1' then          -- S1
                        LCE <= '0';
                        PLE <= '1';
                        SCE <= '1';
                        P_END <= '0';
                     else
                        LCE <= '0';
                        PLE <= '0';
                        SCE <= '1';
                        P_END <= '0';
                     end if;
        when "10" => if time4 = '1' then          -- S2
                        LCE <= '0';
                        PLE <= '0';
                        SCE <= '0';
                        P_END <= '1';
                     elsif BO(0) = '1' then
                        LCE <= '0';
                        PLE <= '1';
                        SCE <= '1';
```

                        P_END <= '0';
                    else
                        LCE <= '0';
                        PLE <= '0';
                        SCE <= '1';
                        P_END <= '0';
                    end if;
                when others =>   --S2
                        LCE <= '0';
                        PLE <= '0';
                        SCE <= '0';
                        P_END <= '1';
        end case;
    end process;

以下的进程描述了乘法次数计数器,它虽不是状态机的一部分,但是它是控制子系统的一部分. 在这个进程中,系统时钟是敏感变量. 另外当乘法完成后,计数器应该清零. 此清零信号就是信号 P_END,这个信号作为计数器的异步清零信号,所以它也是一个敏感变量.

    Time_counter: process (CLK, P_END)
    begin
        if P_END = '1' then
            TIME_CNTR <= "000";
        elsif (CLK 'event) and (CLK = '1') then
            if SCE='1' then
                TIME_CNTR <= TIME_CNTR + 1;
                if TIME_CNTR = "011" then
                    TIME4 <= '1';
                end if;
            end if;
        end if;
    end process;

要注意的是上述计数器的输出 $TIME4$. 这个信号可以用另外一个组合进程作

为计数器的译码输出(该进程的敏感变量是计数器的输出 $TIME\_CNTR$,与 CLK 无关),但是这样的输出可能会有冒险产生.在上述程序中,将输出写在以 CLK 为敏感变量的时钟进程中,其实是将输出 $TIME4$ 作为计数器的一个状态输出.这样它具有 SCE 有效并且计数值等于 3 的输入条件.在这个条件下当 CLK 有效时,计数器加一计数到 4,同时 $TIME4$ 输出为 1.其实这个计数器可以直接将 $TIME\_CNTR(2)$ 作为输出,但是现在这样的写法更具有普遍意义.这个计数器的结构参见图 6-18.

将上述所有的进程以及加法器的描述全部作为 VHDL 程序的结构体语句嵌入例题开始时给出的 VHDL 元件程序框架,就完成了这个乘法器的全部 VHDL 程序.

在组合电路中我们曾经讨论过并行乘法器的结构.其优点在于运算的速度极高,理论上只受到门电路延时时间的限制,但是它的缺点是逻辑的规模很大,而且随着乘数位数的增加逻辑规模迅速增加.本例完成的乘法器是一种串行结构的乘法器,相对规模较小,速度也不是最慢,是一个比较理想的折中选择.

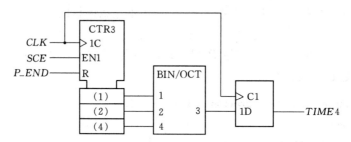

图 6-18 乘法次数计数器的逻辑结构

在结束这个例题之前,可以简单地将例题中用到的 VHDL 语句结构作一个小结.

在上述程序中用到两种结构.第 1 种用来描述组合逻辑,如本例中描述加法器的语句.这类语句称为并行语句.

常用的并行语句有 3 种:并发信号代入语句(Concurrent Signal Assignment)、条件信号代入语句(Conditional Signal Assignment)和选择信号代入语句(Selective Signal Assignment).前面描述加法器的语句是并发信号代入语句,其他两种并行语句的语法如下:

条件信号代入语句可以根据不同的条件将不同表达式的值代入目标信号.条件信号代入语句的一般形式为

目标信号 <= 表达式 1 **when** 条件 1 **else**
　　　　　表达式 2 **when** 条件 2 **else**
　　　　　……
　　　　　表达式 n **when** 条件 n **else**
　　　　　表达式 n+1;

例如,以下语句描述了一个数据选择器的行为.

　　q <= d0 **when** sel=00 **else**
　　　　　d1 **when** sel=01 **else**
　　　　　d2 **when** sel=10 **else**
　　　　　d3 **when** sel=11 **else**
　　　　　'z';

其中'z'表示高阻态.

选择信号代入语句与条件信号代入语句类似,其一般形式为

　　with 选择条件表达式 **select**
　　　目标信号 <= 表达式 1 **when** 选择条件 1
　　　　　　　表达式 2 **when** 选择条件 2
　　　　　　　……
　　　　　　　表达式 n **when** 选择条件 n;

例如,数据选择器的行为可以用以下选择信号代入语句描述.

　　with sel **select**
　　　q <= d0 **when** 00
　　　　　d1 **when** 01
　　　　　d2 **when** 10
　　　　　d3 **when** 11
　　　　　'z' **when** others;

其中 others 是 VHDL 的保留字.

并行语句没有先后顺序.例如在上述数据选择器的描述中,几个选择语句的先后次序对综合结果并无影响.另外,从整体上看,一个进程也是一个并行语句,也就是说,在一个程序中有多个进程时,它们之间的先后次序对结果无影响.

在上述例子中用到的第 2 个结构是进程.在进程内部的语句被称为顺序语句.常用的顺序语句有 IF 语句和 CASE 语句,这两种语句的一般语法如下:

基本的 IF 语句只有一种选择,它的结构是

 if 条件 **then**
  〈顺序处理语句〉
 end if;

当条件满足时,执行 then 后面的顺序处理语句,否则不执行.

另一种结构是 2 选 1 形式的 IF 语句.

 if 条件 **then**
  〈顺序处理语句 A〉
 else
  〈顺序处理语句 B〉
 end if;

第 3 种结构是多项选择形式的 IF 语句,语法如下所示,注意不要将 elsif 写成 else if.

 if 条件 A **then**
  〈顺序处理语句 A〉
 elsif 条件 B **then**
  〈顺序处理语句 B〉
  ……
 elsif 条件 N **then**
  〈顺序处理语句 N〉
 else
  〈顺序处理语句 N+1〉
 end if;

2 选 1 形式和多项选择形式的 IF 语句都是满足哪个条件就执行哪个语句,如果没有条件得到满足则不执行任何语句.

CASE 语句的结构是

 case 条件表达式 **is**
 when 条件表达式的值 A => 顺序处理语句 A;
  条件表达式的值 B => 顺序处理语句 B;
  ……
 end case;

条件表达式等于哪一个值就执行哪一个语句.

进程中的顺序语句可以用 IF 语句也可以用 CASE 语句,区别在于:IF 语句是有序的,先处理前面的语句,条件不满足时才处理后续的语句.所以用 IF 语句描述的硬件结构实际上有优先级的区别.CASE 语句则无优先级的差别.CASE 语句中的条件表达式的值必须穷尽并且无重复,不能穷尽的值必须用 others 表示.这里需要注意的是,由于在 IEEE.std_logic_1164 程序库中,将一个驱动源的逻辑值定义了 9 个状态,除了逻辑 1、逻辑 0 之外,还有弱 1(H)、弱 0(L)、高阻(Z)、未定义(U)、强未知(X)、弱未知(W)和无关(-),所以一般总是要用 others 来表示其余的逻辑状态.

为了使读者更好地了解数字系统的设计过程,下面再举一个应用性的例子.

例 6-2 设计一个出租车计费器.计费器的工作原理是:在汽车的主轴上引出一个计程脉冲信号,每个脉冲表示行驶一定的距离(例如 0.5 米),记录计程脉冲的个数可以记录行驶里程.计费标准是:当车速达到一定标准后(例如 10 千米/小时),按行驶里程计费(计程,例如 2.00 元/千米);若车速达不到该标准,按时间计费(计时,例如 2.00 元/5 分钟).另外,在刚开始计费时,还规定了一个起步费(例如 10 元),在起步里程(3 千米)之内按起步费计价.超过起步里程后按上述计费标准计费.司机可以控制计费开始和结束,并且可以通过一个暂停键在汽车停驶时暂时停止计费,此暂停信号在行驶过程中无效(在暂停状态,一旦汽车行驶则自动转换为计费状态).计费器应该有金额显示和状态(计程、计时、暂停)显示.在乘客付费后,结束信号将系统清零.

本题是一个典型的数字应用系统,可以按照前面的方法自顶向下进行设计.

首先分析系统的需求,可以从输入输出开始.

系统的输入有计费开始信号、结束信号、暂停键以及从车轴上引出的计程脉冲.系统的输出有计费状态输出和计费金额输出.

计费器的数据处理部分主要是完成计费.由于计费形式分为计程计费和计时计费两种,所以不能仅对计程脉冲计数,应该还有一个计时脉冲,这两个脉冲都进入控制部分,由控制部分判断,正常行驶时进行计程计费,停车(或低速)时进行计时计费.

为了便于设计,计费可以对一个统一的计费脉冲进行,该脉冲对应一个固定的费率基数(例如每个计费脉冲计费 0.1 元).所以计费的实现可以通过累加器对每个计费脉冲进行累加,每得到 1 个计费脉冲,在原有金额上累加一个费率基数.这样处理便于更改计费倍率,例如要求在夜间按照 150% 的费率计费,只要改变累加器的费率基数为 0.15 元即可.

另外,在开始计费时,控制器应该对累加器加载起步费,并且按上述计费原则判断是否到达起步里程,达到起步里程后开始累加计费.

根据上述讨论,得到计费器的大致结构如图 6-19 所示. 图中没有画出系统时钟,对各部分的说明如下:

n 位十进制累加器,每得到一个计费脉冲累加一个费率基数. 当起步费加载信号有效时,加载起步费. BCD-7 段译码器用来将累加器的输出转换为 LED 显示的 7 段码.

计时脉冲发生器用来产生计时脉冲.

控制器控制计费器的工作,该控制器的输入是计费开始信号、结束信号、暂停键输入、来自车轴的计程脉冲以及来自计时脉冲发生器的计时脉冲. 它的主要功能是:(1)完成计费形式的判断,输出计费脉冲;(2)完成起步里程计算;(3)输出状态信息(计程、计时和暂停).

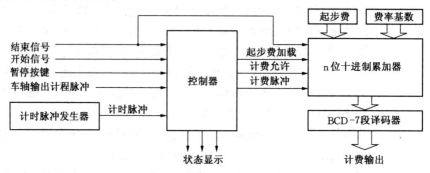

图 6-19 计费器功能框图

图 6-19 中,系统的数据处理部分已经是很详细的结构了,但是控制部分仍是一个粗略的功能框图,只是完成了系统的功能设计. 下面讨论如何来实现上面的功能框图.

首先看计时脉冲发生器. 它可以通过对系统时钟进行分频来得到计时脉冲,计时脉冲的频率应该这样设计:为了方便控制,它应当与计程有同样的脉冲计费率. 计程时每个计程脉冲为 0.5 米,相当于计费 $\frac{2.00}{1\,000} \times 0.5 = 0.001$(元),而计时费率为 2.00 元/5 分钟,所以计时脉冲的频率应当是 $\frac{2.00}{0.001 \times 5 \times 60} = 6.67$(赫). 如果系统时钟为 32 768 赫,则分频系数应该是 32 768/6.67=4 915.

判断计费形式实际上是测量车速. 当车速低于下限(10 千米/小时,即 2.78

米/秒)时就应该转换成计时.判断车速可以这样实现:在控制器内部产生一个固定的测速定时信号(例如每5秒钟发生一个测速定时脉冲,也由系统时钟分频而来),然后测量每两个测速定时脉冲之间的计程脉冲个数(计数).因为每个计程脉冲为0.5米,所以当在5秒内测量到的计程脉冲个数小于28时,车速已经低于10千米/小时,应处于计时状态,否则处于计程状态.

计程状态以计程脉冲作为计费的依据,计时状态以计时脉冲作为计费的依据.可以用2选1电路进行切换.每个脉冲对应的计费是0.001元,所以要将这两个脉冲适当分频后作为计费脉冲输出.分频后的计费脉冲应该正好是每个计费脉冲对应1个费率基数.在费率基数为0.10元时,分频系数为100.

可以这样来计算起步费:在开始计费时,加载起步费并对计费脉冲计数,在到达规定的数字前不累加计费,到达规定的数字表示起步费用完,开始累加计费.因为每个计费脉冲相当于0.005千米路程,起步里程规定为3千米,则计满600个计费脉冲表示起步费用完,开始累加计费.

暂停输入的处理稍有特殊,一是在行驶中按暂停键(输入暂停脉冲)不应该起作用;二是在暂停状态下启动汽车,应该自动退出暂停状态.

以上控制过程可以用有限状态机实现.考虑到判断计费形式(测速)具有持续进行的特点,可以用两个状态机的链接来实现上述控制过程.其中一个状态机(状态机A)进行工作模式控制,另一个状态机(状态机B)专门用于判断计费形式.整个状态机的ASM图和控制部分的结构图分别如图6-20和图6-21所示.ASM图中左侧为状态机A,右侧为状态机B.

所谓状态机的链接,是指将一个状态机中的信息传递到另一个状态机中.状态机的链接有多种方法,常用的链接方法是将一个状态机的状态作为另一个状态机的状态转换条件.例如在图6-20中,虚线表示两个状态机的链接,虚线的一端表示一个状态机的状态,虚线箭头所指为另一个状态机的转移条件.

在上述ASM图和结构图中,没有画出结束输入,实际上是作为系统异步清零信号处理.上述结构图中所有的单元电路在前面的章节中都已讨论过,以上的设计实际已达到系统RTL级设计.下面给出VHDL的设计结果,并对一些有关全局的设计进行说明如下:

(1) 关于全局时钟

对于一个用可编程逻辑器件实现的逻辑,最理想的方案是采用全同步时序设计,亦即内部所有触发器的时钟来自同一个信号,并且没有组合逻辑的反馈(即没有基本型异步时序逻辑).这样的设计容易实现可测试性.在本设计中,来自车轴的计程信号不可能与系统时钟同步.为了解决这个问题,可以将来自车轴的计程信号

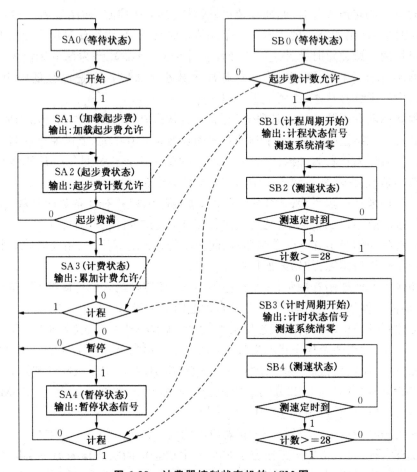

图 6-20 计费器控制状态机的 ASM 图

链接到系统中.具体地说就是增加一个边沿检测电路,用来检测车轴的计程信号的上升沿,每得到一个上升沿就产生一个宽度为 1 个时钟周期的脉冲,此脉冲与系统同步.

(2) 测速判断单元

测速判断是固定在一个时间段(5 秒)内进行计数,如果测速计数器的长度不够,可能会在车速过高时造成计数器溢出而产生错误的结果.例如车速 10 千米/小时对应的计数值为 27.8,计数值大于等于 28 时应该输出高速状态指示.当车速达到 100 千米/小时后计数值将达到 278,若计数器长度只有 8 位(最大 255),就有可能出现由于此时计数器发生溢出而得到错误结果(溢出后看到的计数值为 278－256＝22)的情况.解决这个问题的办法有两个,一个是增大计数器长度,使它

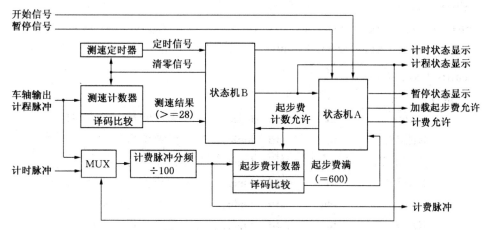

图 6-21 计费器控制器的结构图

不可能溢出,例如计数器长度采用 9~10 位.另一个办法是在数值比较器的输出端加 RS 触发器,一旦比较结果大于等于阈值后将数据锁存,每次计数器清零的同时将 RS 触发器清零.在以下的设计中将采用第 1 种方案,这种方案的缺点是使用的触发器多了一点,但是可以得到一个附带的结果——得到一个速度计.

以下将给出这个出租车计费器的全部 VHDL 程序.其中每个局部的简单说明以及端口说明、信号说明等已经写在注释中.现将前面例子中没有提到的程序结构说明如下：

(1) 过程

过程是一段通用的程序,它描述一个通用的硬件结构.过程要在结构体的开始部分定义,然后在结构体中就可以调用,调用的时候允许更换参数.本例中要用到 4 个 BCD-7 段译码器,所以就定义了一个 BCD-7 段译码器的过程.但是要注意,过程中的参数只能是信号变量,要将它用到端口时就需要另外定义一组信号用于转换.本例中的信号 LED1_S、LED2_S、LED3_S、LED4_S 就是这个用途.

(2) 类型定义

VHDL 允许自定义数据类型.一般在状态机的状态变量中,采用枚举类型定义可以使程序变得容易阅读.但是这样做实际上是将状态变量分配工作交给软件自动完成,所以如果对于状态变量分配有要求的设计仍需手工进行变量分配.

(3) 常量

在程序中有时需要常量,例如本例的起步费.可以用关键字 Constant 定义常量.对常量进行预先定义的好处在于:当一个程序中多次用到这个常量时,预先定义就可以使程序易读易改,并且可以加快仿真的速度.

```vhdl
library ieee;
use ieee.std_logic_1164.all;
use ieee.std_logic_unsigned.all;

entity taximeter is
    port(
        CLK:        in      std_logic;      --系统时钟,32 768 Hz
        RESET:      in      std_logic;      --结束信号
        START:      in      std_logic;      --开始信号
        PAUSE:      in      std_logic;      --暂停信号
        Pause_out:  out     std_logic;      --暂停状态显示
        RUN:        in      std_logic;      --车轴计程脉冲信号
        Run_out:    buffer  std_logic;      --计程状态显示
        Time_out:   out     std_logic;      --计时状态显示
        LED1:       out     std_logic_vector(1 to 7);
        LED2:       out     std_logic_vector(1 to 7);
        LED3:       out     std_logic_vector(1 to 7);
        LED4:       out     std_logic_vector(1 to 7)
        --LED1~LED4 分别是 LED 输出,1~7 对应笔画 a~g
        --LED1 对应"角",LED2~LED4 对应"元"~"百元"
    );
end taximeter;

architecture taximeter_arch of taximeter is
    procedure BCD_7S (signal BCD:       in std_logic_vector(3 downto 0);
                      signal Segment:   out std_logic_vector(1 to 7)) is
    begin
        if    BCD = "0000" then Segment <= "1111110";
        elsif BCD = "0001" then Segment <= "0110000";
        elsif BCD = "0010" then Segment <= "1101101";
        elsif BCD = "0011" then Segment <= "1111001";
        elsif BCD = "0100" then Segment <= "0110011";
        elsif BCD = "0101" then Segment <= "1011011";
```

```vhdl
        elsif      BCD = "0110"      then      Segment <= "1011111";
        elsif      BCD = "0111"      then      Segment <= "1110000";
        elsif      BCD = "1000"      then      Segment <= "1111111";
        elsif      BCD = "1001"      then      Segment <= "1111011";
        else                                   Segment <= "0000000";
        end if;
end BCD_7S;
```

--以上定义了一个过程(Procedure),功能是将 BCD 码转换为 LED 的 7 段显示码.
--按照 VHDL 的规定,所有的定义都必须放在结构体的开始部分.

```vhdl
type    stateA_type    is (Wait_A, Load_F1, Start_St, Fee_St, Pause_St);
type    stateB_type    is (Wait_B, Run_St, Run_Tst, Time_St, Time_Tst);
```

--以上定义了状态机状态变量的数据类型(枚举类型),这样在定义状态变量时可以直接应用.

```vhdl
signal    stateA:              stateA_type;         --状态变量 A
signal    stateB:              stateB_type;         --状态变量 B
```

--以下是在结构图和功能框图中用到的中间变量的定义.

```vhdl
Signal    RUN_PLS:             std_logic;                        --计程脉冲信号
Signal    TIME_PLS:            std_logic;                        --计时脉冲信号
Signal    Time_count:          std_logic_vector(12 downto 0);
                                                                 --计时分频计数器
Signal    Fee_Pls:             std_logic;                        --计费脉冲
Signal    Fee_count:           std_logic_vector(6 downto 0);
                                                                 --计费分频计数器
Signal    LD_START_FEE:        std_logic;                        --加载起步费允许
Signal    START_FEE_EN:        std_logic;                        --起步费计数允许
Signal    Start_Fee_cnt:       std_logic_vector(9 downto 0);
                                                                 --起步费计数器
Signal    START_FEE_OV:        std_logic;                        --起步费满
Signal    FEE_ADD_EN:          std_logic;                        --累加计费允许
Signal    speed_tmr:           std_logic_vector(17 downto 0);
                                                                 --测速定时器
signal    speed_tmr_ov:        std_logic;                        --测速定时到
```

```vhdl
    signal      speed_cnt:                  std_logic_vector(9 downto 0);
                                                                    --测速计数器
    signal      speed_ov:                   std_logic;              --测速结果
    signal      speed_rst:                  std_logic;              --测速清零
--以下的变量是在程序设计中用到的中间变量、
    signal      run1,run2:                  std_logic;  --用于车轴输入的边沿检测
    signal      Fee1,fee2,fee3,fee4:        std_logic_vector(3 downto 0);
    signal      c1,c2,c3:                   std_logic;
                                --用于计费累加器的输出和进位输出
    signal      LED1_S,LED2_S,LED3_S,LED4_S:  std_logic_vector(1 to 7);
                --用于调用BCD_7S过程的中间变量
begin
-----------------------------------------------------------------
--以下是状态机A的进程
State_machine_A:      process(CLK,RESET)
begin
  if RESET = '1' then
     stateA <= Wait_A;
  elsif (CLK 'event) and (CLK = '1') then
      case stateA is
       when Wait_A => if START = '1' then
                        stateA <= Load_F1;
                      end if;
       when Load_F1 => stateA <= Start_St;
       when Start_St => if START_FEE_OV = '1' then
                          stateA <= Fee_St;
                        end if;
       when Fee_St => if Run_out = '0' then
                        if PAUSE = '1' then
                          stateA <= Pause_St;
                        end if;
                      end if;
```

```
            when Pause_St => if Run_out = '1' then
                                  stateA <= Fee_St;
                             end if;
          end case;
        end if;
end process;
State_machine_A_output: process (stateA)
begin
    case stateA is
    when Wait_A   => LD_START_FEE <= '0';
                     START_FEE_EN <= '0';
                     FEE_ADD_EN   <= '0';
                     Pause_out    <= '0';
    when Load_F1  => LD_START_FEE <= '1';
                     START_FEE_EN <= '0';
                     FEE_ADD_EN   <= '0';
                     Pause_out    <= '0';
    when Start_St => LD_START_FEE <= '0';
                     START_FEE_EN <= '1';
                     FEE_ADD_EN   <= '0';
                     Pause_out    <= '0';
    when Fee_St   => LD_START_FEE <= '0';
                     START_FEE_EN <= '0';
                     FEE_ADD_EN   <= '1';
                     Pause_out    <= '0';
    when Pause_St => LD_START_FEE <= '0';
                     START_FEE_EN <= '0';
                     FEE_ADD_EN   <= '0';
                     Pause_out    <= '1';
    end case;
end process;
```

- -以下是状态机 B 的进程

```
State_machine_B: process (CLK, RESET)
begin
  if RESET = '1' then
    stateB <= Wait_B;
  elsif (CLK 'event) and (CLK = '1') then
    case stateB is
      when Wait_B => if START_FEE_EN = '1' then
                       stateB <= Run_St;
                     end if;
      when Run_St => stateB <= Run_Tst;
      when Run_Tst => if speed_tmr_ov = '1' then
                        if speed_ov = '1' then
                          stateB <= Run_St;
                        else
                          stateB <= Time_St;
                        end if;
                      end if;
      when Time_St => stateB <= Time_Tst;
      when Time_Tst => if speed_tmr_ov = '1' then
                         if speed_ov = '1' then
                           stateB <= Run_St;
                         else
                           stateB <= Time_St;
                         end if;
                       end if;
    end case;
  end if;
end process;

State_machine_B_output: process(stateB)
begin
  case stateB is
    when Wait_B => Run_out <= '0';
                   Time_out <= '0';
```

```vhdl
                    speed_rst <= '0';
    when Run_St => Run_out <= '1';
                    Time_out <= '0';
                    speed_rst <= '1';
    when Run_Tst => Run_out <= '1';
                    Time_out <= '0';
                    speed_rst <= '0';
    when Time_St => Run_out <= '0';
                    Time_out <= '1';
                    speed_rst <= '1';
    when Time_Tst => Run_out <= '0';
                    Time_out <= '1';
                    speed_rst <= '0';
    end case;
end process;
```

--以下是测速定时器

```vhdl
Speed_Timer: process(CLK, RESET)
begin
    if RESET = '1' then
        speed_tmr <= (others => '0');
    elsif (CLK'event) and (CLK = '1') then
        if speed_rst = '1' then
            speed_tmr <= (others => '0');
        else
            speed_tmr <= speed_tmr + 1;
        end if;
    end if;
end process;

Speed_Timer_Over: process(speed_tmr)
constant sec5: integer := 163840;
begin
```

```vhdl
        if speed_tmr = sec5 then
            speed_tmr_ov <= '1';
        else
            speed_tmr_ov <= '0';
        end if;
end process;
```

--以下是测速计数器

```vhdl
Speed_Counter: process(CLK, RESET)
begin
        if RESET = '1' then
            speed_cnt <= (others => '0');
        elsif (CLK 'event) and (CLK = '1') then
            if speed_rst = '1' then
                speed_cnt <= (others => '0');
            elsif run_pls = '1' then
                speed_cnt <= speed_cnt + 1;
            end if;
        end if;
end process;

Speed_over: process(speed_cnt)
constant low_spd: integer := 28;
begin
        if speed_cnt >= low_spd then
            speed_ov <= '1';
        else
            speed_ov <= '0';
        end if;
end process;

Run_Pulse: process(CLK)
begin
        if (CLK 'event) and (CLK = '1') then
```

```vhdl
        RUN1 <= RUN;
        RUN2 <= RUN1;
    end if;
end process;
RUN_PLS <= (not RUN2) and RUN1;
```

```vhdl
--以下是计时脉冲发生器
Time_pulse: process(CLK,RESET)
begin
    if RESET = '1' then
        time_count <= (others => '0');
    elsif (CLK 'event) and (CLK = '1') then
        if Time_pls = '0' then
            time_count <= time_count + 1;
        else
            time_count <= (others => '0');
        end if;
    end if;
end process;

Time_pulse_output: process(time_count)
constant time1: integer := 4915;
begin
    if time_count = time1 then
        TIME_PLS <= '1';
    else
        TIME_PLS <= '0';
    end if;
end process;
```

```vhdl
--以下是计费脉冲分频器
Fee_Pulse: process(CLK,RESET)
begin
```

```vhdl
    if RESET = '1' then
       Fee_count <= (others => '0');
    elsif (CLK 'event) and (CLK = '1') then
      if Fee_pls = '0' then
         Fee_count <= Fee_count + 1;
      else
         Fee_count <= (others => '0');
      end if;
    end if;
end process;

Fee_pulse_output: process(Fee_count)
constant Fee1: integer: = 99;
begin
    if Fee_count = Fee1 then
       FEE_PLS <= '1';
    else
       FEE_PLS <= '0';
    end if;
end process;
```

```vhdl
--以下是起步费计数器
Start_Fee: process(CLK, RESET)
begin
    if RESET = '1' then
       Start_fee_cnt <= (others => '0');
    elsif (CLK 'event) and (CLK = '1') then
      if (START_FEE_EN = '1') and (START_FEE_OV = '0') then
         Start_fee_cnt <= Start_fee_cnt + 1;
      else
         Start_fee_cnt <= Start_fee_cnt;
      end if;
    end if;
```

end process;

Start_fee_over: **process**(Start_fee_cnt)
constant start_fee1: **integer** := 600;
begin
    if Start_fee_cnt = start_fee1 **then**
      START_FEE_OV <= '1';
    else
      START_FEE_OV <= '0';
    end if;
end process;

--以下是 4 位十进制累加器
Adder_4: **process**(CLK, RESET)
constant Fee_base: **integer** := 1;
    --费率基数为 0.10 元,所以只要对 Fee1 累加.
constant start_fee3: **std_logic_vector**(3 **downto** 0) := "0001";
    --由于起步费为 10.00 元,所以只要对 Fee3 加载即可.
begin
    if RESET = '1' **then**
      Fee1 <= "0000";
      C1 <= '0';
      Fee2 <= "0000";
      C2 <= '0';
      Fee3 <= "0000";
      C3 <= '0';
      Fee4 <= "0000";
    elsif (CLK 'event) **and** (CLK = '1') **then**
      if LD_start_fee = '1' **then**
        Fee3 <= start_fee3;
      elsif (FEE_ADD_EN = '1') **and** (FEE_PLS = '1') **then**
        Fee1 <= Fee1 + Fee_base;
        if Fee1 = 10 **then**
          Fee1 <= "0000";

```
                    C1 <= '1';
                else
                    C1 <= '0';
                end if;
                Fee2 <= Fee2 + C1;
                if Fee2 = 10 then
                    Fee2 <= "0000";
                C2 <= '1';
                else
                    C2 <= '0';
                end if;
                Fee3 <= Fee3 + C2;
                if Fee3 = 10 then
                    Fee3 <= "0000";
                C3 <= '1';
                else
                    C3 <= '0';
                end if;
                Fee4 <= Fee4 + C3;
        end if;
    end if;
end process;
```

--以下是 4 位 BCD-7 段译码器,调用了过程 BCD_7S.
```
    BCD_7S(Fee1,LED1_S);
    BCD_7S(Fee2,LED2_S);
    BCD_7S(Fee3,LED3_S);
    BCD_7S(Fee4,LED4_S);

    LED1 <= LED1_S;
    LED2 <= LED2_S;
    LED3 <= LED3_S;
    LED4 <= LED4_S;
```

```
end taximeter_arch;
```

第6章 可编程逻辑器件与数字系统设计初步

本章概要

可编程逻辑器件(PLD)是一种由设计者自己完成其逻辑功能的用户定制型器件。采用PLD进行数字系统设计具有系统集成度高、可靠性高、设计过程灵活、可以用软件进行仿真等许多优点。

按照目前PLD中可编程部分的结构,大致上可以将PLD分成两大体系。一类以与或阵列构成可编程结构,由于它的结构特点是依据逻辑函数的乘积项展开的,所以称为基于乘积项的PLD结构。另一类以存储器方式将逻辑函数的真值表存储在一个称为"查找表"的存储器(RAM)中,所以称为基于查找表的PLD结构。习惯上将基于乘积项的PLD结构的器件称为PLD或CPLD,而将基于查找表的PLD结构的器件称为FPGA。

用可编程逻辑器件设计逻辑电路或逻辑系统的大致过程是:逻辑设计→综合与仿真→下载。上述过程可全部在计算机上进行,可以反复修改直至完成预定目标。

数字系统一般包含大量逻辑单元,比较复杂,一般已经不能用卡诺图、真值表等手段进行描述。任何数字系统都可以从逻辑上划分为数据子系统和控制子系统两个部分。

设计一个数字系统,通常采用自顶向下的设计方法,具体地说,包括以下步骤:

第1步,系统的功能级设计。首先进行系统需求分析(明确系统要完成什么任务),然后确定系统的总体设计方案。

第2步,行为级设计。在系统方案确定之后,从逻辑结构上对系统进行划分,确定系统的结构以及系统的控制算法的过程。

第3步,系统仿真与实现。即通过硬件描述语言,将通过验证的行为级设计模型描述成可综合的设计模型(源代码文件),然后进行逻辑综合(编译)、仿真、下载就可以获得所需要的系统。

硬件描述语言是一种以计算机语言形式对硬件结构进行描述和设计的工具,在用可编程逻辑器件设计数字系统的过程中得到广泛使用。常用的HDL有VHDL和Verilog HDL两种。在本章用VHDL举了两个具体系统设计的例子,读者可以通过这两个例子了解用VHDL进行逻辑系统设计的大致过程。

思考题和习题

1. 可编程逻辑器件可以分成哪两种基本结构？它们各有什么特点？
2. 简述可编程逻辑器件的编程过程。
3. 什么是数字系统？数字系统在结构上有什么特点？
4. 简述设计数字系统的一般过程。
5. 什么是 VHDL 的并行语句？什么是 VHDL 的顺序语句？顺序语句在执行时是否有时间上的先后？
6. 在 VHDL 设计中，一般用两个进程来描述一个有限状态机，其中描述状态机输出的进程是否可以用非进程的并行语句描述？用进程描述有何优点？
7. 用 VHDL 描述一个 8 位移位寄存器：要求有两个控制端 S_1、S_0，当 $S_1S_0 = 00$ 时的功能为保持，$S_1S_0 = 01$ 时的功能为右移，$S_1S_0 = 10$ 时的功能为左移，$S_1S_0 = 11$ 时的功能为加载。
8. 用 VHDL 设计第 4 章"思考题和习题"部分的第 10 题。
9. 用 VHDL 设计第 4 章"思考题和习题"部分的第 12 题。
10. 用 VHDL 设计第 4 章"思考题和习题"部分的第 14 题。
11. 用 VHDL 设计第 4 章的例 4-11。
12. 用可编程逻辑器件设计一个数字密码锁。

    该密码锁具有 12 个按键，分别为数字"0"～"9"、"开锁"和"设置"。开锁的过程是先输入 6 个十进制数密码，再按"开锁"，若 6 个十进制数与存储在锁内的密码相同，则密码锁开启。若输入错误，则输出错误提示。3 次输入错误则进入死锁状态。

    设置密码的过程是：先输入原来的密码，然后按"设置"键，再输入新的密码，再按"设置"键。锁的初始密码（原始状态）是 6 个"0"。

    在上述开锁和设置过程中，若发生输入顺序错误（例如连续输入 7 个数字）或中断（超过 10 秒无输入），则系统自动中断现行操作，回到初始状态。

13. 用可编程逻辑器件设计一个 5 层电梯控制器。

    该控制器有 19 个输入：2 楼到 4 楼每个楼层有 2 个呼唤按钮（向上和向下），1 楼只有向上的呼唤按钮，5 楼只有向下的呼唤按钮。另外有 5 个电梯已经到达某楼层的楼层位置输入信号。电梯内部有 5 个楼层选择按钮。在电梯门上有一个安全传感器，该输入为 1 则不能关门。

    该控制器有 4 个输出：电梯向上运行；电梯向下运行；开门和关门。

    电梯运行规则是：无论电梯停在哪一层，得到呼唤输入后，能正确地运行到该层，开门 10 秒后自动关门。若在关门时安全传感器为 1，则等待它变 0 再关门。关门后根据电梯内部的楼层按钮运行到指定的楼层，再开门 10 秒后关门，等待下一个输入。

    若同时得到几个输入，则输入的优先级如下：电梯门上的安全传感器优先级最高，其次是电梯内部的楼层按钮,最后是呼唤按钮.在楼层按钮和呼唤按钮中,都是层次高的按钮优先级高.在向上和向下的呼唤按钮中,向上的按钮优先级高.

若在运行过程中得到新的输入,系统应该记忆这些输入请求.响应输入的规则是:若电梯处于上升状态,只响应电梯所在层次以上的上楼请求,其他请求在前面的请求响应结束后处理.若电梯处于下降状态,只响应电梯所在层次以下的下楼请求,其他请求在前面的请求响应结束后处理.

附 录

附录1 数制与代码

一、数制

数制是用字符(数码)表示数的规则,即记数法.记数法包括一个字符的集合,用这些字符本身以及它们在字符串中的位置表示数的大小.这种记数法称为位置记数法.

例如人们习惯的十进制记数法中,共有 10 个表示数的字符 0~9,一个十进制数 456.78 可以表示为

$$456.78 = 4 \times 10^2 + 5 \times 10^1 + 6 \times 10^0 + 7 \times 10^{-1} + 8 \times 10^{-2}$$

一般地说,对于 r 进制的具有 n 位整数和 m 位小数的数 A_r 可以表示为

$$A_r = a_{n-1}r^{n-1} + a_{n-2}r^{n-2} + \cdots + a_0 r^0 + a_{-1}r^{-1} + \cdots + a_{-m}r^{-m} \quad (\text{附}1.1)$$

其中 r 称为该数制的基,a 是该基字符集合中的字符.

当采用不同的基时,就构成了不同的数制.如八进制、十六进制、二进制等等. 例如一个八进制数$(135.76)_8$,用十进制表示它的值即为

$$(135.76)_8 = 1 \times 8^2 + 3 \times 8^1 + 5 \times 8^0 + 7 \times 8^{-1} + 6 \times 8^{-2} = 93.96875$$

二进制数$(100101.101)_2$,用十进制表示它的值即为

$$(100101.101)_2 = 1 \times 2^5 + 0 \times 2^4 + 0 \times 2^3 + 1 \times 2^2 + 0 \times 2^1 + 1 \times 2^0 +$$
$$1 \times 2^{-1} + 0 \times 2^{-2} + 1 \times 2^{-3} = 37.625$$

这里下标 8 和 2 分别表示八进制和二进制等.

由于二进制的字符集合中只有 0 和 1 两个字符,易于用电子器件实现,而且运算简单,在数字系统中得到广泛采用.但是二进制数写起来很长,人们在使用时并不习惯,往往只在机器内部使用,在输入端和输出端要实行数制的转换.如在输入

端要把十进制数转换成二进制数,输出端要把二进制数转换成十进制数.有时还要实现一些其他数制转换,下面就来讨论数制转换问题.

要把一个十进制数转换成 r 进制数时,主要就是要写出(附 1.1)式中的 a_{n-1}, a_{n-2}, $\cdots$, $a_{-(m-1)}$, a_{-m} 等系数. 为了计算方便,可分别求整数部分的系数 a_{n-1}, a_{n-2}, $\cdots$, a_0 和小数部分的系数 a_{-1}, a_{-2}, $\cdots$, $a_{-(m-1)}$, a_{-m}.

设 A'_r 为 A_r 的整数部分,则

$$\begin{aligned} A'_r &= a_{n-1}r^{n-1} + a_{n-2}r^{n-2} + \cdots + a_1 r + a_0 \\ &= (a_{n-1}r^{n-2} + a_{n-2}r^{n-3} + \cdots + a_1)r + a_0 \\ &= [(a_{n-1}r^{n-3} + a_{n-2}r^{n-4} + \cdots + a_2)r + a_1]r + a_0 \\ &= \cdots\cdots \end{aligned} \quad (\text{附 } 1.2)$$

显然 a_0 为 A'_r 除以 r 所得的余数,所得商数再除以 r 所得的余数就是 a_1,第 2 次得到的商数再除以 r 所得的余数是 a_2,如此等等.

例如,要将一个整数 $(395)_{10}$ 转换成二进制,可以这样做:

```
2 |395
2 |197 ………余 1    a₀ = 1
2 |98  ………余 1    a₁ = 1
2 |49  ………余 0    a₂ = 0
2 |29  ………余 1    a₃ = 1
2 |14  ………余 1    a₄ = 1
2 |7   ………余 0    a₅ = 0
2 |3   ………余 1    a₆ = 1
2 |1   ………余 1    a₇ = 1
   0   ………余 1    a₈ = 1
```

所以 $(395)_{10} = (111\ 011\ 011)_2$.

整数十进制变换到二进制可以简称为"除 2 取余"

再来考虑小数部分的转换,设 A''_r 为 A_r 的小数部分

$$\begin{aligned} A''_r &= a_{-1}r^{-1} + a_{-2}r^{-2} + \cdots + a_{-(m-1)}r^{-(m-1)} + a_{-m}r^{-m} \\ &= r^{-1}(a_{-1} + a_{-2}r^{-1} + \cdots + a_{-(m-1)}r^{-(m-1)+1} + a_{-m}r^{-m+1}) \\ &= r^{-1}[a_{-1} + r^{-1}(a_{-2} + \cdots + a_{-(m-1)}r^{-(m-1)+2} + a_{-m}r^{-m+2})] \\ &= \cdots\cdots \end{aligned} \quad (\text{附 } 1.3)$$

只要把 A''_r 乘以 r 所得的整数部分就是 a_{-1},余下的部分再乘以 r 得到的整数部分

是 a_{-2}, 依此类推, 可求出 a_{-1} 到 a_{-m} 的全部系数.

例如, 要将十进制小数 $(0.625)_{10}$ 转换成二进制, 可以这样做:

$$0.625 \times 2 = 1.25 \qquad a_{-1} = 1$$
$$0.25 \times 2 = 0.5 \qquad a_{-2} = 0$$
$$0.5 \times 2 = 1.0 \qquad a_{-3} = 1$$

所以 $(0.625)_{10} = (0.101)_2$.

小数十进制变换成二进制的算法可以归结为"乘 2 取整"

如果一个数有整数和小数两部分, 只要分别求出整数和小数两部分的二进制表示, 再合起来就可以了. 例如

$$(395.625)_{10} = (111011011.101)_2$$

当一个十进制数要转换成 r 进制的数时, 只要把除以 2、乘以 2 改成除以 r、乘以 r 就可以了.

一个 r 进制表示的数 A 要转换成十进制, 可以直接根据公式(附 1.1)计算.

例如, 将二进制数 $(111011011.101)_2$ 转换成十进制:

$(111011011.101)_2$

$= 1 \times 2^8 + 1 \times 2^7 + 1 \times 2^6 + 0 \times 2^5 + 1 \times 2^4 + 1 \times 2^3 + 0 \times 2^2 + 1 \times 2^1 + 1$

$\quad + 1 \times 2^{-1} + 0 \times 2^{-2} + 1 \times 2^{-3}$

$= 256 + 128 + 64 + 16 + 8 + 2 + 1 + 0.5 + 0.125$

$= 395.625$

也可以将(附 1.1)式改写为

$$\begin{aligned} A_r &= a_{n-1}r^{n-1} + a_{n-2}r^{n-2} + \cdots + a_0 r^0 + a_{-1} r^{-1} + \cdots + a_{-m} r^{-m} \\ &= \{[(a_{n-1}r + a_{n-2})r + a_{n-3}]r + \cdots + a_1\}r + a_0 \\ &\quad + r^{-1}\{a_{-1} + r^{-1}[a_{-2} + \cdots + r^{-1}(a_{-(m-1)} + r^{-1}a_{-m})]\} \end{aligned} \qquad (附 1.4)$$

在利用计算机进行计算时, 用上式比较方便.

至于两种不同数制 r 和 s 间的转换, 例如要把 r 进制的数 N 转换成 s 进制, 一般都是 $N_r \rightarrow N_{10} \rightarrow N_s$, 即先把 r 进制的 N, 转换成十进制的 N, 再把十进制的 N 转换到 s 进制.

也有一些例外. 例如在计算机等数字设备中, 为了便于阅读和书写, 经常使用

附　录

十六进制.在十六进制中,除了 0~9 这 10 个字符外,还用 A~F 这 6 个字符代表十进制中的 10~15 这 6 个数值.二进制与十六进制的转换特别简单:每个十六进制字符对应 4 位二进制数,所以可以直接在二进制与十六进制之间进行转换,而不必经过十进制过渡,其转换关系见附表 1-1.

附表 1-1　十进制和十六进制的转换关系

十六进制	二进制	十六进制	二进制
0	0000	8	1000
1	0001	9	1001
2	0010	A	1010
3	0011	B	1011
4	0100	C	1100
5	0101	D	1101
6	0110	E	1110
7	0111	F	1111

　　将十六进制数转换为二进制数,只要将每个十六进制字符写成对应的二进制数即可.例如

$$(3AC.9)_{16} = (1110101100.1001)_2$$

　　将二进制转换为十六进制,也只要将二进制数从小数点开始向左右各以 4 位为长度分开,每 4 位对应写出一个十六进制数.例如

$$(10110111001.0010011)_2 = (5B9.26)_{16}$$

　　注意在上面的两个例子中,对于不足 4 位二进制数的处理方法是:十六进制数转换为二进制数,可以省略整数部分最高位和小数部分最低位的 0;二进制数转换为十六进制数,不足 4 位二进制数的部分要补足 4 位以后再进行转换.

二、代码

　　代码(Code)也称编码,是用一组符号来代表一个对象.日常生活中的各种编号,如电话号码、汽车牌照等都是代码.通常在数字系统中,代码采用的符号集就是二进制数符集,即 0 和 1,被代表的对象通常是数字或字符.

　　人们日常使用的是十进制记数法,十进制的 10 个记数符号 0~9 就是最常用的编码对象.用二进制数符对十进制数进行编码称为二-十进制(Binary Coded Decimal,简称 BCD 码).由于有十个编码对象,至少要 4 位二进制数才能完成上述

编码.常用的二-十进制码见附表1-2.

附表 1-2　常用的二-十进制代码

十进制码	二进制码 (8421码)	余三码	余三 循环码	移位码	5211码	5421码
0	0000	0011	0010	00000	0000	0000
1	0001	0100	0110	00001	0001	0001
2	0010	0101	0111	00011	0100	0010
3	0011	0110	0101	00111	0101	0011
4	0100	0111	0100	01111	0111	0100
5	0101	1000	1100	11111	1000	1000
6	0110	1001	1101	11110	1001	1001
7	0111	1010	1111	11100	1100	1010
8	1000	1011	1110	11000	1101	1011
9	1001	1100	1010	10000	1111	1100

　　上述编码中,最常用的是二进制码(8421码),它直接用二进制数来记录等值的十进制数.通常不加指明时,BCD码就是指该码.

　　余三码的特点是它对应的二进制数比十进制大 3.当两个余三码相加时,若相加结果等于十进制10,则余三码正好等于$(10000)_2$,自动产生进位.

　　余三循环码的特点是在每两个相邻的码之间只有一位状态不同.用这种编码构成计数器时,在译码时不会发生竞争-冒险.

　　移位码和余三循环码一样,也是在每两个相邻的码之间只有一位状态不同,而且它的译码比较简单.但这种编码需要 5 个状态位.

　　5211 码、5421 码和 8421 码一样,都是一种恒权码,每一位代码的权重恒定,但是权重系数不同于 8421 码的权重系数.在某些数字系统中,这种权重分配可能更为方便.

　　除了对十进制数符进行编码外,在数字系统中还对其他许多对象进行编码,其中最重要的编码就是对各种文字(字母)的编码.通常英文字母和一些标点符号采用 ISO 码(International Standardization Organization)或 ASCII 码(American National Standard Coded for Information Interchange).ASCII 码用 7 位二进制数来表示一个字符或特定的字符串.

　　汉字编码在我国大陆地区一般采用国标码(GB),在台湾和港澳地区采用 BIG5 码.另外还有一种 CJK 汉字编码,是将中国的汉字、日本和韩国(朝鲜)的汉字综合在一起,形成一个庞大的编码集.

　　附表 1-3 列出 ASCII 码表,其余的编码请读者参考有关资料.

附表 1-3 ASCII 码

低4位	高3位							
	000	001	010	011	100	101	110	111
0000	NUL	DLE	SP	0	@	P	`	p
0001	SOH	DC1	!	1	A	Q	a	q
0010	STX	DC2	"	2	B	R	b	r
0011	ETX	DC3	#	3	C	S	c	s
0100	EOT	DC4	$	4	D	T	d	t
0101	ENQ	NAK	%	5	E	U	e	u
0110	ACK	SYN	&	6	F	V	f	v
0111	BEL	ETB	'	7	G	W	g	w
1000	BS	CAN	(	8	H	X	h	x
1001	HT	EM	)	9	I	Y	i	y
1010	LF	SUB	*	:	J	Z	j	z
1011	VT	ESC	+	;	K	[	k	{
1100	FF	FS	,	<	L	\	l	|
1101	CR	GS	-	=	M	]	m	}
1110	SO	RS	.	>	N	^	n	~
1111	SI	US	/	?	O	_	o	DEL

附表 1-3 中特定字符串的含义如下：

字符串	意义	字符串	意义
NUL	空	DC1	设备控制 1
SOH	标题开始	DC2	设备控制 2
STX	正文开始	DC3	设备控制 3
ETX	正文结束	DC4	设备控制 4
EOT	传输结束	NAK	否定
ENQ	询问	SYN	同步
ACK	应答	ETB	信息组传输结束
BEL	响铃（报警）	CAN	取消
BS	退格	EM	纸尽
HT	横向列表	SUB	减
LF	换行	ESC	换码
VT	垂直列表	FS	文字分隔符
FF	走纸控制	GS	组分隔符
CR	回车	RS	记录分隔符
SO	移出	US	单元分隔符
SI	移入	SP	空格
DLE	数据换码	DEL	作废（删除）

附录2 《电器图用图形符号——二进制逻辑单元》（GB4728.12-85）简介

一、符号结构

《电器图用图形符号——二进制逻辑单元》(GB4728.12-85)是由国家标准局颁布的用于绘制二进制逻辑单元电路的符号标准.

标准规定,所有二进制逻辑单元的图形符号皆由方框和标注其上的各种限定性符号组成.对方框的长宽比没有限制.限定性符号在方框上的标注位置应符合附图2-1中的规定.图中的星号(*)表示与输入、输出有关的限定符号.标注在方框外的字母和其他字符不是逻辑单元的组成部分,仅用于对输入端或输出端的补充说明.

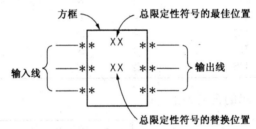

附图2-1 二进制逻辑单元的图形符号

为了节省图形所占的篇幅,可以将一组相邻单元的方框组合.当各邻接单元方框之间的公共线是沿着信息流的方向时,这些单元之间没有逻辑连接,如附图2-2所示.

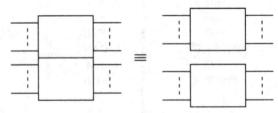

附图2-2 相邻单元的组合(一)

如果两个邻接方框的公共线垂直于信息流方向,则它们之间至少有一种逻辑连接.每一种逻辑连接可以由标注在公共线一侧或两侧的限定符号表示.如果这种表示方法会引起逻辑连接数目混乱时,则可使用内部连接符号(参见本附录的第4

部分"内部连接"). 如果在公共线两侧均无标志,则认为单元间仅有一种连接. 附图 2-3 显示了上述几种情况.

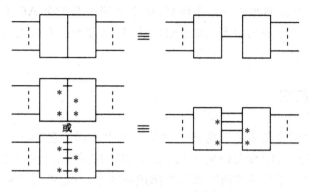

附图 2-3 相邻单元的组合(二)

除了附图 2-1 所示的方框外,还可以使用公共控制框和公共输出单元框. 附图 2-4 给出了公共控制框的画法. 在附图 2-4 所示的例子中,当 a 端不加任何限定符号时,该图表示输入信号 a 同时加到每个受控的阵列单元上. (每个阵列单元的逻辑功能应加注限定符号予以说明.)

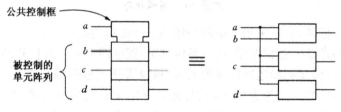

附图 2-4 公共控制框

附图 2-5 是公共输出单元框的画法. 公共输出单元可以画在公共控制框内,也可以画在阵列的一端. 在附图 2-5 所示的例子中,表示 b、c 和 a 同时加到了公共输出单元框上. (公共输出单元的逻辑功能应加注限定符号加以说明.)

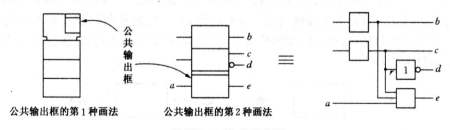

附图 2-5 公共输出框

要表示具有相同总限定符号的单元阵列时,只要不引起混乱,在第1个方框内示出总限定符号就足够了. 类似地,在阵列由几个相同子阵列单元构成的情况下(例如逻辑A和逻辑B构成一个子阵列,整个阵列由若干个AB子阵列构成),在整个阵列的第1个子阵列中表示出总限定符号,以简单的方框表示其余子阵列就足够了.

二、逻辑约定

在二进制逻辑电路中是以高、低电平表示两个不同的逻辑状态,所以需要规定高电平(H)、低电平(L)和逻辑状态1、0之间的对应关系,这就是所谓逻辑约定.

标准首先规定了内部逻辑状态和外部逻辑状态:凡是符号方框内部输入端和输出端的逻辑状态称为内部逻辑状态,而在符号方框外部输入端和输出端的逻辑状态称为外部逻辑状态,也可以是逻辑电平. 如附图2-6所示.

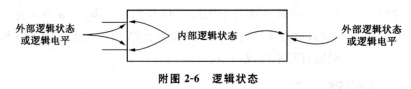

附图2-6 逻辑状态

根据这一标准,可以采用以下两种体系进行逻辑约定.

一种体系是单一逻辑约定. 在这种体系下,逻辑图中符号方框外部只有逻辑状态的概念. 而逻辑状态和逻辑电平的关系,可以采用正逻辑或负逻辑约定. 若将输入和输出的高电平定义为逻辑1状态,低电平定义为逻辑0状态,称为正逻辑约定. 反之,若将输入和输出的高电平定义为逻辑0状态,将低电平定义为逻辑1状态,则称为负逻辑约定. 允许在符号框外的输入端和输出端上使用逻辑非(。)符号.

另一种体系是极性指示符逻辑约定. 在这种体系下,逻辑图中符号方框外部只有逻辑电平的概念. 这种体系规定,当输入端或输出端上有极性指示符时,外部的逻辑高电平(H)与内部的逻辑0状态对应,外部的逻辑低电平(L)与内部的逻辑1状态对应. 反之,若输入端或输出端上没有极性指示符,则外部的逻辑高电平与内部的逻辑1状态对应,外部的逻辑低电平与内部的逻辑0状态对应. 极性指示符的画法如附图2-7所示.

附图2-7 极性指示符

需要特别指出的是,无论采取哪一种约定体系,在符号框内只存在内部逻辑状态,不存在逻辑电平的概念.在同一张逻辑图中不能同时采用两种逻辑约定方法.

三、各种限定性符号

所有逻辑单元符号的外型都是方框或方框的组合,图形本身已失去表示逻辑功能的能力,这样就必须加注各种限定性符号来说明逻辑功能.限定性符号的名目繁多,现简单分类并介绍如下.

1. 总限定符号

总限定符号用来表示逻辑单元总的逻辑功能.这里所说的逻辑功能是指符号框内部输入与输出之间的逻辑关系.总限定符号标注在逻辑符号方框的中部位置(参见附图2-1).附表2-1中列出了若干常用的总限定符号及其表示的逻辑功能.

附表2-1 常用的总限定符号

符 号	说　　明	符 号	说　　明
&	与	CPG	超前进位
$\geqslant 1$	或	Π	乘法运算
$\geqslant m$	逻辑门槛.只有输入1的个数$\geqslant m$时,输出才为1	COMP	数值比较
$= m$	逻辑等于.只有输入1的个数$= m$时,输出才为1	ALU	算术逻辑单元
$> m/2$	多数单元.只有输入1的个数$> m/2$时,输出才为1	I = 0	触发器的初始状态=0
$=$	逻辑恒等.只有所有输入呈现相同状态时,输出才为1	I = 1	触发器的初始状态= 1
$2k+1$	奇数单元.只有输入1的个数为奇数时,输出才为1	 ⊓	可重新触发的单稳
$2k$	偶数单元.只有输入1的个数为偶数时,输出才为1	1⊓ 	不可重新触发的单稳
$= 1$	异或(只适用于2个输入端)	G⊓⊓ 	非稳态单元
1	输出无专门放大的缓冲	!G⊓⊓ 	同步启动的非稳态单元

(续表)

符号	说明	符号	说明
X/Y	代码转换(见注1)	G!	完成最后一个动作后停止输出的非稳态单元
▷	缓冲放大/驱动	!G	同步启动、完成最后一个动作后停止输出的非稳态单元
◇	分布连接、线功能、点功能	SGRm	m位移位寄存器
⊔	滞回特性	CTRm	循环长度为 2^m 的计数器
MUX	多路选择	CTRDIVm	循环长度为 m 的计数器
DX	多路分配	ROM*	只读存储器(见注2)
Σ	加法运算	PROM*	可编程只读存储器(见注2)
P−Q	减法运算	RAM*	随机存取存储器(见注2)

注1 X 和 Y 可用其他合适的符号代替,如 DEC/BCD 表示十进制输入到 BCD 码的转换.
注2 星号(*)必须用存储器的地址和位数的适当符号代替,其中符号 1K = 1 024.

2. 与输入、输出有关的限定符号

这一类限定符号描述输入端或输出端的具体功能和特点,标注在逻辑符号方框内对应的输入或输出端(参见附图2-1,在输入端或输出端附近方框内的 * 号位置.注意不要同方框外的 * 号相混淆).常用的符号和功能见附表2-2.

附表 2-2　与输入输出有关的限定符号

符号	说明	符号	说明
─o⊏	逻辑非,示在输入端	─⊏=	数值比较器的"等于"输入
─▷⊏	动态输入(内部逻辑1对应于外部从0到1的转换过程,其余时间内部逻辑状态为0)	─⊏E	扩展输入
─o▷⊏	带逻辑非的动态输入(内部逻辑1对应于外部从1到0的转换过程,其余时间内部逻辑状态为0)	─⊏CI	运算单元的进位输入

(续表)

符号	说明	符号	说明
	带极性指示符的动态输入(内部逻辑 1 对应于外部电平从 H 到 L 的转换过程，其余时间内部逻辑状态为 0)	BI	运算单元的借位输入
	具有滞回特性的输入		逻辑非,示在输出端
EN	使能输入		延迟输出
S	存储单元的 S 输入		开路输出
R	存储单元的 R 输入		H 型开路输出(输出高电平时具有低输出内阻)
J	存储单元的 J 输入		L 型开路输出(输出低电平时具有低输出内阻)
K	存储单元的 K 输入		无源下拉输出(与 H 型开路输出相似,但不需要外加元件或电路)
D	存储单元的 D 输入		无源上拉输出(与 L 型开路输出相似,但不需要外加元件或电路)
T	存储单元的 T 输入		三态输出
→ m	移位输入,从左到右或从顶到底	* > *	数值比较器的"大于"输出,星号(*)由参与运算的两个操作数代替
← m	移位输入,从右到左或从底到顶	* < *	数值比较器的"小于"输出,星号(*)由参与运算的两个操作数代替
+ m	正计数输入(每次本输入呈现内部 1 状态,单元计数按 m 单位增加一次)	* = *	数值比较器的"等于"输出,星号(*)由参与运算的两个操作数代替

(续表)

符　号	说　　明	符　号	说　　明
—[−m	负计数输入(每次本输入呈现内部1状态,单元计数按 m 单位减少一次)	—[E	扩展输出
—[>	数值比较器的"大于"输入	—[CO	运算单元的进位输出
—[<	数值比较器的"小于"输入	—[BO	运算单元的借位输出

四、内部连接

当两个公共线垂直于信息流方向的方框邻接时,可以使用内部连接符号.附表 2-3 列出常用的内部连接符号.

附表 2-3　常用的内部连接符号

符　　号	说　　明
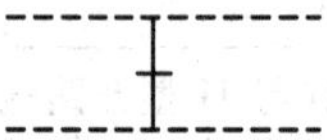 ——┤├——	内部连接,右边单元输入端的内部逻辑状态与左边单元输出端的内部逻辑状态对应
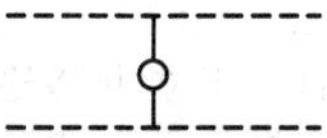 ——┤○├——	具有逻辑非的内部连接,右边单元输入端的内部逻辑状态与左边单元输出端的内部逻辑状态的"非"对应
 ——┤▷├——	具有动态输入的内部连接,右边单元输入端的内部逻辑"1"状态(暂时)与左边单元输出端的内部"0"状态到"1"状态的转换对应
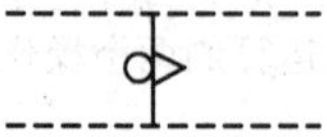 ——┤○▷├——	具有逻辑非和动态输入的内部连接,右边单元输入端的内部逻辑"1"状态(暂时)与左边单元输出端的内部"1"状态到"0"状态的转换对应

五、关联标注法

单纯使用上面介绍的各种限定符号,有时还不能充分说明逻辑单元的各输入之间、各输出之间以及各输入与各输出之间的关系.为了解决这个问题,规定了关联标注法.

关联标注法中采用了"影响的"和"受影响的"两个术语,用以表示信号之间"影响"和"受影响"的关系.

为了便于理解关联标注法,首先来讨论附图 2-8 中的例子. 这是一个有附加控制输入的 T 触发器. 输入信号 b 是否有效,受到输入信号 a 的影响. 只有 $a=1$ 时 b 端输入的脉冲上升沿才能使触发器翻转,而 $a=0$ 时 b 端的输入不起作用. 因此,a 和 b 是两个有关联的输入,a 是"影响输入",b 是"受影响输入". 在附图 2-8 中用加在标识符 T 前面的 1 表示受 EN1 的影响.

附图 2-8 关联标注法的例子

1. **关联标注法的规则**

(1) 用一个表示关联性质的特定字母和后跟的标识序号来标记"影响输入(或输出)". 标识序号一般用数字表示. 当可能与逻辑单元中的其他标志发生混淆时,可以用其他标记(例如希腊字母)来表示.

(2) 除了地址类关联性质(字母 A)之外,用不同字母标识的两个"影响输入"不应有相同的标识序号.

(3) 用与"影响输入(或输出)"相同的标识序号来标记"受影响输入(或输出)". 如果"受影响输入(或输出)"另有其他标记,则应在这个标记前面加上"影响输入(或输出)"的标识序号.

(4) 若一个输入或输出受两个以上"影响输入(或输出)"的影响时,则这些"影响输入(或输出)"的标记序号均应出现在"受影响输入(或输出)"的标记之前,并以逗号隔开. 这些标识序号从左到右的排列次序与影响关系的顺序相同.

(5) 如果是用"影响输入(或输出)"内部逻辑状态的补状态去影响"受影响输入(或输出)"时,应在"受影响输入(或输出)"的标识序号上加一个横线.

2. **关联类型**

附表 2-4 列举了各种关联类型所使用的字母和它们的关联性质.

关联标注法通常规定了内部逻辑状态之间的关系. 只有三态输出、开路输出、无源上拉或下拉输出情况下,使能关联规定了影响输入的内部逻辑状态和受影响的外部状态之间的关系.

附表 2-4 关联类型

关联类型	字母	"影响输入"对"受影响输入(或输出)"的作用	
		"影响输入"为"1"状态	"影响输入"为"0"状态
地址	A	允许动作(已选地址)	禁止动作(已选地址)
控制	C	允许动作	禁止动作
使能	EN	允许动作	禁止"受影响输出"动作 置开路和三态输出在外部为高阻状态(内部状态不受影响) 置其他输出在"0"状态
与	G	允许动作	置"0"状态
方式	M	允许动作(已选方式)	禁止动作(未选方式)
非	N	求补状态	不起作用
复位	R	"受影响输出"恢复到 S = 0,R = 1 时的状态	不起作用
置位	S	"受影响输出"恢复到 S = 1,R = 0 时的状态	不起作用
或	V	置"1"状态	允许动作
互联	Z	置"1"状态	置"0"状态

下面用图解的办法来进一步解释关联标注法.

(1) 与关联 用来表明受 Gm 输入(或输出)影响的每一个输入或输出与该 Gm 输入(或输出)处在相"与"的关系中(见附图 2-9).

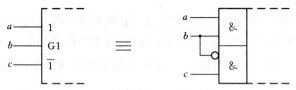

附图 2-9 与关联概念图解

(2) 或关联 用来表明受 Vm 输入(或输出)影响的每一个输入或输出与该 Vm 输入(或输出)处在相"或"的关系中(见附图 2-10).

附图 2-10 或关联概念图解

(3) 非关联　用来表明受 Nm 输入（或输出）影响的每一个输入或输出与该 Nm 输入（或输出）处在相"异或"的关系中（见附图 2-11）.

附图 2-11　非关联概念图解

(4) 互联关联　用来表明一个输入或输出把其内部逻辑状态强加到另一个或多个输入（或输出）上（见附图 2-12）.

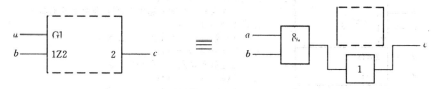

附图 2-12　互联关联概念图解

(5) 控制关联　仅用于时序单元．它可以隐含一个以上单纯的"与"关系．它用来标识产生动作的输入，例如边沿触发器的时钟输入或电平操作透明锁存器的数据启动（见附图 2-13）.

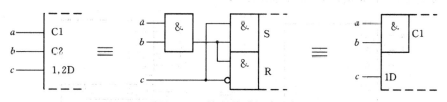

附图 2-13　控制关联概念图解

(6) 置位关联和复位关联　用来规定当 R 输入和 S 输入处在它们的内部 1 状态时，RS 双稳态单元的内部逻辑状态（见附图 2-14）.

附图 2-14　置位关联和复位关联概念图解

(7) 使能关联　用来标识使能输入及表明由它控制的输入和/或输出（例如哪些输出呈现高阻状态）（见附图 2-15）.

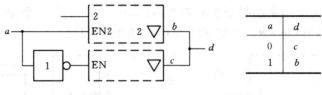

附图 2-15　使能关联概念图解

（8）**方式关联**　表明单元特定的输入和输出的作用取决于该单元的操作方式（见附图 2-16）。

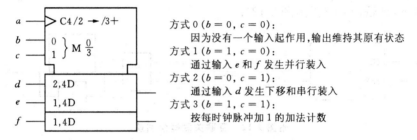

附图 2-16　方式关联概念图解

（9）**地址关联**　用来标识采用地址控制输入来选择多维阵列中指定区域的单元(特别是存储器)的地址输入(见附图 2-17)。

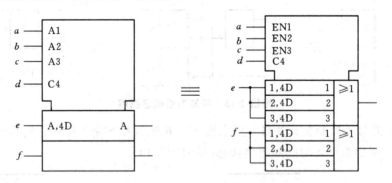

附图 2-17　地址关联概念图解

附录3　二极管、晶体管与场效应管的开关特性

附录 3 旨在给没有学过晶体管电路的读者作参考,所有内容只涉及与数字电路有关的最基本的部分,对其余内容有兴趣者可以自行参考其他相关书籍.

一、二极管的开关特性

二极管是一个双端器件,其符号如下图所示,A 端为正极,K 端为负极.

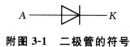

附图 3-1　二极管的符号

在数字电路中,二极管可以等效成一个单向导电的开关.当正极与负极之间的电压差到达某个导通阈值(一般硅二极管的这个阈值大约为 0.6～0.8 V)后,二极管内可以流过很大的电流,此状态称为二极管处于导通状态.在导通状态下二极管的电阻很小,几乎可以等效为一个接通的开关.当二极管导通后,尽管流过二极管的电流可以继续增大,但是二极管两端的电压几乎维持在导通阈值电压附近不变,这种现象称为二极管的钳位作用.

反之,当正极与负极之间的电压差低于导通阈值(包括正极电压低于负极电压的反向状态)时,二极管呈现很大的电阻.此状态下流过二极管的电流极小,称为截止状态,可以近似等效为二极管两端断开.

根据二极管的单向导电开关特性,可以用它构成逻辑门.附图 3-2 就是用二极管构成的二输入端与门.当输入 a 或者 b 为低电平,例如假设 b 为 0 V 时,由于二极管 D_2 正极通过电阻接到电源(+5 V)而负极为 0 V,流过二极管的电流较大,所以此二极管导通.由于导通后的二极管等效为开关接通,所以输出 y 一定接近 0 V(实际上由于钳位作用而大约为 0.7 V 左右),即输出低电平.当输入 a 与 b 均为高电平(假设都为+5 V)时,两个二极管的两个电极的电压差均小于导通阈值,此时它们都处于截止状态.由于没有电流流过电阻,所以电阻上的压降为 0,输出 y 等于+5 V,即输出高电平.上述逻辑关系恰为正逻辑的与门关系.

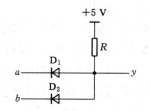

附图 3-2　用二极管构成的与门

二、晶体管的开关特性

晶体管具有三个电极,分别为基极(b)、发射极(e)和集电极(c),其符号和常见的接法见附图3-3(a)。

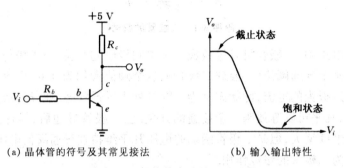

(a) 晶体管的符号及其常见接法　　(b) 输入输出特性

附图 3-3　晶体管电路的开关作用

在数字电路中,晶体管一般总是工作在开关状态,这种情况下晶体管有两个工作状态:饱和导通状态和截止状态。

可以将晶体管的基极与发射极之间的关系看成一个二极管。对于数字集成电路中使用的 n-p-n 型晶体管来说,基极 b 是二极管的正极,发射极 e 是负极。

晶体管进入饱和导通状态的条件就是基极与发射极之间的电压差到达二极管的导通阈值(0.7 V 左右)。当晶体管进入饱和导通状态后,其集电极 c 与发射极 e 之间的电压差很小,可以近似认为集电极与发射极接近短路。而基极与发射极之间的电压差则由于二极管的钳位作用维持在 0.7 V 左右。

晶体管进入截止的条件是基极与发射极之间的二极管截止,即基极与发射极之间的电压差小于二极管导通阈值,也包括基极电压低于发射极电压的反向状态。在截止状态,晶体管集电极与发射极之间的电阻极大,几乎没有电流流过,可以近似为集电极与其余两个电极之间接近开路。

对于附图 3-3(a)的电路来说,当输入高电平,即输入电压 V_i 较高时,基极与发射极之间的电压差将满足晶体管导通条件,所以此时晶体管饱和导通,集电极与发射极之间接近短路,输出电压 V_o 近似为 0,即输出为低电平。

当输入低电平,即输入电压 V_i 很低(低于 0.7 V)时,基极与发射极之间的二极管截止,此时晶体管处于截止状态,集电极与其余电极之间接近开路。由于此时在电阻 R_c 上无电流流过,也就没有电压降,所以输出电压 V_o 近似为 +5 V,即输出高电平。

综合上述两种情况,可以看到这样接法的晶体管开关电路就是一个"非"门.若将上述两种情况的输入输出的电压传输特性画出来,如附图 3-3(b)所示,可以看到它与第 2 章描述的 TTL 非门的电压传输特性很接近.在晶体管饱和与截止两个状态之间的过渡状态是所谓放大状态,在数字逻辑电路中应该避免这种状态出现.

三、场效应管的开关特性

场效应管也具有三个电极,分别为栅极(g)、源极(s)与漏极(d).

场效应管在开关状态下的工作过程与晶体管很相似,也有截止与饱和导通两种开关工作状态,其两种状态的转换取决于栅极 g 和源极 s 之间的电压差.

在数字集成电路中用到两种不同类型的场效应管:N 沟道场效应管和 P 沟道场效应管.这两种不同类型的场效应管的导通和截止,条件正好相反:

对于 N 沟道场效应管来说,其接法是源极 s 接地,漏极 d 通过负载接正电压.进入饱和导通状态的条件是栅极电压比源极电压高,且两者之间的电压差大于某个阈值.进入饱和状态后其漏极与源极之间近似短路.反之,若栅极电压与源极电压之间的电压差小于某个阈值或者栅极电压低于源极电压,场效应管将处于截止状态,漏极和源极之间近似开路.

对于 P 沟道场效应管来说,情况正好相反.其接法是源极接正电压,漏极通过负载接地.它进入饱和导通状态的条件是栅极电压比源极电压低,且两者的电压差大于某个阈值.同样,进入饱和状态后其漏极与源极之间近似短路.反之,当栅极电压低于源极电压但两者差值小于某个阈值,或栅极电压高于源极电压时,场效应管处于截止状态,漏极和源极之间近似开路.

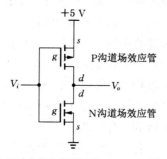
(a) 场效应管的符号以及 CMOS 电路接法

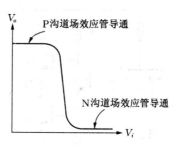
(b) CMOS 电路的输入输出特性

附图 3-4　CMOS 电路的开关作用原理

利用两种不同类型的场效应管可以构成 CMOS 电路。附图 3-4 表示了 CMOS 电路的工作过程。当输入电压 V_i 很低时，P 沟道场效应管的栅极电压比源极电压低且电压差大于导通阈值，所以它满足导通条件，其漏极与源极近似于短路。而此时 N 沟道场效应管由于栅极电压与源极电压之间的电压差小于导通阈值而截止，其漏极与源极近似开路。所以此时输出电压 V_o 接近 +5 V。当输入电压 V_i 很高时，情况相反，P 沟道场效应管满足截止条件，N 沟道场效应管满足导通条件，所以此时输出电压 V_o 接近 0 V。附图 3-4(b) 为其输入输出特性，可见此电路也是一个非门。

附录 4　集成逻辑门电路的内部结构简介

目前已经商品化的数字集成电路，按照制造工艺可以分为晶体管电路和场效应管电路两大类。属于晶体管电路的有 TTL 电路和 ECL 电路，属于场效应管电路的有 CMOS 电路、NMOS 电路、传输晶体管逻辑电路和动态逻辑电路。

附录 4 简要介绍各种集成逻辑电路的内部结构。考虑到有些读者可能没有学习过模拟电路，在下面的讨论中以定性分析为主，不涉及过多的定量计算。

一、TTL 门电路

TTL 电路是目前双极型数字集成电路中使用最为广泛的一种。由于这种类型电路的输入端和输出端均为晶体管结构，所以又称作晶体管-晶体管逻辑电路(Transistor-Transistor Logic)，简称 TTL 电路。TTL 电路有一个庞大的家族系列，根据电路特性的不同，可分为标准系列、高速系列、低功耗高速系列、高性能低功耗高速系列等。以下以 TTL 标准系列为参考，讨论 TTL 电路的结构与工作原理。

与非门是 TTL 电路中结构最简单的一种逻辑门电路。附图 4-1 给出了 TTL 标准系列与非门的典型电路。

可以将附图 4-1 电路分为两部分：T_1、R_1 和 D_1、D_2 组成的输入级，其余部分构成反相输出级。两部分以 C 点为分界点。为了分析 TTL 电路的工作情况，先分析反相输出级的工作原理。

(1) 若 C 点的电位为低电平(接近 0 V)，则 T_2 由于基极-发射极电压差无法达到晶体管导通阈值，必然进入截止状态。

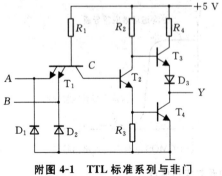

附图 4-1　TTL 标准系列与非门

此时由于 T_2 的集电极与发射极之间近似开路,导致流过 R_2、R_3 的电流近似为 0,这样在这两个电阻上几乎没有电压降,所以 T_4 的基极电位接近 0 V,导致 T_4 截止;而 T_3 基极通过 R_2 接到 +5 V,导致 T_3 饱和导通.由于 T_4 截止、T_3 导通,因此在 C 点为低电平时,Y 点的电位一定偏向 +5 V,即输出高电平.

(2) 若 C 点电位为高电平,则 T_2 将由于基极电位很高而进入饱和导通状态,此时 T_2 的集电极与发射极之间接近短路,T_2 发射极由于钳位作用维持在比其基极低 0.7 V 的电位上.由于此电位就是 T_4 的基极电位,它仍然很高,导致 T_4 进入饱和导通,所以输出 Y 点的电位接近 0 V,即输出低电平.此时由于 T_2 饱和导通,T_3 的基极电位与 T_4 的基极电位接近,但是由于 T_3 发射极串联了二极管 D_3,至少要达到两个导通阈值即 1.4 V 时才能导通,而 T_4 的基极电位由于钳位作用维持在 0.7 V 左右,所以 T_3 截止.

综上所述,这部分电路的逻辑功能是实现一个"非"门.由于输出级的工作特点是在稳定状态下 T_3 和 T_4 总是一个导通而另一个截止,这就有效地降低了输出级的静态功耗并提高了驱动负载的能力.通常把这种形式的电路称为推拉式(push-pull)电路或图腾柱(totem-pole)输出电路.

下面再考虑输入级电路.输入级的逻辑功能主要由 T_1 实现,D_1、D_2 是输入端钳位二极管,它主要起到保护作用,在分析逻辑关系时可以不必关心.

T_1 是一个多发射极的晶体管.多发射极晶体管可以看成是几个晶体管的并联,如附图 4-2 所示.电路的输入接在晶体管的发射极上,下面分两种输入情况进行讨论.

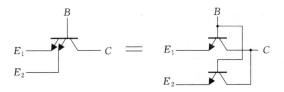

附图 4-2　多发射极晶体管

(1) 两个输入中至少一个为低电平,对照附图 4-1 和附图 4-2,此电路中晶体管 T_1 的基极通过电阻 R_1 接在整个电路的最高电位 +5 V 上,所以此时该输入对应的晶体管必然饱和导通,因此 C 点的电位一定由于该晶体管导通而为低电平.

(2) 两个输入均为高电平,此时两个晶体管的状态比较复杂,但通过进一步分析可知,此时 C 点电位为高电平.

综上所述,输入级可以实现逻辑"与"的关系,将它与输出级联系起来,整个电路就实现了"与非"关系,即 $Y = \overline{AB}$.

在上述分析中,可以看到,在 TTL 集成逻辑门电路中,主要由输入级实现逻辑关系. 所以,改变输入级结构可以实现其他逻辑关系.

逻辑关系"非"的实现比较简单,只要在附图 4-1 的电路中,将 T_1 换成单发射极的晶体管就可以了.

逻辑关系"或"的实现稍微复杂一些. TTL 标准系列或门的电路结构如附图 4-3 所示. 其中 T_1、T_2、T_3、T_4、T_5 以及相关的电阻和二极管构成输入级,T_6、T_7、T_8 构成反相输出级. 反相输出级的原理前面已经讨论过,现将其输入级的工作原理讨论如下:

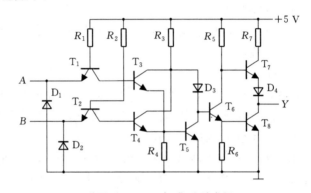

附图 4-3　TTL 标准系列或门

只要输入 A 或 B 中任意一个为高电平,T_3 或 T_4 中总有一个处于导通状态,从而引起 T_5 导通. T_5 导通后,其集电极电位接近 0 V,由于其后的电路是一个反相输出级,所以最后输出逻辑高电平.

当 A、B 均为低电平时,T_3、T_4 截止,导致 T_5 截止,其集电极电位是高电平,通过反相输出级以后输出逻辑低电平.

综上所述,它实现的逻辑关系是 $Y = A + B$.

异或门的结构原理同与非门有较大的差别. 附图 4-4 画出了 TTL 异或门的电路结构. 其中 $T_1 \sim T_7$ 以及相关的电阻等构成输入级,T_8、T_9 和相关的电阻等构成输出级.

当 A、B 均输入低电平时,T_1、T_2、T_3 均处于导通状态,T_4、T_5、T_6 的基极电位均接近 0 V,所以都处于截止状态. 而 T_7 的基极接在 T_4、T_5 与电阻 R_4 的分压点上,当 T_4、T_5 截止后,该点一定是高电平,所以 T_7 处于饱和导通状态. 可以将 T_7 以及 T_8、T_9 看成一个反相输出级,根据前面的分析,T_7 导通将使得 T_9 导通、T_8 截止,输出逻辑低电平.

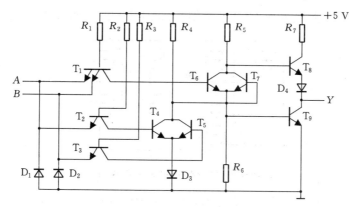

附图 4-4 TTL 标准系列异或门

当 A、B 均输入高电平时,T_4、T_5、T_6 的基极得到高电平输入,所以都处于饱和导通状态.T_7 则由于 T_4、T_5 处于导通状态而截止.由于 T_6、T_7 并联,所以 T_6 导通仍将使得 T_9 导通、T_8 截止,输出逻辑低电平.

当 A、B 中一个输入低电平、另一个输入高电平时,由于 T_1 总有一个发射极处于低电位,所以一定导通,它的输出端接到 T_6 基极,所以 T_6 一定处于截止状态.又因为 T_2、T_3 总有一个截止,所以 T_4、T_5 中一定有一个处于导通状态.此时 T_7 的基极电位被处于导通状态,T_4 或 T_5 钳位在接近 0 V 的低电平状态,所以也处于截止状态.由于 T_6、T_7 都截止,所以 T_8 导通,T_9 截止,输出逻辑高电平.

以上过程正是异或门的逻辑关系.

二、CMOS 门电路

CMOS 电路是单极型数字集成电路中使用最为广泛的一种.在这类电路中,同时采用 P 型 MOS 型场效应管和 N 型 MOS 型场效应管,而且在工作中这两类场效应管总是工作在一个导通而另一个截止的状态,即所谓互补状态,所以把这种电路结构形式称为互补对称式金属-氧化物-半导体电路(Complementary-Symmetry Metal-Oxide-Semiconductor Circuit),简称 CMOS 电路.

CMOS 逻辑电路也是一个大家族,按照特性的不同可分成几个不同的子系列.常用的有 4000 系列、高速 CMOS 系列(HC 系列)、高级 CMOS 系列(AC 系列)等.下面以 4000 系列为代表,来讨论 CMOS 逻辑电路的原理.

CMOS 与非门的基本电路结构形式为附图 4-5.其中 T_1、T_2、T_5 和 T_7 是 P 沟道增强型 MOS 管,T_3、T_4、T_6 和 T_8 是 N 沟道增强型 MOS 管.$T_1 \sim T_4$ 构成输

入级，$T_5 \sim T_8$ 是相同的两级 CMOS 反相器，同时 T_7 和 T_8 构成输出级．

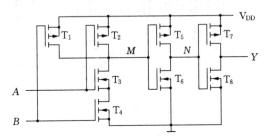

附图 4-5　CMOS 4000 系列与非门

关于 T_5、T_6 和 T_7、T_8 构成的反相器的原理已经在附录 3 中讨论过，这里不再赘述．其结果是输出 Y 与 N 点的逻辑状态相反，与 M 点的逻辑状态相同．

下面再来分析 $T_1 \sim T_4$ 构成的输入级的工作原理．

当输入 A 或 B 中有一个为低电平时，T_1、T_2 中总有一个导通，而 T_3、T_4 中总有一个截止，所以 M 点输出为高电平．当输入 A 和 B 都是高电平时，T_1、T_2 全部截止，而 T_3、T_4 全部导通，M 点输出低电平．由于最后的输出与 M 点输出相同，所以 $Y = \overline{AB}$．

CMOS"或非"逻辑门的结构如附图 4-6 所示．其中 T_1、T_2、T_3、T_4 构成输入级，T_5、T_6、T_7、T_8 构成输出级．

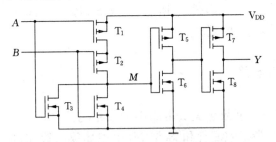

附图 4-6　CMOS 或非门的电路结构

当 A、B 均输入低电平时，T_1、T_2 都处于饱和导通状态，T_3、T_4 都处于截止状态，M 点输出高电平．A、B 中只要有一个输入高电平，T_1、T_2 一定有一个处于截止状态，而 T_3、T_4 一定有一个处于导通状态，M 点输出低电平．所以这个电路的逻辑功能是"或非"．

将上述 CMOS 与非门和或非门去掉最后一个反相器（T_7 和 T_8），就构成了与门和或门．

对照 TTL 电路结构和 CMOS 电路结构，不难看出，CMOS 逻辑电路的结构比

TTL 电路要简单得多. 结构简单意味着可以在一个芯片上集成更多的逻辑门,所以目前的大规模集成电路几乎都是采用 CMOS 结构.

三、ECL 电路

ECL 电路是一种高速集成逻辑电路,全称为发射极耦合逻辑电路(Emitter Coupled Logic). ECL 电路的主要特点是利用类似差分放大器的技术,使得晶体管在工作时不处于饱和状态,从而彻底避免了电荷存储效应. ECL 电路是目前工作速度最高的集成逻辑电路之一,主要应用于高速和超高速系统中.

附图 4-7 是 ECL 或/或非门的结构. ECL 电路的电源电压为 $V_{EE}=-5.2\,V$, $V_{CC}=0\,V$. 逻辑高电平为 $V_{IH}=-0.92\,V$,逻辑低电平为 $V_{IL}=-1.75\,V$.

ECL 电路的核心是 T_1、T_2、T_3 和 T_4 构成的差分放大器. 在差分放大器的一边,T_4 的基极接在内部的参考电压 $V_{REF}=-1.29\,V$,另一边就是输入 A、B、C. 当 3 个输入都为输入低电平 $V_{IL}=-1.75\,V$ 时,由于 $V_{IL}<V_{REF}$,所以 T_4 导通,集电极输出低电平并将发射极电位钳位在 $-2.06\,V$ 左右. 此时由于 T_1、T_2、T_3 的 b-e 结电压只有 $0.31\,V$,3 个晶体管都截止,所以它们的集电极输出高电平.

当 3 个输入中有一个,假如其中的 T_1 输入高电平 $V_{IH}=-0.92\,V$ 时,由于 $V_{IH}>V_{REF}$,所以 T_1 导通,集电极输出低电平. T_4 截止,集电极输出高电平.

根据上述分析,可以看到 T_1、T_2、T_3 的集电极输出的逻辑是输入的"或非",T_4 的集电极输出的逻辑是输入的"或". 但是,这两个输出的电平与规定的 ECL 逻辑电平不符合,所以需要用晶体管 T_6、T_7 将集电极输出的电平移动到规定的逻辑高电平或低电平,最后实现"或/或非"功能.

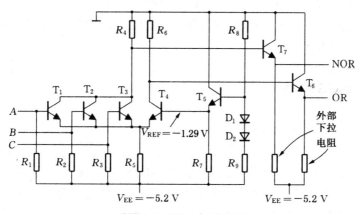

附图 4-7　ECL 或/或非门

ECL 电路的最大优点是速度高,另外它的输出阻抗很低,所以具有很大的扇出.它的最大缺点是噪声容限很小,并且功耗太大.这些缺点限制了 ECL 电路的应用,使它只能应用于一些十分需要高速度的场合.

四、NMOS 电路

全部用 N 沟道 MOS 场效应管构成的集成电路称为 NMOS 电路.在 NMOS 电路中,开关管的负载都采用场效应管构成的有源负载.一般开关管都采用增强型 MOS 管(Enhancement MOS),而负载管可以是增强型 MOS 管,也可以是耗尽型 MOS 管(Depletion MOS).前者称为 E/E MOS 电路,后者称为 E/D MOS 电路.

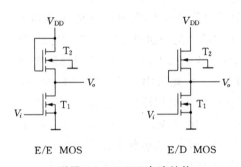

附图 4-8 NMOS 电路结构

在附图 4-8 所示的 NMOS 电路中,T_1 是开关管,T_2 是负载管.当开关管导通时,输出低电平;当开关管截止时,输出高电平.在负载有电容成分的情况下,在开关管截止状态时由负载管向负载电容充电.由于两种负载管的接法不同,所以负载管向负载电容的充电速度也不同.增强型场效应管作为负载管充电时,V_{GS} 随着 V_O 的升高而减小,充电电流也随之减小,所以充电速度较慢.而耗尽型场效应管作为负载管充电时,由于 G-S 短路,其输出特性相当于一个电流值为 I_{DSS} 的恒流源,可以迅速对负载电容充电.所以目前在高速 NMOS 电路中普遍使用 E/D MOS 电路.

NMOS 电路的工艺比较成熟,速度和集成度都很高.目前有许多大规模集成电路仍然采用 NMOS 工艺.

五、BiCMOS 电路

CMOS 逻辑电路具有结构简单、抗干扰能力强、集成度高等一系列优点,但是它的负载能力比较差.而双极型电路的输出能力很强.为了将两种电路的优势互补,就发展出另一种逻辑电路结构:BiCMOS 电路.这种电路在输入级和中间级采用 CMOS 结构,输出级则采用类似 TTL 电路的图腾柱结构.一种常见的 BiCMOS 输出结构见附图 4-9.图中 T_1、T_2 是驱动管,T_3、T_4 是输出晶体管.

当输出电平转换时,例如由输出低电平向高电平转换时,图中的输入由高电平向低电平转换. T_1 导通, T_2 和 T_5 截止. T_3 也随之导通, T_4 由导通向截止转换. 若没有 T_6, 则 T_4 由于存在载流子存储效应,过渡时间将较长. 但在 T_4 的基极上并联了 T_6 后, 由于此时 T_6 也处于导通状态,所以 T_4 基极存储的电荷可以通过 T_6 释放, 加快了 T_4 的截止过程. 同样, 当输出电平由高电平向低电平转换时, T_3 基极存储的电荷可以通过 T_5 释放. 所以, T_5、T_6 起到了加速输出的作用.

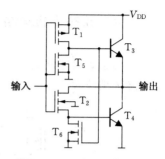

附图 4-9 BiCMOS 输出结构

BiCMOS 电路能够较好地解决 CMOS 电路的负载能力问题. 但是晶体管输出也有其不足之处, 就是输出电压的幅度一般不能达到 $0V\sim V_{DD}$. 而 CMOS 电路输出可以达到 $0V\sim V_{DD}$, 这通常称作满摆幅输出. 这一点在电源电压比较低时尤其重要, 因为足够大的输出摆幅可以有效加大噪声容限.

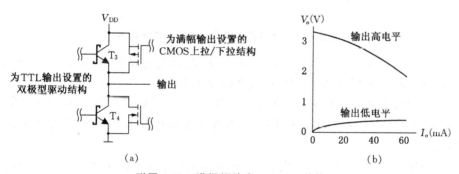

附图 4-10 满摆幅输出 BiCMOS 结构

为了在小电流输出状态下可以达到满摆幅输出, 某些系列的集成逻辑电路在输出结构上将 TTL 和 CMOS 两种结构融合, 用 NPN 晶体管和 CMOS 场效应管并联来获得输出电压摆幅达到电源电压同时还能够输出大电流的要求, 输出结构见附图 4-10(a).

当输出高电平时, 若负载电流不大, 则 P 沟道场效应管导通, 输出电平近似达到 V_{DD}, 晶体管截止. 随着负载电流的增加, 场效应管上的压降增加, 晶体管逐渐导通. 由于晶体管的低输出电阻, 保证了高电平输出可以有较大的负载能力. 当输出低电平时, 也有类似的情况. 附图 4-10(b)中给出了 $V_{DD}=3.3\ V$ 时电路的输出特性. 可以看出, 当输出电流比较小时, 电路的输出接近满摆幅; 当电流达到 40 mA 以上时, 它仍然能够满足 TTL 的输出电平要求.

六、动态逻辑电路

动态逻辑电路是一种利用 CMOS 工艺制造的逻辑电路,它与前面介绍的逻辑电路区别较大.

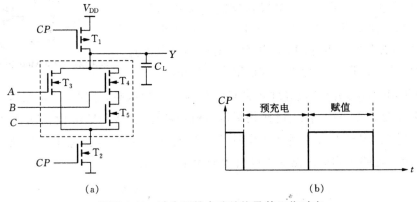

附图 4-11 动态逻辑电路结构及其工作时序

附图 4-11 展示了一个实现 $Y = \overline{A + BC}$ 的动态逻辑电路的结构. 在动态逻辑电路中,除了逻辑输入 A、B、C 以及输出 Y 外,还有一个时钟输入 CP. 当 CP 为低电平时,T_1 导通,T_2 截止,此时无论 T_3、T_4、T_5 处于何种状态,电源 V_{DD} 总是开始给负载电容 C_L 充电,Y 点的电位将充电到接近 V_{DD}. 这个阶段称为预充电阶段.

当 CP 为高电平时,T_1 截止,T_2 导通,充电停止. 此时若 A 等于 1,则 T_3 导通,或者 B、C 都等于 1,则 T_4、T_5 都导通. 无论上述哪种情况,电容上的电荷都将通过这些导通的场效应管(包括 T_2)放电,使得 Y 点的电位接近 0 V. 反之,若不满足上述条件,Y 点的电位将维持在接近 V_{DD}. 用逻辑式表达,上述关系就是 $Y = \overline{A + BC}$. 所以这个阶段称为赋值阶段. 显然,动态逻辑电路在赋值阶段的输出实现了预定的逻辑关系,其逻辑关系取决于附图 4-11 中虚线框出的部分,只要改变这部分电路就可以实现各种不同的逻辑关系.

在集成逻辑电路中,采用动态逻辑电路可以使复杂的逻辑电路简单化,从而节约芯片面积. 但从上述分析也可以看出,动态逻辑电路由于需要时钟的介入,所以只能应用在同步时序逻辑电路中.

附录5　VHDL的对象、运算符和关键字

一、对象、类和数据类型

VHDL是一种强类型语言,它对描述的对象都要求有一个类型(type)和类(class).类型指定该对象具有哪种数据类型,类表示用这个对象可以做什么事情.例如

　　　　Signal　a：**std_logic**；

其中a是要描述的对象,Signal是类,std_logic是数据类型.

VHDL将对象分为3种不同的类:常量、变量和信号.

常量的值不变,它可以在任何地方说明,并且可以是任意类型.例如

　　　　constant　a：**integer** :=1 000；　　——说明a为一个整型常数

变量的值可以改变,它可以在进程和子程序中说明,并且可以是任意类型.例如

　　　　variable　int：integer range 0 **to** 63；　——说明int为一个整型变量,
　　　　　　　　　　　　　　　　　　　　　　　　　它的取值范围为0到63

信号描述的是硬件结构中的一根连线,它可以随着时间来改变值,例如

　　　　a <= input；　　——将信号input的值赋予信号a

VHDL中的数据类型很多,每个对象具有一个类型,不经过类型转换不能混合使用.常用的数据类型有以下几种:

(1) 布尔(Boolean)类型

布尔类型是二值枚举类型,每一个布尔量只有真(True)或假(False)两个可能的值.常量、信号和变量均可说明为布尔类型.

(2) 整数(Integer)类型

整数类型往往用来抽象地表示总线的状态.在VHDL设计中,要注意整数只能进行算术运算,不能进行逻辑运算.在定义一个整数时应当对其范围有所约束.

(3) 字符(Character)和字符串(String)类型

字符要用单引号括起来,字符串要用双引号括起来.同时要注意,VDHL对于语言的大小写并不敏感,但在字符和字符串中,大小写不同就被认为是不同的量.

(4) 位(bit)类型

位通常用来表示一个信号的值,通常用单引号括引该位的值.要注意,位的值是信号的逻辑状态(0和1),它和布尔值(真和假)不同.

(5) 标准逻辑(std_logic)类型

标准逻辑一般用来表示一个信号,它是一个决断类型,意思是如果一个信号有多个驱动源(比如三态总线),则 VHDL 会调用预先定义的决断函数以解决冲突并确定赋予信号哪个值(可以有9种状态).

(6) 数组(_vector)类型

位类型和标准逻辑类型都可以组成数组(向量)类型.在定义向量时要注意下标的次序,用关键字 to 和关键字 downto 是不一样的.通常用 downto,因为这种表示法更加符合硬件设计的习惯.

除了上述类型以外,设计者还可以自定义数据类型.自定义的数据类型一般都采用枚举类型.

二、运算符及其优先级

优先级顺序	运算操作符类型	操作符	功能
高 ↑ ↓ 低	逻辑运算符	NOT	取非
	算术运算符	ABS ** REM MOD / * — +	取绝对值 指数运算 取余 取模 除 乘 负 正
	并置运算符	&	并置(连接)
	算术运算符	— +	减 加
	关系运算符	>= <= > < /= =	大于等于 小于等于 大于 小于 不等于 等于
	逻辑运算符	XOR NOR NAND OR AND	异或 或非 与非 或 与

三、关键字

以下列出 VHDL 使用的关键字。这些字已经被定义，所以用户在写程序时不能用它们作为信号名、进程名、函数名等。

abs	else	linkage	procedure	then
access	elsif	litteral	process	to
after	end	loop	pure	transport
alias	entity	map	range	type
all	exit	mod	register	unaffected
and	file	nand	reject	units
architecture	for	new	rem	until
array	function	next	report	use
assert	generate	nor	return	variable
begin	generic	not	rol	wait
block	group	null	ror	when
body	guarded	of	select	while
buffer	if	on	severity	with
bus	impure	open	shared	xnor
case	in	or	signal	xor
component	inertial	others	sla	
configuration	inout	out	sll	
constant	is	package	sra	
disconnect	label	postpone	srl	
downto	library	port	subtype	

参 考 文 献

[1] 雍新生主编. 集成数字电路的逻辑设计. 上海:复旦大学出版社,1987
[2] 清华大学电子学教研室编,阎石主编. 数字电子技术基础(第四版). 北京:高等教育出版社,1998
[3] Victor P. Nelson, H. Troy Nagle, Bill D. Carroll, J. David Irwin. *Digital Logic Circuit Analysis & Design*(影印本). 北京:清华大学出版社,1997
[4] John M. Yarbrough,李书浩、仇广提等译. 数字逻辑应用与设计. 北京:机械工业出版社,2000
[5] 邓元庆主编,关宇、徐志军、贾山松、牛瑞萍编著. 数字电路与逻辑设计. 北京:电子工业出版社,2001
[6] 刘宝琴主编. 数字电路与系统. 北京:清华大学出版社,1993
[7] 曹林根主编. 数字逻辑. 上海:上海交通大学出版社,2000
[8] 彭容修主编,刘泉副主编. 数字电子技术基础. 武汉:武汉理工大学出版社,2001
[9] 国家标准局编. 电气制图及图形符号国家标准汇编. 北京:中国标准出版社,1989
[10] 杨晖、张凤言编著. 大规模可编程逻辑器件与数字系统设计. 北京:北京航空航天大学出版社,1998
[11] 曾繁泰、陈美金著. VHDL 程序设计. 北京:清华大学出版社,2001
[12] Stefan Sjöholm, Lennart Lindh,边计年、薛宏熙译. 用 VHDL 设计电路. 北京:清华大学出版社,2000
[13] 张亮编著. 数字电路设计与 Verilog HDL. 北京:人民邮电出版社,2000
[14] 夏雨闻编著. 复杂数字电路与系统的 Verilog HDL 设计技术. 北京:北京航空航天大学出版社,1998
[15] 廖裕评、陆瑞强编著. CPLD 数字电路设计——使用 MAX＋plusII 入门篇. 北京:清华大学出版社,2001
[16] Jan M. Rabaey. *Digital Integrated Circuit-A Desigh Perspective*(影印本). 北京:清华大学出版社,1999
[17] Howard Johnson, Martin Graham,沈立、朱来文、陈宏伟译. 高速数字设计. 北京:电子工业出版社,2004
[18] Adel S. Sedra, Kenneth C. Smith,周玲玲、蒋乐天、应忍冬等译. 微电子电路(第五版). 北京:电子工业出版社,2006
[19] 上海市半导体器件研究所翻译组翻译. 美国得克萨斯仪器公司 TTL 集成电路特性应用手册.1984
[20] Texas Instruments, *F Logic Data Book*, 1994

[21] Motorola INC., *Fast and LS TTL Data Book*, 1992

[22] Motorola INC., *CMOS Logic Data*, 1990

[23] Motorola INC., *High-speed CMOS Logic Data*, 1992

[24] Altera Corp., *Data Book*, 1998

[25] Lattice Semiconductor Corp., *Lattice Data Book*, 1994

[26] Cypress, *Data Book CD-ROM*, 2001

图书在版编目(CIP)数据

数字逻辑基础/陈光梦编著. —3 版. —上海：复旦大学出版社，2009.12(2024.3 重印)
(复旦博学·电子学基础系列)
ISBN 978-7-309-06919-8

Ⅰ. 数… Ⅱ. 陈… Ⅲ. 数字逻辑 Ⅳ. TP302.2

中国版本图书馆 CIP 数据核字(2009)第 182952 号

数字逻辑基础(第三版)
陈光梦　编著
责任编辑/梁　玲

复旦大学出版社有限公司出版发行
上海市国权路 579 号　邮编：200433
网址：fupnet@fudanpress.com　　http://www.fudanpress.com
门市零售：86-21-65102580　　团体订购：86-21-65104505
出版部电话：86-21-65642845
盐城市大丰区科星印刷有限责任公司

开本 787 毫米×960 毫米　1/16　印张 21.75　字数 401 千字
2024 年 3 月第 3 版第 10 次印刷
印数 19 401—21 500

ISBN 978-7-309-06919-8/T·349
定价：68.00 元

如有印装质量问题，请向复旦大学出版社有限公司出版部调换。
版权所有　　侵权必究

复旦 电子学基础系列

※	模拟电子学基础	陈光梦	编著
□	数字逻辑基础	陈光梦	编著
○	高频电路基础	陈光梦	编著
	现代工程数学	王建军	编著
	模拟与数字电路基础实验	扎庆生	编著
	模拟与数字电路实验	王 勇	主编
	微机原理与接口实验	俞承芳 李 旦	主编
	近代无线电实验	陆起涌	主编
	电子系统设计	俞承芳 李 旦	主编
	模拟电子学基础与数字逻辑基础学习参考	王 勇 陈光梦	编著

加"※"者为普通高等教育"十二五"国家级规划教材；

加"□"者为普通高等教育"十一五"国家级规划教材，2011年荣获第二届中国大学出版社图书奖优秀教材奖一等奖；

加"○"者2012年荣获中国电子教育学会全国电子信息类优秀教材奖二等奖，2013年荣获第三届中国大学出版社图书奖优秀教材奖一等奖.

复旦大学出版社向使用《数字逻辑基础(第三版)》进行教学的教师免费赠送教学辅助光盘以供参考,欢迎完整填写下面的表格来索取光盘。

教师姓名:＿＿＿＿＿＿

课程名称:＿＿＿＿＿＿＿＿＿＿

学生人数:＿＿＿＿＿＿

联系电话:(O)＿＿＿＿＿＿ **手机:**＿＿＿＿＿＿

电子邮箱:＿＿＿＿＿＿＿＿＿＿＿＿

学校院系:＿＿＿＿＿＿＿＿＿＿＿＿

学校地址:＿＿＿＿＿＿＿＿＿＿＿＿

邮政编码:＿＿＿＿＿＿

邮寄地址:＿＿＿＿＿＿＿＿＿＿＿＿

邮政编码:＿＿＿＿＿＿

请将本页完整填写后,剪下邮寄到
上海市国权路 579 号　复旦大学出版社　梁玲收
邮政编码:200433　联系电话:(021)65654718　电子邮箱:liangling@fudan.edu.cn
复旦大学出版社将免费邮寄赠送教师所需要的光盘。